海缆工程技术丛书

海底光缆通信系统

中国人民解放军海缆通信技术研究中心　组编

罗青松　舒　畅　王瑛剑　刘志强　吴锦虹

江尚军　覃　勐　乔小瑞　周　翔　丁明吉　编著

李　恩　闭　阗　覃　波　赵斌锋　岳耀笠

U0279644

机械工业出版社

本书是"海缆工程技术丛书"的一个分册，系统地介绍了海底光缆通信系统的组成及关键技术、工程设计和建设、设备安装及验收、系统维护管理等方面的知识。读者通过阅读本书能够了解海底光缆通信系统工程建设的一般要求。

本书可作为海缆工程各技术领域的工具书和教材，供海缆通信专业的工程设计、施工、维护和管理人员使用，也可供从事海缆工程专业的科研教学人员参考。

图书在版编目（CIP）数据

海底光缆通信系统/罗青松等编著；中国人民解放军海缆通信技术研究中心组编. —北京：机械工业出版社，2017.6

（海缆工程技术丛书）

ISBN 978-7-111-57194-0

Ⅰ.①海… Ⅱ.①罗… ②中… Ⅲ.①海底-光纤通信

Ⅳ.①TN913.332

中国版本图书馆 CIP 数据核字（2017）第 146705 号

机械工业出版社（北京市百万庄大街 22 号 邮政编码 100037）
策划编辑：付承桂 责任编辑：付承桂 任 鑫
责任校对：张 薇 封面设计：鞠 杨
责任印制：李 昂
北京宝昌彩色印刷有限公司印刷
2017 年 9 月第 1 版第 1 次印刷
169mm×239mm · 21.75 印张 · 414 千字
0001—2000 册
标准书号：ISBN 978-7-111-57194-0
定价：85.00 元

编 委 会

（排名不分先后）

丛书序

在信息技术飞速发展的今天，海量数据的传输需求迅猛增长，海底光缆扮演着不可或缺的角色。如今，全球已建成数百条海底光缆通信系统，总长度超过 100 万 km，已经把除南极洲外的所有大洲以及大多数有人居住的岛屿紧密地联系在一起，构成了一个极其庞大的具有相当先进性的全球通信网络，承担着全世界超过 90% 的国际通信业务。因此海底光缆已成为全球信息通信产业飞速发展的主要载体，是光传输技术中的尖端领域，更是各大通信巨头争相抢夺的制高点。

而海底光缆通信是集海洋工程、海洋调查、船舶工程、航海技术、机械工程、通信工程、电力电子以及高端装备制造等于一体的多专业、多领域交叉的学科，因此海缆工程被世界各国公认为是世界上最复杂的大型技术工程之一。

本丛书是一套完整覆盖海缆工程各技术领域的工具书。中国人民解放军海缆通信技术研究中心在积累了 20 余年军地海缆建设工程实践经验，并结合多年承担全军海缆工程技术培训任务的基础上，组织国内海缆行业各相关领域领先的技术团队编写了本套丛书，包括《海底光缆工程》《海底光缆——设计、制造与测试》《海底光缆通信系统》《海缆工程建设管理程序与实务》《海缆路由勘察技术》《海缆探测技术》六本书，覆盖海缆工程从项目论证到桌面研究，从路由勘察到工程设计，再到海缆线路和相关设备制造、传输系统和关键设备集成，乃至工程实施及运行维护等各方面，以供海缆专业的工程设计、施工、维护和管理人员使用，也可供从事海缆工程专业的科研教学人员参考。

当前，我国海洋事业已进入历史上前所未有的快速发展阶段，"海缆工程技术丛书"的编著和出版，对我国海缆事业的长远规划和可持续发展具有重要意义，对推进我国海洋信息化建设、助力国家"一带一路"战略实施也将产生积极促进作用。

我国已迈出从海洋大国向海洋强国转变的稳健步伐，愿各位海缆人坚定信念、不忘初心，勇立潮头、继续奋进，为早日实现中国梦、海洋梦、强国梦贡献更大力量！

前　言

　　海底光缆通信系统是国际通信、洲际通信的重要基础设施，具有超远距离传输、大容量、高可靠性等特点，是实现全球互联的重要通信手段。1988年，世界上第一条跨洋海底光缆建成，经过20多年的发展，已在全球语音和数据通信骨干网中占据了主导地位。目前，海底光缆已跨越全球除南极洲之外的六大洲，总长度超过100万km，构成了一张不间断的巨型网络，提供国际通信90%以上的业务量，在世界经济发展、文化交流和社会进步的进程中正发挥着重要的作用。

　　本书是"海缆工程技术丛书"的一个分册，系统地介绍了海底光缆通信系统的组成及关键技术、工程设计和建设、设备安装及验收、系统维护管理等方面的基本知识。读者通过阅读本书能够了解海底光缆通信系统工程建设的一般要求。本书可作为海缆工程各技术领域的工具书和教材，供海缆通信专业的工程设计、施工、维护和管理人员使用，也可供从事海缆工程专业的科研教学人员参考。

　　本书共分七章。第1章简要介绍海底光缆通信系统的地位、作用、发展历程和相关标准规范情况，读者通过阅读第1章能够对海底光缆通信系统有一个概括的了解。第2章介绍了海底光缆通信系统的分类与组成，首先介绍了系统的类型、拓扑结构、传输体制和保护倒换，然后详细介绍了组成系统的相关设备，包括光传输终端设备、光放大器、远供电源设备、网络管理设备、海缆线路监测设备等岸上端站设备，以及海底光缆、海底光缆接头盒、水下分支单元、海底中继器、海底光均衡器等水下线路设备，可使读者对海底光缆通信的工作原理、系统构成和设备组成有一个基本的认识。第3章重点阐述海底光缆通信系统的关键技术，主要介绍影响海底光缆通信系统的关键因素，以及解决这些影响的前向纠错、色散补偿、光调制、偏振复用/相干检测、数字信号处理等技术，还介绍了超高速传输技术的研究与试验情况，这些都是海底光缆通信系统的核心关键技术，是读者深入学习了解海底光缆通信的基础。第4章重点对海底光缆通信系统的设计方法进行了论述，包括技术方案确定、海底光缆选型、设备选型等，以及网管、海缆监测、远供电源等辅助系统的设计，对系统可靠性设计、维护余量设计也做了介绍，可使读者对海底光缆通信系统的设计思路和设计方法有一个基本的了解。第 5 章介绍了海底光缆通信系统的工程建设，主要是工作环境、设备安装、线路工程、系统测试、工程验收等方面的基本要求和作业方法，涵盖了工程建设的各个方面，有助于读者掌握海底光缆通信系统工程施工方面的基本知识。第 6 章是海底光缆通信系统维护管理技术，简要介绍了光传输终端设备、海缆线路设备、海底光缆线路的维护技术和基本方法，可使读者对海底光缆通信系统的维护技术有一个基本的了解。第 7 章介绍了海底光缆系统在其他领域的应用，主要有海底光缆科学观测站、区域科学观测站、近海油气通信系统三个方向的应用，还介绍了海底光缆在光纤传感器系统、光纤水听器阵列、水下综合信息网方面的应用前景，有助于扩展对海底光缆系统应用发展的认识。

本书撰写过程中，覃勐、闭阗、王瑛剑负责第 1 章的编写工作，吴锦虹、刘志强、乔小瑞负责第 2 章的编写工作，舒畅、赵斌锋、吴锦虹负责第 3 章的编写工作，江尚军、覃波、舒畅负责第 4 章的编写工作，周翔、李恩、舒畅负责第 5 章的编写工作，丁明吉、岳耀笠负责第 6 章的编写工作，吴锦虹、覃勐、舒畅负责第 7 章的编写工作。

上述人员来自中国电子科技集团公司第三十四研究所和中国人民解放军海军工程大学，他们都是长期从事光通信科研、工程和教学的技术骨干。

罗青松负责全书总体规划，吴锦虹和舒畅负责对全书文稿的归纳整理，覃勐负责全书部分图表的绘制。由于本书的编写时间紧迫，编写人员的水平有限，难免有不妥或错误之处，还望读者批评指正。在本书的编写过程中得到了原荣研究员的热心指导和大力帮助，在此一并致谢。

编　者

目　录

第 **1** 章

海底光缆通信系统介绍

海底光缆系统是国际和地区通信中主要的越洋传输手段，也是国内通信中海岛之间或海岛与陆地之间的重要传输手段。我国是一个多岛屿的国家，建设海底光缆通信系统是我国通信网建设的一个重要任务。自1985年世界上第一条海底光缆问世以来，海底光缆的建设在全世界得到了蓬勃的发展。海底光缆以其大容量、高可靠性、优异的传输质量等优势，在通信领域，尤其是国际通信中起到重要的作用。由于海底光缆系统设计容量大、建设期长，其技术发展与同期陆地光缆系统相比一直保持领先。本章简要介绍海底光缆通信系统的地位、作用、发展历程和相关标准规范情况。

1.1　概述

1966年，英籍华裔学者高锟发表了关于传输介质的论文，提出了利用光纤（Optical Fiber）进行信息传输的可能性和技术途径，由此奠定了现代光纤通信的理论基础。4年之后，美国康宁公司制作出了损耗为20dB/km的实用化光纤，美国贝尔试验室研制的砷化镓（GaAs）半导体激光器（Semiconductor Laser）面世，从此拉开了光纤进入通信领域的序幕。在光纤通信发展的50年间，陆续推出了准同步光传输系统（PDH）、同步光传输系统（SDH）、密集波分复用系统（DWDM）、自动交换光网络（ASON）、光传送网（OTN）等光纤传输系统，在通信领域创造了突出业绩，光纤通信理论的奠基者高锟博士也因此获得了2009年诺贝尔物理学奖。

正是得益于光纤通信的发展和应用，海底光缆通信系统在海底通信领域也得到了迅猛发展和应用，成为世界上重要的国际通信、跨洋通信手段之一。作为远程通信的重要技术手段，海底光缆通信具有不可替代的优势。与卫星通信相比，海底光缆通信具有其独特的优势：首先，光缆传输的可靠性和安全性更高；其次，光缆的带宽成本更低；最后，卫星通信受限于通信距离的影响，会产生较大的时延，而海底光缆通信的时延几乎可以忽略。

海底光缆通信的这些优点使得人们对之更加青睐，加上近年来西方国家放宽了对通信市场的限制，导致海底光缆通信的市场竞争更加激烈，同时也促进了整个行业的发展。随着光纤通信技术和基础器件的发展，海底光缆通信系统的建设成本正在逐步降低，而且海底光缆比陆地光缆的敷设更加方便，不需要绕过障碍物等。正因为如此，世界上一些岛屿国家或者有较多岛屿的国家（如日本、英国、美国、加拿大等），不仅在陆地和岛屿间设有海底光缆，连沿海城市间以及岛屿间也采用海底光缆进行通信。

海底光缆是一种在海底敷设，用于洲际之间、大陆与岛屿之间以及岛屿与岛屿之间海域建立光通信系统的特种光缆。海底光缆通信系统是指使用海底光缆、海底中继器以及陆地光传输终端设备组成的通信系统，用来传输大陆与大陆之间、大陆和岛屿或岛屿间的信息。一般将只有两个登陆点的海底光缆通信系统称为海底光缆链路，将有两个以上登陆点的通信系统称为海底光缆网络。海底光缆通信系统以其超远传输距离、大容量、高可靠性、优异的传输质量等优势，在当前的国际通信、洲际通信中发挥了重要的作用，是国际通信的重要基础设施，也是实现全球互联的主要承载方式。从 1985 年世界上第一个海底光缆通信系统投入使用起，海底光缆通信技术历经了 30 多年的发展。全球海底光缆工程建设累计投资近千亿美元，权威市场报告《海底光缆：全球战略商业报告》中指出，到 2018 年，全球海底光缆累计敷设预计达 200 万 km，可绕地球赤道 50 圈，形成了覆盖全球海底、连接 200 多个国家和地区的国际海底光缆网络。海底光缆就像是分布在地球上的密密麻麻的血管，被誉为互联网的血管。没有海底光缆通信，也就没有互联网，海底光缆通信系统已经成为这个时代的奇迹。

海底光缆通信是应用于特殊物理环境的光缆通信系统。相对于陆地光缆通信系统来说，它在系统设计上更为复杂，面临的技术难题更多。另外，由于海底光缆通信系统传输容量大、建设周期长，相应的技术水平要比同期的陆地光缆通信系统更为先进。

1.2　海底光缆通信系统简介

图 1-1 给出了一个典型的跨洋海底光缆通信系统，其系统构成大致可分为岸上设备和水下设备两个部分。

岸上设备主要是指线路终端设备（Line Terminal Equipment）、远供电源设备（Power Feed Equipment）、线路监测设备（Line Monitor Equipment）、网络管理设备（Network Management Equipment）以及海洋接地装置（Ocean Grounding Device）等设备。其中，线路终端设备负责再生段到端通信信号的处理、发送和接收；远供电源设备通过光缆远供导体向海底中继器馈电并通过海水和海洋接地装置回流，远供采用高电压、小电流的方式，供电电流在 1A 左右，供电电压可高达几千伏；线路监测设备自动监测海底光缆和中继器的状态，在光缆和中继器故障的情况下，自动告警并进行故障定位。

水下设备主要包括海底光缆（Submarine Cable）、光放大器（Optical Amplifier）和水下分支单元（Branching Unit）。海底光缆有着与陆地光缆相同的光纤并加装了铠装保护，同时还安装了远供电源导体，其电阻小于 $1\Omega/km$。远供导体负责将电流输送到海底中继器，海底中继器分流并利用海水作为回流导体，完成电源远供过程。海底分支单元实现海底光缆的分支和电源远供的倒换。

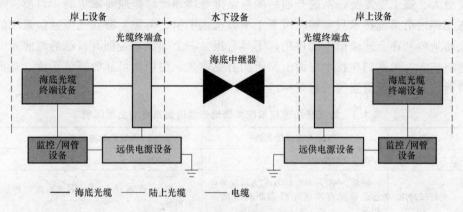

图 1-1　跨洋海底光缆通信系统

海底光缆通信系统大体上可分为两类：第一类是有中继通信系统，适用于中、长距离跨洋国际通信；另一类是无中继通信系统，适合于距离较短的海岛间的通信。与有中继通信系统相比，无中继通信系统在供电设备和监测方面稍有不同。首先，无中继通信系统没有远供电源向中继器供电；其次，无中继通信系统对海底设备的监测采用端到端测量方式，而有中继通信系统则是利用中继器的回环耦合器对海底设备的状态进行监测。

在现代通信中，海底光缆通信具有十分重要的意义。其主要优势是：通信质量高、传输时延低（与卫星比较）、不受气象条件影响（与无线传输比）、传输容量大、工作寿命长（25 年以上，卫星寿命一般为 7~10 年）、故障率低（25 年系统故障 3 次以下）。与陆地光缆通信系统相比，海底光缆通信系统的光缆工程施工牵涉面少、建设成本和维护费用低、效益高、抗灾害能力强。与其他通信手段相比，海底光缆通信还具有通信质量稳定、可靠，保密性和隐蔽性好，抗毁、抗干扰等特点。因此，在跨洋通信、洲际通信领域，海底光缆不仅完全取代了原有的海底通信电缆，也已逐步取代卫星通信，迅速成为最主要的国际通信手段。目前，海底光缆通信业务量约占国际通信业务量的 90%，是互联网的"中枢神经"。没有海底光缆通信系统，互联网只能算是每个大陆自己的局域网。正是分布在地球上密密麻麻的像"血管"一样的海底光缆通信系统，实现了洲际间的网络联接，在国际间的信息交流中发挥着重要的作用。

发展我国的海底光缆通信技术，建设国家海底光缆通信工程，掌握海底光缆通信系统的运维管理，意义非常重大。一方面，尽管海底光缆通信技术是陆地光缆通信技术在海域的延续发展和应用，但由于海底光缆通信系统应用的特殊物理环境，其技术和特点与陆地光缆通信有较大的区别，见表1-1。因此，与陆地光缆通信系统相比，海底光缆通信的设备和系统更复杂、要求更高，工程建设的难度更大、施工更复杂，系统开通后的对运维管理和维修抢通要求更高。目前，海底光缆通信系统技术只掌握在世界上少数国家手里，再加上海底光缆通信系统的战略地位和在全球通信中的作用，不难看出，一个国家是否拥有自己的海底光缆通信技术，关系到在技术层面上是否拥有更完善、更稳定可靠的通信手段，是衡量通信大国、通信强国的重要标准之一。

表 1-1 海底光缆通信系统和陆地光缆通信系统的主要区别

性能	陆地光缆通信系统	海底光缆通信系统
最大传输距离	小于 5000km	大于 5000km
光纤段跨距	较长，一般为 80~120km，为适应地理特点和现有网络光纤段距离可能不相等	较短，一般为 80~90km，各光纤段距离基本相等
拓扑结构	相对复杂，环网、栅格网	较简单，点对点、分支、环网
工作环境	不同地理位置的链路的传输环境（如温度、湿度、腐蚀强度、土壤）相差较大	在海水介质中链路的传输环境较为一致和稳定（高湿度、高压、盐碱腐蚀、小的温度变化范围）
系统寿命	大于 15 年	一般大于 25 年

另一方面，我国是一个海洋大国，海岸线总长度 3.2 万 km，其中大陆海岸线长达 1.8 万 km，海域面积达 300 万 km^2，沿海分布有大小岛屿 6500 余个，拥有国际海洋专属开发权的海域面积 7.5 万 km^2。如果没有自己的海底光缆通信网络，就难以完成保卫海疆、维护海洋利益和开发利用海洋的使命。缺少了海底光缆通信技术，就意味着通信发展规划的失衡，综合发展实力薄弱，一旦出现突发情况，或者出现不可抗拒的自然灾害甚至发生战争等，空中信道和一般陆上信道中断、阻塞、被扰或被窃，将使国家蒙受不可估量的损失。因此，大力发展建设海底光缆通信系统在政治、军事等方面都有着深远意义。

海底光缆通信系统不仅连接了全球互联网，也是连接全球经济的重要枢纽。如今，面向日益增长的流量需求和物联网时代，海底光缆通信必然迎来新一轮的增长期，再创奇迹。

1.3 海底光缆通信系统的发展历程

1.3.1 世界海底通信的发展历程

19世纪50年代，世界上第一条海底电报电缆诞生，开启了人类海洋通信的纪元。随后的100多年里，世界海底通信技术飞速发展，推动了人类社会的进步，其发展大致可以分成三个阶段。

1. 第一阶段（19世纪50年代）**海底电报电缆通信时代**

海底电报电缆是在陆地电报电缆的基础上发展起来的，1832年萨缪尔·莫尔斯从欧洲前往美国的途中，在一艘名为"萨利"的单桅帆船上想象到了电报机，由此开启了通信新革命，这也使得莫尔斯成为现代通信之父。他在1837年获得了发明专利，他的发明展示了马里兰州的巴尔的摩和华盛顿之间的电报的可靠性。然后，他试图推动他在欧洲的发明，但不得不等待了近30年才获得了全世界的认可。

1850年，英国勃兰特兄弟公司（Jacob and John Watkins Brett）在英吉利海峡敷设了历史上第一条海底电报电缆，这也是世界上第一个海底通信工程。但是由于这条海底电报电缆外层没有任何的铠装保护，导致敷设不久后就被损坏。

随后，英国于1868年完成私有网络国有化，建成了一个全国性的电报网络，其余国家也相继开展出自己的电报电缆网络。私人用户，商家，银行，报纸和通讯社使用电报公司以及政府管理部门提供的服务，这使得流量急剧增加。同时，各国的网络相互连接，需要进行统一的规范，1849年10月，第一个国际协议在德国和奥地利间签订，1865年在巴黎成立了国际电报联盟（国际电联）。

海底电报电缆系统虽然具有通信稳定、可靠等优点，但是传输速率低，功能比较单一且价格昂贵，所以在短波无线通信技术问世后就被逐渐替代。特别是第一次世界大战后，无线短波通信得到巨大发展，而此时海底电报电缆通信的发展几乎处于停滞状态。

2. 第二阶段（20世纪30年代）**海底同轴电缆通信时代**

随着海底电报电缆被短波无线通信取代，人们发现虽然短波无线通信具有其优势，但是其容量小、易受干扰、安全保密和可靠性较差等缺点也日益显现。因此，需要找到一种容量更大、可靠性更高的通信方式来满足日益增长的通信需求，由此开启了海底同轴电缆的时代。

20世纪30年代，海底同轴通信电缆问世。1921年，美国在佛罗里达州和古巴的哈瓦那间用同轴通信电缆敷设了一条海底电话电缆，该电缆也成为后来的海底同轴电缆的雏形。到了1934年，美国科学家布莱克提出了同轴电缆的概念，

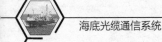

奠定了海底同轴电缆的理论基础。

20世纪50年代左右开启了海底同轴电缆的商用时代。1943年，英国第一次在爱尔兰海的安格尔西岛—马恩岛间敷设了一条长约60n mile的商用海底同轴电缆通信系统。1950年，美国在佛罗里达和古巴的哈瓦那间敷设了两条长约100n mile的海底同轴电缆。随后，英美两国在1956年成功敷设了横跨大西洋、连接欧美的TAT-1海底同轴电缆通信系统，1959年敷设TAT-2系统。由此，各国间也开展了海底同轴通信电缆系统的建设。

海底同轴通信电缆具备传输速率高、传输容量大、传输质量好等特点，其缺点是易受损坏，易受环境影响，同时价格比较昂贵。

3. 第三阶段（20世纪70年代后）**海底光缆通信时代**

海底光缆通信是在光通信的基础上发展起来的。20世纪70年代后，英美等国家在吸取陆地光纤通信的经验上，开始将光通信技术应用到海底通信，以取代原有的海底同轴电缆通信。1983年，日本在北崎—小吕岛海域敷设了一条长约30km的海底光缆；1988年，横跨大西洋的海底光缆TAT-8系统建成。从此，世界海底光缆通信进入一个蓬勃发展的新时期。到了20世纪90年代后期，海底光缆通信的传输速率得到极大提高，可达到10Gbit/s以上。随后，人们在通信技术上得到突破，密集波分复用（DWDM）技术被引入海底光缆通信中并得到广泛使用，由此海底光缆通信的巨大潜力被显现出来。

海底光缆通信具有高速率、高质量、高容量和高可靠性等优点，逐步淘汰了同轴电缆成为主要的海洋通信手段。同时，随着光纤通信的技术进步和在陆上的广泛应用，进一步促进了海底光缆通信系统突飞猛进的发展建设。此外，随着掺铒光纤放大器（EDFA）与密集波分复用（DWDM）的飞速发展，推动了长距离、大容量、低成本无中继海底光缆通信系统的研制，以及前向纠错、拉曼放大、遥泵光放等技术的综合利用，使得超大容量超长距离无中继海底光缆通信系统的研制有了突破性的进展，进入到实用化工程应用阶段。到20世纪90年代，海底光缆通信和卫星通信一道，成为洲际通信的主要手段。

随着互联网的高速发展，全球海底光缆通信系统的工程建设也在不断提速。目前全球已投入使用的海底光缆超过230条，实现了除南极洲之外的六个大洲的连接；此外还有十余条正在建设，预计到2018年海底光缆通信系统的光缆总长度可达200万km，可绕地球赤道50圈。据不完全统计，从1987~2001年，全世界大大小小总共建设了170多个海底光缆通信系统，总长近亿千米，连接130多个国家，全世界超过80%的通信流量都由海底光缆承担。图1-2为TeleGeography提供的2015全球海底光缆布局图，图1-3表示截至2008年底的世界海底光缆网络的分布。截至2014年，海底光缆数量已达到285条，其中22条不再使用，被称为"黑光缆"。

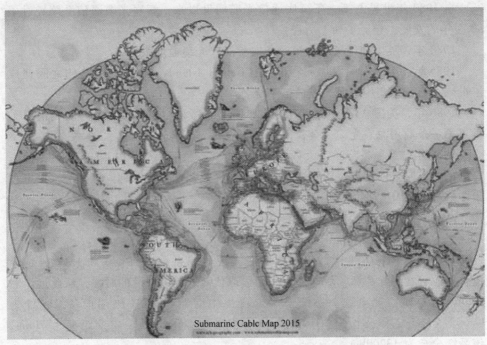

图 1-2　2015 年全球海底光缆布局图（TeleGeography 提供）

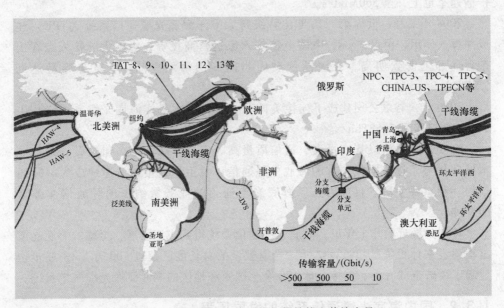

图 1-3　世界海底光缆网络拓扑结构和传输容量

自 1980 年世界上第一条海底通信光缆问世以来，海底光缆通信系统经过了 30 多年的发展，经历了如下历程：

1980 年，英国铺设了世界第一条实验海底光缆通信系统。

1985 年，英国在国内加那利群岛（Canary Islands）中的两个岛屿之间建成了世界上第一条实用海底光缆通信系统。

1986 年，美国 ATT 公司在西班牙加那利群岛和相邻的特内里弗岛间铺设了世界第一条商用海底光缆，全长 120km。

1988 年，第一条跨洋（大西洋）海底光缆通信系统（TAT-8）建成，标志着海底光缆时代的到来，国际通信进入了一个崭新的历史时期。该系统采用电再生中继器和 PDH 终端设备，光纤为 G.652 光纤，工作波长为 1310nm，传输速率为 280Mbit/s，中继距离为 67km。该系统连接美国与英国、法国，全长 6700km，海底光缆含三对光纤。

1989 年，横跨太平洋的第一条海底光缆通信系统（TPC-3 和 HAW-4）建成，标志着在跨洋跨洲领域进入海底光缆取代海底同轴电缆的时代，从此远洋洲际间不再敷设海底电缆。系统采用电再生中继器和 PDH 终端设备，光纤为 G.652 光纤，工作波长为 1310nm，传输速率为 280Mbit/s，中继距离为 70km。该系统全长为 13200km。

1991 年，光纤工作波长改用 1550nm 窗口，使用 G.654 损耗最小光纤，系统传输速率也上升至 560Mbit/s。

2008 年 7 月，世界第一条 T 比特级跨太平洋海底光缆通信系统（TPE）建成并投入使用，由 Verizon、中国电信等六家运营商投资，中国大陆接入点在山东青岛和上海崇明岛，在美国俄勒冈州内多纳海滩登陆，带宽总容量达到 5.12Tbit/s。

2010 年，谷歌公司建成了连接美国和日本的跨太平洋海底光缆系统（UNITY），传输容量 7.68Tbit/s。

海底光缆通信以其容量大、通信质量高、安全可靠性更高和敷设、维护成本低等优势，逐步取代原有的海底电缆通信以及卫星通信，迅速地成为国际通信的一种重要手段。目前为止，海底光缆通信的业务量约占国际通信业务量的 90%。

特别是最近的几十年里，海底光缆通信系统得到飞速发展，全球的海底光缆工程建设累计投资已超过百亿元，光缆敷设的总长度已超过 100 万 km，逐步构建起了覆盖全球海底、连接全球 170 余个国家和地区的国际海底光缆网络系统。

1.3.2 国内海底光缆通信系统的发展历程

我国自 1988 年起开始大力推广光纤通信。1990 年 11 月，在青岛临近海域建成了国内第一条无中继实用化海底光缆。1993 年 12 月，中日海底光缆通信系统（C-J）建成，标志着第一个在中国登陆的国际海底光缆系统正式使用。

从此，中国海底光缆工程建设的脚步从未间断，相继参与了环球海底光缆通信系统（FLAG）、亚欧海底光缆通信系统（SMW3）、中美海底光缆通信系统（CH-US）、城市间海底光缆通信系统（A2C）、亚太海底光缆通信系统 2 号（APCN2）及东亚环球海底光缆通信系统（EAC）等近 20 个国际海底光缆通信系统的建设，这些系统通达世界 30 多个国家和地区，为中国逐步发展成为亚太地区国际通信枢纽中心，乃至世界重要的通信骨干节点，做出了重要贡献。

此外，在我国的沿海地区、大陆与岛屿或岛屿与岛屿之间亦已建成了数十条海底光缆，主要有大连—烟台、宁波—舟山、北海—临高等海底光缆工程。我国通过积极参加国际海底光缆通信系统建设，以及购买国际海底光缆通信系统容量，使我国与世界各国和地区的直达光缆从无到有，有力地保证了我国与全球的通信联络，成为国际海底光缆通信网络中的重要一员，也是全球重要的通信转接中心。

我国的海底光缆通信系统建设发展的典型应用如下：

1987 年，敷设了第一条军用海底光缆系统。

1990 年，在青岛邻近海域建成了第一条无中继实用化海底光缆通信系统。

1993 年，第一条中国参与建设并在中国登陆、通向世界的国际海底光缆通信系统——中日海底光缆通信系统（C-J）建成开通。该系统连接上海南汇至日本九州宫崎，全长为 1252km，传输速率为 560Mbit/s，投资 0.77 亿美元。

1996 年 2 月，中韩海底光缆通信系统（C-K）建成开通，分别在我国青岛和韩国泰安登陆，全长 549km，传输速率 560Mbit/s，投资 0.47 亿美元。

1997 年 11 月，第一条中国参与建设并在中国登陆的洲际海底光缆通信系统——环球海底光缆通信系统（FLAG）建成并投入运营。该系统分别在英国、埃及、印度、泰国、日本等 12 个国家和地区登陆，全长约 27000km，其中中国段为 622km。

2000 年，中国电信参加建设的亚欧海底光缆通信系统（SMW3）建成开通。该系统在亚洲、欧洲和大洋洲等地共计 33 个国家和地区登陆，全长达 38000km，采用 8 波长波分复用技术，主干路由容量高达 40Gbit/s。它的建成标志着我国国际通信水平又迈上一个新台阶。

1999 年，中国电信参与建设的中美海底光缆通信系统（CH-US）建成开通。该系统是中国建设的第一条带自愈功能的环型拓扑海底光缆系统，是一个横跨太

平洋形成一个美洲、亚洲之间的通信环网,由世界 23 个电信机构共同出资建造,共有 9 个登陆站,中国的登陆站分别为上海崇明、广东汕头和台湾,总长 26000km,是目前世界重要的国际光缆之一,采用 8 波长波分复用技术,主干路由容量高达 40Gbit/s。

2001 年,中国电信、网通、联通联合其他国际运营商共同投资建成了亚太 2 号海底光缆通信系统(APCN2)。系统总长达 19119km,是连接东南亚地区主要国家和地区的枢纽通信骨干网。该系统采用 64 波密集波分复用技术,首期开通 160Gbit/s 容量,经过后续扩容,2008 年容量达到 400Gbit/s,为中国发展成为亚太地区通信枢纽中心做出了重要贡献。

2008 年,中国电信、网通、联通三大运营商联合美国 VZB 等国际主流运营商共同投资建设跨太平洋直达光缆通信系统(Trans.Pacific Express)。系统在中国崇明、青岛登陆,总长约 26000km,初期容量达到 1.28Tbit/s,是中国目前容量最大、跨度最长、技术最先进的海底光缆通信系统。

从 1993 年至 2008 年,我国国际海底光缆总数达 17 条 8 个系统,如图 1-4 所示。2008 年后,我国也新建了部分国际海底光缆通信系统,见表 1-2。图 1-5~图 1-10 给出了部分涉及我国的海底光缆通信系统。

图 1-4　中国国际海底光缆网络

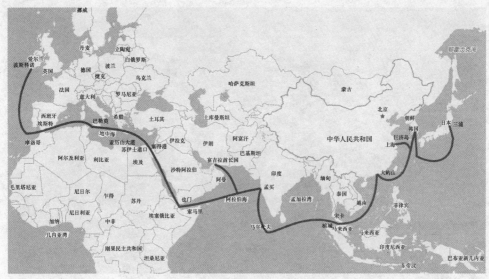

图 1-5 环球海底光缆通信系统（FLAG）

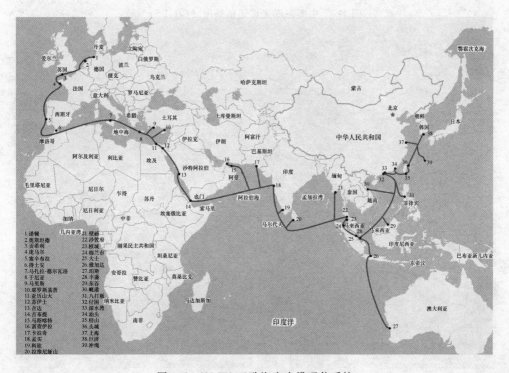

图 1-6 SM W3 亚欧海底光缆通信系统

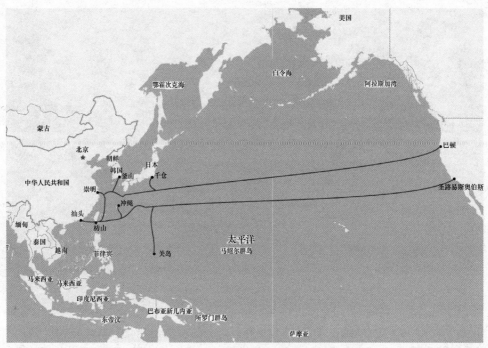

图 1-7　中美海底光缆通信系统（CH-US）

图 1-8　城市间海底光缆通信系统（C2C）

图 1-9　亚太海底光缆通信系统 2 号（APCN2）

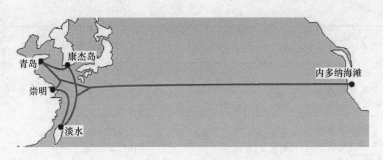

图 1-10 太平洋海底光缆通信系统（TPECN）

表 1-2 我国主要的海底光缆通信系统

开通时间	系统名称	连接地区或城市	传输速率和长度	光纤对数	系统结构
1993 年	中日海底光缆通信系统（CJ-2）	中国上海-日本宫崎	560Mbit/s,1260km	—	点对点
1996 年	中韩海底光缆通信系统（CKC）	中国青岛—韩国泰安	560Mbit/s,549km	2	点对点
1997 年	环球海底光缆通信系统（FLAG）	中国（上海、香港）、日本、韩国、印度、阿联酋、西班牙、英国等	5Gbit/s,27000km	2	分支型
1999 年	亚欧海底光缆通信系统（SM W3）	中国（上海、台湾、香港、澳门）、日本、韩国、菲律宾、马来西亚、新加坡、澳大利亚、塞浦路斯、英国、法国等	8×2.5Gbit/s,39000km	2	环形
2000 年	中美海底光缆通信系统（CH-US）	中国（上海、汕头、台湾）、美国（班顿、圣路易斯）、关岛、韩国（釜山）、日本（千仓、冲绳）	8×10Gbit/s,30000km	4	环形
2001 年	城市间海底光缆通信系统（C2C）	中国（上海、台湾、香港）、日本、韩国、新加坡、菲律宾等	64×80Gbit/s,24000km	—	环形
2002 年	亚太 2 号海底光缆通信（APCN2）系统	中国（上海、汕头、香港、台湾）、日本、韩国、新加坡、泰国、澳大利亚、菲律宾等	64×10Gbit/s(终期容量2560Gbit/s),19000km	4	环形
2008 年	太平洋海底光缆通信系统（TPECN）	中国、韩国、美国	5.12Tbit/s	—	环形
2010 年	亚洲-美洲海底光缆通信系统（AAG）	香港、美国、越南、文莱、马来西亚、菲律宾、新加坡、泰国	2.88Tbit/s, 2.02 × 10^4km	3/2	分支型

（续）

开通时间	系统名称	连接地区或城市	传输速率和长度	光纤对数	系统结构
2013 年	东南亚-日本海底光缆通信系统（SJC）	中国、日本、新加坡、菲律宾、文莱、泰国	64×40Gbit/s，23Tbit/s，1.07×10^4 km	6	分支型
2015 年	亚太海底光缆通信系统（APG）	中国、韩国、日本、越南、新加坡、马来西亚、泰国	54.8 Tbit/s，1.04×10^4 km	—	分支型

　　除积极参加国际海底光缆网络建设外，我国还在其他海底光缆通信系统中购买容量，以便连接与我国没有直达光缆通信的国家和地区。我国的海底光缆通信系统正逐步形成连接世界各国的海底光缆通信网络，为国际各国通信的发展提供了可靠的网络基础，也成为国际海底光缆通信系统中的重要一员，同时成为亚太地区国际通信的一个重要枢纽中心。

1.3.3　海底光缆通信系统发展

　　海底光缆通信系统的发展可以从光纤、设备技术和通信技术两个方面来描述。

1.3.3.1　光纤及设备发展

　　在光纤和设备技术方面，海底光缆通信系统的发展主要有以下特点：

1. 光纤

　　在 20 世纪 80 年代末，早期的海底光缆系统采用常规的 G.652 光纤，工作波长为 1310nm；到了 90 年代初，采用 G.654 光纤，工作波长为 1550nm，不仅降低了光纤衰减，还提高了系统的中继距离和设备的接收灵敏度。到了 90 年代中期，引入了 G.653 色散位移光纤（DSF），在原来的基础上更加降低了光纤衰减，提高了中继距离。这一段时期可以看作是海底光缆系统发展的第一阶段，该时期主要是通过降低光纤衰减来解决中继问题。

　　到了海底光缆发展的第二个阶段，人们对通信系统的传输速率需求越来越高，于是开始逐步从光纤的衰减发展到色散、非线性等方面。例如引入 G.655 非零色散位移、大有效截面积光纤，更加提高了中继距离。

2. 中继器

　　20 世纪 90 年代初，大多数海底光缆通信系统使用电再生中继器；到了 90 年代中期，随着掺铒光纤放大器 EDFA 的出现，逐步采用再生段光中继。目前商用级的海底光缆系统光中继器的带宽多为 C 波段 20~28nm，一般配置四个泵浦源分两级放大，接收端采用两个 980nm 泵浦以降低噪声，发送端采用两个 1480nm 泵浦以提高输出功率，泵浦源 1+1 备份，极大地提高了光中继器可靠性。

3. 线路终端设备

20世纪90年代前期的海底光缆通信系统的线路终端多数采用PDH或者SDH终端设备，到了90年代后期，引入了波分复用技术，推进光、电分层，线路终端设备为光层设备。这段时期海底光缆通信系统的典型应用如下：

1997年，中美跨太平洋海底光缆开始施工，系统容量为8×2.5Gbit/s，配合以G.655光纤，最长再生距离11000km。线路终端设备采用RS（255，239）前向纠错技术（线路速率10.7Gbit/s，系统Q值改善5dB），采用自动预均衡、极化扰膜、色散管理、线路增益均衡等技术。

1998年，日美海底光缆开始建设，系统容量16×10Gbit/s，配合以混合光纤配置，最长再生距离8800km，除采用中美光缆中的其他技术外，前向纠错技术发展为RS（239，223）和RS（255，239）的级联纠错技术（FEC）技术（线路速率11.4Gbit/s，系统Q值改善7dB），线路采用RZ编码。

1999年，在亚美海底光缆工程建设中，使用了CONVOLUTION RS（255，239）FEC技术，线路速率12.4Gbit/s，改善系统Q值9dB。

早期的海底光缆通信系统都是点对点系统。随着传输容量的增大，系统发展到环形结构，SDH层面采用网络保护倒换设备，支持4纤复用段共享保护环，环路倒换支持G.841附录A中要求的越洋应用协议。当环路发生故障时，倒换发生在业务电路的源、宿点，而不是发生在故障点的两个相邻节点，从而避免倒换后，业务电路多次越洋，造成传输时延增大。

4. 线路监控设备

海底光缆网络的线路监控系统主要有两种方式：一是以NEC为代表的全光监测方式，用专门的波道负责监测光缆和中继器的状态，利用Coherent-OTDR的原理，通过比对监测波长后向散射光当前轨迹和初始状态下的轨迹，判断线路状态；二是以ALCATEL为代表的遥控/遥信监测方式。遥控数字信号以移频键控方式调制到低频（150kbit/s）载波信号上，此载波信号通过浅度调顶的方式调制到主信号上，通过发射光纤到达中继器，中继器滤波得到控制信号，然后采用相同方式将中继器的收、发光功率、放大器偏置电流利用另一条光纤发回线路监控设备。

5. 远供电源设备

远供电源设备是影响传输距离和海底光缆通信容量的重要因素。早期的海底光缆通信系统由于抗高压特性不高和中继器功耗高的原因，远供电压要控制在5000V以下，光纤线对数不高于4对。随着技术的发展，20世纪90年代末投入商用的系统远供电压可高达万伏，支持光纤线对数达到8对。

1.3.3.2　海底光缆通信技术发展

自从20世纪80年代中期第一条海底光缆通信系统开通以来，得益于光通信技术的突飞猛进发展，海底光缆通信系统也在快速演进。早期的海底光缆通信系统采用的技术体制从 PDH 很快过渡到 SDH，采用常规的 G.652 光纤，工作波长在 1310nm 窗口。随后，为了追求更低的线路损耗，人们将 G.652 光纤的工作波长迁移到 1550nm 窗口，使光纤的衰减大为降低，海底光缆通信系统的中继距离也得以提升。到了 20 世纪 90 年代中后期至 21 世纪初，随着掺铒光纤放大器（EDFA）以及密集波分技术（DWDM）的相继出现，10Gbit/s DWDM 传输技术逐渐成为主流，低损耗已经不是唯一追求的目标，衰耗、色散和非线性等三项指标成为系统设计考虑的综合因素。目前，随着 100Gbit/s 传输技术的成熟，$N \times$ 100Gbit/s DWDM 技术将成为新一代海底光缆通信系统的首选，系统设计将更加注重考虑光信噪比（OSNR）、光纤色散（CD）、偏振模色散（PMD）和非线性等指标的综合影响。

随着光纤传输技术的不断进步，海底光缆的通信技术得到飞速发展。回顾其发展历程，按技术发展阶段划可划分为四代：

1. 第一代海底光缆通信系统（1985~1993 年）

第一代海底光缆通信系统始于在 20 世纪 80 年代中期，采用准同步数字系列（PDH）传输技术体制，光纤为 G.652 光纤，工作波长为 1310nm，系统传输速率为 280Mbit/s，以光-电-光方式为主进行再生中继，中继距离 50~70km。到 20 世纪 90 年代初（1991 年），海底光缆通信系统的光纤改用 G.654 低衰耗光纤，工作波长为 1550nm，系统传输速率上升至 560Mbit/s，仍然以光-电-光方式进行再生中继，中继距离提升到 70~100km。典型系统包括：1988 年建成的第一条跨洋（大西洋）海底光缆通信系统（TAT-8），1989 年建成的横跨太平洋的第一条海底光缆通信系统（TPC-3）。

2. 第二代海底光缆通信系统（1994~1997 年）

第二代海底光缆系统开始于 20 世纪 90 年代中期，采用同步数字系列（SDH）传输技术体制，光纤为 G.652 光纤，开始引入 G.653 色散位移光纤（DSF），G.654 光纤的使用逐渐减少，工作波长为 1550nm，传输速率达到 2.5Gbit/s，并上升到 5Gbit/s，中继器开始采用掺铒光纤放大器（EDFA）以全光中继的方式进行再生中继，取代光-电-光中继器。SDH 自愈环技术等一系列新技术的应用，使海底光缆技术进入到一个崭新的阶段。

3. 第三代海底光缆通信系统（1997~2008 年）

第三代海底光缆通信系统始于 20 世纪末的 1997 年，采用同步数字系列+密集波分复用（SDH+DWDM）传输技术体制，光纤为 G.655 非零色散位移光纤，工作波长为 1550nm，利用 DWDM 传输技术使得在一根光纤内很容易就能够实现 $N \times 2.5$Gbit/s 的扩容（$N = 8$，16，40，80），进一步采用色散补偿和前向纠错（FEC）等技术，使第三代海底光缆通信系统在传输容量、距离和质量等方面有了一次新的飞跃，系统容量进一步提升为 $N \times 10\text{Gbit/s}$，由此海底光缆通信系统的建设得以全面铺开，促进了全球通信网的发展。

4. 第四代海底光缆通信系统（2008 年至今）

第四代海底光缆通信系统始于 2008 年，在第三代海底光缆通信系统的基础上扩大了中继距离，减少光纤损耗，使得系统容量提升到 $N \times 100\text{Gbit/s}$。

各发展阶段的海底光缆通信系统的特点见表 1-3。

表 1-3 各发展阶段海底光缆通信系统的特点

发展阶段	第一代	第二代	第三代	第四代
时间段	1985～1993 年	1994～1997 年	1997～2008 年	2008 年至今
传输技术体制	PDH	SDH	SDH+DWDM	OTN
中继方式	光-电-光	光-电-光	全光 EDFA	全光 EDFA
中继距离	50～70km	70～100km	100～300km	>3000km
光纤类型	1310nm，G. 652	1550nm，G. 654	G653、G. 655	G. 655
损耗	0.4dB/km	0.22dB/km	0.18dB/km	0.01dB/km
传输速率	280～560Mbit/s	2.5～10Gbit/s	$N \times 10\text{Gbit/s}$	10Gbit/s～10Tbit/s
典型系统	TPC-3、TAT-8	TPC-4、TAT-9/10/11	TPC-56、TAT-12/13	CH-US、C2C、APCN2

海底光缆通信系统作为跨国、跨州、跨洋的传输干线，容量越大、速率越高，系统的健壮性、自愈性和安全性越重要。第一代海底光缆通信系统的网络拓扑结构比较简单，主要采用点对点链型结构，通过系统设备的冗余设计来提高系统可靠性，一旦海缆出现故障，系统的通信也随之中断。为了提高系统的可靠性，第二代、第三代海底光缆通信系统的网络拓扑开始采用环形结构，一旦海缆出现故障，可通过 SDH 自愈环相应的保护机制对运行的业务进行自动保护，大大提高了系统的安全性。

1.3.4 推动海底光缆通信发展的主要因素

首先，国际通信业务需求大幅增加，特别是兴起的互联网业务呈爆炸式增长，这是推动海底光缆通信发展最主要的因素。据 ART 统计数据显示，国际语音业务需求年增长率稳定在 12%～16%；互联网用户从 1995 年时约 0.2 亿户，到 1997 年达到约 1 亿户，2002 年则发展到 6 亿户，2015 年后更是呈现爆炸式增长，随之对带宽的需求急剧增加，由此促进了海底光缆通信系统工程建设的快速发展。

其次，海底光缆传输的关键技术和核心器件技术瓶颈取得突破，也推动了海底光缆通信系统的发展，这里既包括了光纤传输容量的不断扩大，也包含了各种传输技术的升级改进，也为海底光缆通信的进一步发展提供了技术基础。

此外，近几十年世界各国加强了海底光缆通信系统的工程建设，这也是一个重要的推动力，不仅促进了海底光缆通信技术发展，也为各个厂商进行技术创新、产品研发和合作交流提供了基础。

1.3.5 海底光缆通信的重要性

全球有 2/3 的区域被海洋覆盖，随着人们加快对海洋进行探索和开发的脚步，使得海洋开发在社会发展和国防战略中的地位越来越重要。海底铺设的光缆通信系统囊括了全球 90% 以上的国际通信业务，对世界经济的发展起着十分重要的作用。

1. 促进经济发展

从通信需求上来讲，海底光缆通信给全球的通信带来了便利，加快了全球化的趋势，促进了国家地区间的交流合作，为国际互联网发展提供了重要的基础，从而推动了经济的增长。各国不再需要在国内建设整条产业生产线，也不再需要进口高价产品，跨洋光缆使全球制造链和金融服务成为可能。

2. 体现国家安全

近年来，各国军事指挥、情报收集以及对外联络等越来越离不开海底光缆通信，由于卫星通信带宽有限，大量的通信业务交由海底光缆承担。这些业务不仅涉及民用领域，也有涉及军事的敏感信息，因此海底光缆的保护、监听与反监听等内容是各国需要考虑的一个重要方面。

3. 损毁导致风险和经济损失

海底光缆的敷设环境较为复杂，一旦某个单元或者设备遭到破坏，就会影响整条通信链路甚至整个通信网。由于海底光缆通信所涉及的业务相当广泛，所以其造成的损失更大。特别是进行军事活动时，海底光缆一旦发生意外情况，有可能给国家带来不可挽回的损失。

1.3.6 海底光缆通信系统的运维特点及面临的问题

1. 海底光缆通信系统的运维特点

2005 年以来，国际海底光缆的工程建设进入到高速发展阶段，迅速成为国际通信主要的手段。随之而来的不断扩容、网络规模增长等问题，使得海底光缆系统维护日益困难，对运营商提出了更高的要求，主要有以下特点：

（1）网络规模急剧增加导致维护需求日益增长

海底光缆通信系统所带来的便利，是建立在不断提高系统维护水平、增加 QoS 管理能力、多样化侦测各类参数的基础上的。世界范围内宽带服务、3/4/5G 业务推广、高速率视频业务传输需求增加，对于网络时延、误码等参数十分敏感，自然也对海底光缆通信系统的维护提出了新的更高的要求。

（2）容量呈爆炸式增长导致维护规模数量级增长

1997 年后，随着密集波分复用技术（DWDM）的应用，海底光缆在传输质量和系统容量等方面出现了质的飞跃，长距离系统的传输容量达到 10 ~ 20Gbit/s，到了 2000 年，单对光纤的传输容量可超过 100Gbit/s。随后的时间里，传输速率为 Tbit 级的系统也被推出并商业化。庞大的通信容量、飞速增长的用户数量、电路等，使得日常维护时的电路资源配置、网络实时监控、性能监测、故障发现等工作量也呈数量级的增长。

（3）维护模式落后与网络规模的发展不相适应

海底光缆通信系统区别于陆地光缆系统，其技术更先进，相当大的一部分设备资料、操作手册、参考流程采用了新的理念。即便是成熟的海底光缆系统技术维护人员，在熟悉和掌握新系统维护时，需要一个漫长的过程。这势必造成维护人员采用经验性的维护模式，大大落后于网络的发展。另外，即使海底光缆通信系统自身进行扩容，由于采用同一厂商升级更换设备，甚至采用不同厂商的不同设备，都将打破业已成熟的固有维护模式，迫使维护人员从头开始熟悉，对业务可持续性高质量维护造成不利影响。

2. 海底光缆通信系统运维面临的问题

海底光缆通信系统作为国际通信传输的中枢神经系统，对于整个通信行业意义重大。其维护面临以下的问题：

（1）海底光缆故障后维护手段相对缺乏

由于海底光缆通信系统特殊的网络结构，导致某一地区的海底光缆发生故障时会对该地区乃至整个网络造成影响，直接或间接造成巨大经济损失。然而，当前多数运营商对故障影响电路的调度和恢复仍旧只能基本采用人工方式，恢复效率很低。尤其是故障电路统计不够及时，造成后续恢复工作无法顺利开展，成为一个极大的不利因素。

（2）网管技术发展落后于网络技术发展

对于一个通信系统运营商而言，网络的可靠性、可用性和易维护性是其第一关心的要素，其中一个重要的保障机制便是网管系统。但是，在现今日益发展的海底光缆系统阶段，其网络管理技术远远落在后面，不能支撑起日益扩大的网络规模和多样化的客户维护需求。

一般海底光缆通信系统主要提供两大类网管，即岸端设备网管和水下设备网管。岸端设备网管属于 SDH 光传输网络网管，负责传输设备监控和业务配置管理，单业务管理功能十分有限，就目前而言，仅实现了传统传输网管网络层管理的功能。水下设备网管主要负责光缆、中继器、部分波分设备、波长转换设备以及供电设备等的状态监控，不涉及业务管理。总体来讲，当前网管业务管理能力很弱，无法提供故障时业务中断分析，也无法提供业务对于自愈环保护状态下运行的情况。网管发展落后于网络发展，造成业务管理的瓶颈，成为当前海底光缆通信系统维护中亟待解决的问题。

3. 影响海底光缆通信系统安全的主要因素

通常海底光缆的线路工程建设由沿线路由的环境因素决定，分为海底敷设和埋设两种方式。无论是采取敷设还是埋设，海底光缆都会受到各种恶劣自然环境和人类活动等因素的影响。影响的原因大致可分为两大类，即自然因素和人为因素。

自然因素如海底滑坡、底质迁移、地震活动、外露岩石磨损等。底质迁移本身不会产生太大的危害，但是底质的迁移往往会对海缆的埋设深度造成较大影响，这可能导致埋设的海缆在一段时间后仍然会暴露在海床上（或埋设深度降低），受渔业捕捞或船锚损害的风险大大增加。

人为因素如拖网和其他渔业捕捞、贝类养殖、船舶锚害、挖泥疏浚、其他港口或海洋工程作业间的相互干扰等。

据统计，人为造成的损害占 80% 以上，而其中渔业捕捞又占绝大多数。国际海缆维护组织"横滨维护区"的报告显示，1993 年以来位于上海海域的海缆所遭受到的外部故障中，90% 以上都来自渔业捕捞作业的影响。

1.3.7　海底光缆通信系统发展展望

1. 海底光缆正在迎来新一轮的建设热潮

随着互联网特别是移动互联网的兴起，全球互联网带宽需求呈爆炸性增长的趋势，海底光缆通信系统正迎来新一轮的建设高潮。

在过去的十年间，全球互联网数据流量一直在快速增长，2013 年的互联网流量已达到人均 5GB，预计到 2018 年，这一数字将增至 14GB。这种增长无疑会带来容量问题，因此新建或升级海底光缆通信系统将是大势所趋。

2014 年 8 月，谷歌公司正式宣布将投资建设名为 Faster 的跨太平洋高速互联网光缆传输系统（见图 1-11）。该系统由谷歌与中国移动、中国电信、法国 Global Transit、日本 KDDI 和新加坡电信等五家公司合作，建设投资 3 亿美元，连接日本海岸线的两处位置（千叶县和三重县）和美国西海岸城市，包括洛杉矶、旧金山、波特兰和西雅图等城市，采用 6 对纤芯的海底光缆，设计带宽高达 60Tbit/s（100Gbit/s×100 波×6 对纤芯），这将是 SJC 海底光缆通信系统带宽的 4 倍。Faster 已于 2016 年 6 月投入运营，全长 9000km。

2015 年 4 月，中国大陆、中国台湾、韩国、日本和美国的运营商共同启动了新跨太平洋国际海底光缆通信系统（New Cross Pacific，NCP）工程建设。该系统全长超过 1.3 万 km，采用最先进的 100Gbit/s 密集波分复用传输技术，设计容量达 80Tbit/s（比谷歌公司的 Faster 还多 20Tbit/s），是亚洲至北美传输容量最大、技术最先进的海底光缆通信系统，计划于 2017 年四季度投入运营。

2016 年初，美国军方科学家正在开发一种可快速修复的海底光缆，它可以快速恢复被对手破坏的军事通信设施。

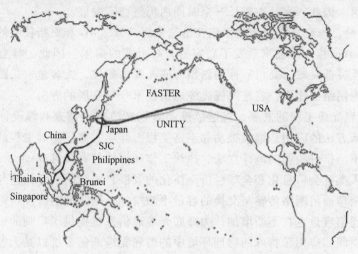

图 1-11　谷歌公司的 Faster 跨太平洋高速互联网海底光缆通信系统

2. 海底光缆将步入融合时代，不只限于传输与通信

到目前为止，全球绝大多数的海底光缆通信系统都是独立设计、独立建设和独立运营，主要用于解决跨洋、跨洲、跨地区等的通信问题，提供数据传输的功能。随着海上经济资源的开发，如海上石油开采、海上风力发电等方面的应用，海底光缆通信系统将与海上作业平台的电力传输系统、远程控制系统等共用一条海底光电复合缆，共同打造一个多功能融合的海上综合支撑系统。此外，随着海底探测技术的发展，海底光缆通信系统将与海底传感器组成的海底探测系统相融合，共建海底综合信息系统网络。想要在未来的全球互联网发展中占据主导地位，仅靠建设海底光缆是远远不够的，需与其他通信手段多维度结合，例如尝试与空中网络以及卫星通信的融合等，才有可能在发展的竞争中赢得主动。

3. 展望

1）在微电子、计算机和光通信技术的支持下，现代通信正快速向大容量、高速率、智能化、多功能化方向发展。通过三大洋的海底光缆通信系统，形成了全球性的有线数字通信网，对加强国际间的经济、技术和文化交流起着重大作用。虽然，目前国际海底光缆市场处于调整复苏期，但国际通信业务的需求仍在稳步增长，一些新的海底光缆系统计划已在策划中。海底光缆市场在经历调整后，将步入稳步发展的阶段。

2）1991 年以来，我国已建成 7 大系统 18 条国际海底光缆，1996~2000 年为建设的高峰期。我国海域广阔，拥有约 18000km 的大陆海岸线，大小岛屿 6500

余个，沿海地区是我国经济发达与高速增长地区。因此，兴建我国近海海底光缆通信系统对于推动这一地区国民经济信息化和巩固国防均具有重大意义。我国的近海海底光缆通信系统又是国家公用通信网组成中不可缺少的一部分，还有很大的发展空间。因此，预计在较长一个时期内仍将稳定发展。

3）目前，海底光缆通信技术仍在迅速发展。3G、4G 和更新技术的发展，以及宽带 Internet 接入的需求激发了高容量、高带宽的需求。因此，具有优良机械和电气特性、低衰减、高可靠性的新型海底光缆的研发，大容量、长距离、智能化海底光缆网络的建设，将是海底光缆通信技术今后发展的方向。

4）海底光缆工程的发展，将继续推动海底光缆路由调查和埋设评价调查中新技术、新方法的应用；继续推动和丰富工程海洋学、海洋基础工程的实践和理论研究；不断推进我国的海洋立法、执法工作和海域的有效管理。

随着人类社会信息化和全球经济一体化的发展，国际间信息传输与交互的流量激增，全球通信网络传输与交换的容量不断增加，国际间的跨洋、跨洲、跨国与地区的通信容量也在不断增加，为海底光缆通信系统提供了广阔的市场空间和技术发展空间。应用于特殊的物理环境中的海底光缆通信系统以其大容量、高可靠性、优异的传输质量等优势，在通信领域，特别是国际通信中将发挥越来越重要的作用。

展望未来，海底光缆通信系统将继续承担国际通信骨干网的角色，并将迎来 3/4/5G 移动通信、宽带互联网、光纤到户等商业契机。可以预计，未来国际通信量将继续呈现高增长的趋势，而海底光缆通信系统将依托成熟的 DWDM 技术，一方面继续提高单光纤内的复用波数；另一方面不断提升基波复用速率，满足不断增长的互联网、移动通信需求。保护机制方面，海底光系统也将继续开发探索下一代自愈技术，逐步引入全光网络自动保护机制（ASON），从而为人类通信提供高速率、高稳定性的网络。

1.4 海底光缆通信系统标准简介

1.4.1 标准化的必要性、作用

标准化是促进海底光缆通信技术和产业发展的重要技术基础，标准是人们在其发展过程中积累起来的经验和知识的体现，也是其发展水平的基线或起点。它为海底光缆通信技术的发展和系统设备研制，提供强有力的支撑、保障和服务功能；在技术与开发、科研与生产、市场与需求、供应与采办、政府与企业之间，发挥着"桥梁"与"纽带"作用。

海底光缆通信已成为国际或者地区通信越洋传输的主要手段，在海岛间通信、海岛与陆地间通信中的应用也逐渐普及，发展出各种类型的通信系统在不同的海底环境中使用。由于海底环境中的复杂性和不确定性，影响海底光缆系统的因素较多，因此，海底光缆系统设计时不仅要考虑工程设计本身，还应当考虑到光缆在复杂海洋环境下是否能够保证性能等问题，需要制定相应的标准来规范海底光缆的系统设计，按照标准维护系统，保障系统的安全性和可靠性。

海底光缆通信系统是一个结构庞大、层次复杂的系统。同时，它又与陆上光缆通信系统相连，是通信网的一个分支。如果海底光缆系统没有一个统一遵循的标准，势必造成通信系统的混乱。这不仅是全体通信系统不允许的，而且海底光缆系统自身建设也不经济合理，因为只有规范才能经济合理。为服从全体通信系统的要求及使自身建设经济合理，其系统结构及传输性能和接口等必须规范化，同时为了方便大规模应用，必须要有完善的标准支撑。海底光缆通信系统标准的制定符合了当前对海底光缆通信系统设计和市场的需求，规范了海底光缆设计的整个流程。目前国际上对于海底光缆系统方面的技术标准开发工作主要是由ITU-T组织负责，并推出了一系列相关的标准，这些标准也是现今海底光缆系统参考的主要标准；而国内由于起步较晚，目前也在开展相关的标准化工作，并取得了一系列成果。

技术标准的初衷是通过规定统一的科研生产秩序，降低成本，提高工作效率，增加产品的通用性和互换性。在高技术及其产业迅猛发展的今天，技术标准的作用和地位已经发生了根本的变化。标准的制定者能够通过技术标准中的技术要素和技术指标建立起市场准入和技术壁垒体系，从而获得最大的利益。谁掌握了技术标准的制定权，谁就在一定程度上掌握了市场竞争的主动权。为提高我国在海底光缆通信领域的竞争力，需要标准的全面支撑，依靠先进的标准引领行业发展。与发达国家相比，我国的海底光缆通信系统技术上还存在差距，还有较大的发展空间，标准化的作用也就更大，更需要加强标准化方面的研究，为海底光缆技术领域的持续发展奠定基础。

1.4.2 标准化组织介绍

1. 国际标准化组织

目前，国际上通信技术领域的标准化组织主要有国际电信联盟（International Telecommunication Union，ITU）和国际电工委员会（International Electro-technical Commission，IEC）。

（1）国际电信联盟

国际电信联盟（ITU）于1865年成立，总部设在日内瓦，1947年成为联合国的部门机构。ITU是世界各国政府的电信主管部门之间协调电信事务的一个国际组织，它负责研究制定有关电信业务的规章制度，通过决议提出推荐标准，收集有关情报。

ITU 的目的和任务是维持和发展国际合作，以改进和合理利用电信业务；促进技术设施的发展及其有效运用，以提高电信业务的效率，扩大技术设施的用途。

（2）国际电工委员会

国际电工委员会（IEC）是世界上成立最早的非政府性国际电工标准化机构。

IEC 的宗旨是促进电工、电子领域中标准化及有关方面问题的国际合作，增进国际间的相互了解。IEC 的工作领域包括了电力、电子、电信和原子能方面的电工技术。在海底光缆通信方面，IEC 遵循由下而上的方法，重点关注光缆制造商方面，注意力集中在产品规范与试验方法上。

2. 国内标准化组织

目前，国内通信与电子行业主要的标准化组织有中国国家标准化管理委员会（Standardization Administration of The People's Republic Of China，SAC）、中国通信标准化协会（China Communications Standards Association，CCSA）、中国电子工业标准化技术协会（Chinese Electronics Standardization Association，CESA）。

（1）中国国家标准化管理委员会

中国国家标准化管理委员会（SAC）是国务院授权履行行政管理职能，统一管理国家标准化工作的主管机构。国家有关行业协会也设有标准化管理机构，分管本行业的标准化工作。

SAC 负责组织国家标准的制定、修改工作；协调和指导行业标准和地方标准的备案工作。

（2）中国通信标准化协会

中国通信标准化协会（CCSA）于 2002 年 12 月 28 日在北京正式成立。该协会是国内企业、事业单位自愿联合组合起来，经业务主管部门批准，民政部社团登记管理机关登记，开展通信技术领域标准化活动的非营利性法人社会团体。协会的主要任务是组织制定中国通信行业标准（行标，YD）。

该协会采用会员制，广泛吸收科研、技术开发、设计单位、产品制造企业、通信运营企业、高等院校、社会团体等参加。协会负责组织、把关，把高技术、高水平、高质量的标准推荐给政府，把具有我国自主知识产权的标准推向世界。

（3）中国电子工业标准化技术协会

中国电子工业标准化技术协会（CESA，简称"中电标协"）是全国电子信息产业标准化组织和标准化工作者自愿组成的社会团体。该协会于 1993 年 3 月 31 日经民政部社团登记管理机关批准为国家协会，1997 年经清理整顿后，于

1999 年 10 月 15 日重新获得民政部签发的国家一级协会社会团体登记证。

中电标协是由全国电子信息产业各有关部门、各地区企、事业单位，各级标准化管理机构、技术组织，广大标准化工作者和科技人员自愿组成的行业性团体，属非营利性社会组织。协会的主要任务是组织申报电子信息产业国家标准，制定电子行业标准（行标，SJ）。

该协会采用会员制，广泛吸收科研、技术开发、设计单位、产品制造企业、电子信息服务企业、高等院校、社会团体等参加。协会负责协助政府部门推动电子信息产业标准化工作的发展，组织开展电子信息产业标准化学术交流，提供标准化相关技术咨询和服务，加强与国内相关行业协会和组织的联系，开展国内外标准化交流与合作。

1.4.3　ITU-T 的海底光缆通信标准介绍

ITU 在海底光缆通信标准化方面的工作最为全面和完善。该组织制定海底光缆系统标准采用由上而下的方法，并且把标准化的起点放在电信网运营商和系统制造商的要求上。ITU-T 在海底光缆系统方面的标准化工作由 ITU-T SG15（第 15 研究组）承担，相关参与单位包括了 ITU-T 的 SG13、SG4、SG6、SG9 以及 ITU-R 的 SG4、SG8、SG9。ITU-T 从传统的电信设备制造商和电信运营商的角度出发，自 20 世纪 90 年代初开始，制订了一系列有关海底光缆通信系统的标准，即 ITU-T G.97X 系列标准以及海用化陆上光缆及其接头盒的相关标准。在 ITU-T SG15 中，ITU-T SG15 Q8（第 15 研究组第 8 课题组）负责了整个标准的研究工作，包括制定新的规范建议和对原有标准的修订等。

ITU-T 积极推进海底光缆系统标准的研究，目前 ITU-T 已经完成的海底光缆系统方面的 G.97X 的系列建议有 8 个，包括 G.971《光纤海底电缆系统的一般特性》、G.972《光纤海底电缆系统相关术语的定义》、G.973《无中继光纤海底电缆系统的特性》、G.974《再生光纤海底电缆系统的特性》、G.975《海底系统的前向纠错》、G.975.1《高比特率密集波分复用（DWDM）海底系统的前向纠错》、G.976《适用于光纤海底电缆系统的试验方法》、G.977《光放大光纤海底电缆系统的特性》。2005 年 5 月的 ITU-T SG15 Q8 会议上，讨论确定了 Q8 课题中的 G.97X 系列建议修订工作。通过 2005～2008 研究期的修订工作，对原有 ITU-T G.97X 主要标准的版本进行了更换，并新增了 G.978《光纤海底电缆的特性》、Rec—G.Sup41《海底光纤电缆系统设计指南》、G.973.1《无中继海底光纤电缆系统的纵向兼容密集波分复用（DWDM）应用》和 G.973.2《无中继海底光纤电缆系统带有单通道光接口的多通道密集波分复用（DWDM）应用》等标准。到目前为止，ITU-T 对有关海底光缆通信系统的若干标准进行了更换，目前的版本情况见表 1-4。

表 1-4   ITU-T 已制订或正在制订的有关海底光缆通信系统的标准建议

标准号	英文名称	中文名称	版本
Rec—G.Sup41	Design guidelines for optical fibre submarine cable systems	海底光纤电缆系统设计指南	06/2010
G.971	General features of optical fibre submarine cable systems	光纤海底电缆系统的一般特性	11/2016
G.972	Definition of terms relevant to optical fibre submarine cable systems	光纤海底电缆系统相关术语的定义	11/2016
G.973	Characteristics of repeaterless optical fibre submarine cable systems	无中继光纤海底电缆系统的特性	11/2016
G.974	Characteristics of regenerative optical fibre submarine cable systems	再生光纤海底电缆系统的特性	07/2007
G.975	Forward error correction for submarine systems	海底系统的前向纠错	10/2000
G.975.1	Forward error correction for high bit-rate DWDM submarine systems	高比特率密集波分复用(DWDM)海底系统的前向纠错	07/2013
G.976	Test methods applicable to optical fibre submarine cable systems	适用于光纤海底电缆系统的试验方法	05/2014
G.977	Characteristics of optically amplified optical fibre submarine cable systems	光放大光纤海底电缆系统的特性	01/2015
G.978	Characteristics of optical fibre submarine cables	光纤海底电缆的特性	01/2015
G.973.1	Longitudinally compatible DWDM applications for repeaterless optical fibre submarine cable systems	无中继海底光纤电缆系统的纵向兼容密集波分复用(DWDM)应用	11/2009
G.973.2	Multichannel DWDM applications with single channel optical interfaces for repeaterless optical fibre submarine cable systems	无中继海底光纤电缆系统带有单通道光接口的多通道密集波分复用(DWDM)应用	04/2011
G.979	Characteristics of monitoring systems for optical submarine cable systems	光纤海底电缆系统监测系统特性	11/2016

下面简要介绍 ITU 各相关标准的情况。

1. Rec—G.Sup41—2010《海底光纤电缆系统设计指南》

该指南主要包括海底光缆有中继系统、无中继系统和光放大系统方面，主要内容有海底光缆系统的网元参数、网络结构、系统设计和系统可靠性、扩容考虑以及物理层兼容性。

（1）海底光缆通信系统的网元

海底光缆通信系统的网元主要包括海底光缆、接头盒、光发送机、光接收机和光中继器。

1）海底光缆参数。海底光缆的参数主要是指光缆的光纤传输性能、机械性能、电气性能、物理性能和环境性能等参数。

2）接头盒参数。通常海底光缆系统接头盒的参数包括光参数、机械参数、电气参数以及物理参数。

3）光发送机与接收机参数。海底光缆通信系统中光发送机的主要参数包括工作波长、频谱特性、单纵模和多纵模激光器的最大频谱宽度、啁啾、边模抑制比、最大功率谱密度、信道的最大和最小平均输出功率、WDM 信号中心频率、信道间隔、中心频率最大漂移、最小消光比、眼图特性、偏振性能、光源信噪比等。光接收机的主要参数有灵敏度、负载、信道最大和最小平均输入功率、光通道损伤、信道输入功率最大差值、接收机输入端最小光信噪比等。

4）中继器参数。根据海底光缆所使用中继器的不同，可以将其分为三类：3R 电再生中继器、EDFA（掺铒光纤放大器）中继器和拉曼中继器。

（2）海底光缆通信系统的拓扑结构

海底光缆通信系统的拓扑结构可分为点到点、单元星形、分支星形、干线分支形（鱼骨形）、花边形、环形以及分支环形等，具体可见本书 2.1.2 节。

（3）海底光缆通信系统的设计参数

海底光缆通信系统设计参数主要是指光功率预算和色散管理两个方面。

（4）海底光缆通信系统的可靠性

海底光缆的最大特点是寿命长（一般要求为 25 年）、可靠性高。由于海底光缆链路的建设和维护成本较为昂贵，更主要的是海底光缆链路具有重要的战略意义，一旦发生链路中断将会导致业务和经济效益的重大损失，因此在海底光缆敷设时应考虑光缆机械和电气性能的可靠性。

（5）海底光缆通信系统的扩容

通常情况下，多数海底光缆通信系统的初始容量比最初设计的最大容量要低，这就要求运营商须按照业务发展需求进行扩容。扩容方式分为普通扩容和复杂扩容两类。

普通扩容：从初始容量到最大设计容量的扩容。这种扩容在建设合同上已经有商业上和技术上的考虑。

复杂扩容：在某些工程应用中，利用一些增强的技术，将容量超过初始设计容量。

（6）海底光缆通信系统的物理层兼容性

海底光缆系统的物理层兼容性可以分成横向和纵向两个方面。

1）单跨段横向兼容性。如图 1-12 所示，单跨段横向兼容性系统在跨段两端允许使用不同厂商、不同供应商的设备。同时，该系统需要对接口点 MPI-S 和 MPI-R 的全套光参数进行规范。

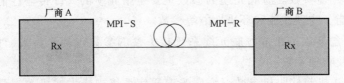

图 1-12　单跨段横向兼容性系统

2）单跨段纵向兼容性。如图 1-13 所示，单跨段纵向兼容指的是光缆线路特性的标准化，设备必须来自同一厂商。

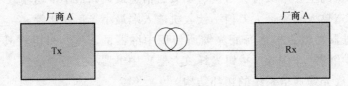

图 1-13　单跨段纵向兼容性系统

3）多跨段横向兼容性。如图 1-14 所示，在多跨段横向兼容系统中，可以采用不同厂商的放大器和终端，因此整个系统设备可以由多个厂商进行提供。

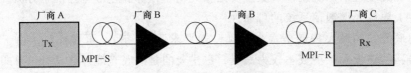

图 1-14　多跨段横向兼容性系统

4）多跨段部分横向兼容性。如图 1-15 所示，多跨段部分横向兼容性系统是指系统两端的设备由同一个厂商提供，该系统除了不需要精确的波长通路规划外，其他参数要求与多跨段物理层横向兼容性一样。

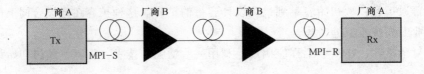

图 1-15　多跨段部分横向兼容性系统

2．G.971—2016《光纤海底电缆系统的一般特性》

对海底光缆系统一般特性进行规定的规范为 ITU-T G.971《光纤海底电缆系统的一般特性》，由正文、附件 A 和资料性附录Ⅰ等三部分内容组成。

其正文主要描述海底光缆系统各个建议间的关系，规定了海底光缆系统的一般特征，如寿命长、可靠性高；机械特性应达到一定要求，能够在海床和深达8000m的海底进行安装，能够抵抗海底的水压、温度、磨损、腐蚀和水下生物的影响，能够抵抗拖网和海锚的破坏，能够满足系统修复的要求；材料特性要达到一定的要求，使光纤能达到预定的可靠性和设计寿命，能承受固有损耗和老化的影响，特别是弯曲、拉伸、氢、腐蚀和辐射的影响；传输特性至少要达到ITU-T建议 G.821 的要求。

其附件 A 是各种海底光缆系统制造、施工和维护技术方面的通用要求。制造要求包括两方面：一是海底光缆系统的质量要求，包括设计和技术规格、元件和组件的检验、制造检查和出厂测试；二是装配和装船程序。

其资料性附录 I 是各国海缆船和海底设备的有关资料。

3. G.972—2016《光纤海底电缆系统相关术语的定义》

现有的 G.972《光纤海底电缆系统相关术语的定义》主要包括海底光缆系统中的配置、系统、终端设备、海底光中继器和分支单元、海底光缆、制造施工及维护等方面术语的定义。

4. G.973—2016《无中继光纤海底电缆系统的特性》

现有的 G.973《无中继光纤海底电缆系统的特性》由正文和附件 A、附件 B 组成。其正文规定了系统性能特性、传输终端设备性能特性和海底光缆性能特性。其附件 A 是无中继海底光缆通信系统的技术实现方法，根据传输距离需要，给出了 6 种系统配置。其附件 B 是关于远泵光放大器和使用远泵光放大器的无中继海底光缆系统功率预算。另外，新增加了两个标准 G.973.1 和 G.973.2，其中 G.973.1 是《无中继海底光纤电缆系统的纵向兼容密集波分复用（DWDM）应用》，G.973.2 是《无中继海底光纤电缆系统带有单通道光接口的多通道密集波分复用（DWDM）应用》。

5. G.974—2007《再生光纤海底电缆系统的特性》

现有的 G.974《再生光纤海底电缆系统的特性》由正文和附件 A 组成。其正文包括系统性能特性、传输终端设备性能特性、海底光缆性能特性和再生器的性能特性。其附件 A 是有再生器海底光缆系统的实现，包括对远供电源设备和再生器的要求。

6. G.975—2000《海底系统的前向纠错》，G.975.1—2013《高比特率密集波分复用（DWDM）海底系统的前向纠错》

在 2005~2008 年的研究期，对 G.975《海底系统的前向纠错》不作修订。目前有效版本的 G.975 是在 2000 年 10 月完成并提交 SG15 会议通过的。

现有的 G.975.1《高比特率密集波分复用（DWDM）海底系统的前向纠错》

由正文和附件构成，其正文是关于超强 FEC 纠错能力、误码性能、编码增益、冗余度和时延等参数的描述。其附件提出了 8 种 FEC 方法，包括级联的 RS（255，239）和 CSOC（n0/k0 = 7/6，J = 8）、级联的 BCH（3860，3824）和 BCH（2040，1930）、级联的 RS（1023，1007）和 BCH（2047，1952）、级联的 RS（1023，1952）和扩展的 Hanming 码（512，502）×（510，500）、LDPC 码、级联的正交 BCH 码、RS（2720，2550）、级联的交织扩展 BCH（1020，988）码。

7. G.976—2014《适用于光纤海底电缆系统的试验方法》

现有的 G.976《适用于光纤海底电缆系统的试验方法》由正文、附件 A 和资料性附录 I 等三部分组成，它规定了对海底光缆系统光纤、光缆、光纤放大器、终端设备、供电设备、线路 Q 参数测试以及维修测试的方法。其正文规定了海底光缆系统的测试种类、测试对象和测试方法。其附件 A 是海底光缆系统 Q 系数的定义。其资料性附录 I 是海底光缆拉力余量、长期拉力和操作拉力的定义。

8. G.977—2015《光放大光纤海底电缆系统的特性》

现有的 G.977《光放大光纤海底电缆系统的特性》由正文和附件 A 组成。其正文包括系统性能特性、传输终端设备性能特性、海底光缆性能特性、中继器和分支器的性能特性。其附件 A 主要是关于远供电方面的系统切换保护、人员安全防护、光中继器和分支器设计方面的内容。

9. G.978—2015《光纤海底电缆的特性》

主要包括 5 个方面的内容，即海底光缆的特性、维修缆的特性、电气特性、海底光缆中光纤的特性和传输线路特性。

10. G.979—2016《光纤海底电缆系统监测系统特性》

该标准规范了海底光缆系统的功能结构以及监视设备和用于监视的参数特性。

11. 其他相关标准

海底光缆系统也涉及一些其他的标准，具体如下：

1）G.66x 系列：

G.661—2007 光放大器件与子系统相关的基本参数定义与测试方法

G.662—2005 光放大器件与子系统的一般特性

G.663—2011 光放大器和子系统的相关应用

G.664—2012 光传输系统的光学安全程序和要求

G.665—2005 拉曼放大器和拉曼放大子系统一般特性

2）G.691—2006 具有光放大器的单路 STM-64 和其他 SDH 系统的光接口

3）G.692—1998 光放大器多路系统的光学接口

4）G. 694. 1—2002 光谱电网的 WDM 应用：DWDM 频率网格

5）G. 911—1997 光纤系统可靠性和可用性的参数和计算方法

除了以上 ITU-T 的标准外，海底光缆通信系统在元器件参数测量方法、可靠性以及安全性上参考国际电工委员会（IEC）制定的一系列标准，主要有 IEC 61290-3-3《光放大器-测试方法-第 3-3 部分：噪声计算参数．信号功率与总 ASE 功率比》、IEC 61290-10-5《光放大器．试验方法．第 10-5 部分：多道参数．分布式拉曼放大器增益和噪声指数》、IEC/TR 62324《单模光纤．用连续波法测量拉曼增益系数．指南》、IEC 60825《激光产品的安全》等。

从 2009 年开始，ITU-T 陆续开展了海底光缆通信系统的标准研究推进工作，主要涉及以下方面：

1）有光纤放大器（包括 EDFA 和拉曼放大器等）的海底光缆通信系统终端设备和海底光缆的规范；

2）无中继海底光缆系统终端设备和海底光缆的规范；

3）海底光缆系统终端设备、海底光缆和其他相关设备的测试规范；

4）海底光缆通信系统前向纠错（FEC）规范。

1.4.4　国内的主要标准介绍

我国海域辽阔，海岸线长、岛屿多，进行海岛与陆地、海岛与海岛间的通信主要是通过海底光缆来进行。随着通信业务需求的增加，相应地对海底光缆通信系统的建设需求也随之增加。到目前为止，国内已经在数十个海域建立了海底光缆通信网络，由此承担了海岛及沿岸大部分通信业务。同时，国内海底光缆通信系统的设计和制造也不断进行更新和推进，相关单位和组织也积极地参与国际海底光缆通信系统的标准制定，极大地推进了我国海底光缆通信技术的发展。

我国于 1987 年敷设了第一条军用海底光缆，虽然仅仅比最早的海底光缆晚两年，但国内目前只有关于海底光缆通信系统的工程设计规范，仅仅将光缆产品的参数进行了规范，并没有系统总体方面的标准。到目前为止，国内还没有制定一系列成熟可靠的相关标准，这对海底光缆通信系统的建设和使用都很不利。

从 1993 年开始，我国已陆续进行了有关海底光缆产品及系统方面标准的制定工作，目前尚未形成比较完备的海底光缆系统标准体系。据不完全统计，到目前为止，我国有关海底光缆产品及系统方面已颁布实施和正在起草制定的国家标准（GB）、国家军用标准（GJB）、通信行业标准（YD）、电子行业（军用）标准（SJ）共有十多个，见表 1-5。

表 1-5　我国有关海底光缆产品及系统方面的标准建议

序号	标准号	标题或建议标题
1	GJB 1659a—2009	光纤光缆接头通用规范
2	GB/T 18480—2001	海底光缆规范
3	GJB 4489—2002	海底光缆通用规范
4	GJB 5654—2006	军用无中继海底光缆通信系统通用要求
5	GJB 5931—2007	军用有中继海底光缆通信系统通用要求
6	YD/T 814.3—2005	光缆接头盒　第三部分:浅海光缆接头盒
7	YD/T 925—2009	光缆终端盒
8	YD 5018—2005	海底光缆数字传输系统工程设计规范(附条文说明)
9	YD/T 5056—2005	海底光缆数字传输系统工程验收规范(附条文说明)
10	SJ 20380—1993	海底光缆通信系统通用规范
11	SJ 51428/4—1997	骨架式重型浅海 SU 型光纤光缆详细规范
12	SJ 51428/7—2000	军用轻型浅海光缆详细规范
13	SJ 51428/8—2002	可带中继的浅海光缆详细规范
14	SJ 51659/1—1998	骨架式浅海光缆接头盒详细规范
15	SJ 51659/2—2000	军用轻型海光缆接头盒详细规范
16	SJ 51659/3—2002	TSE-773 浅海光缆接头盒详细规范
17	HJB ××××—20××	军用海底光缆通信线路工程通用要求(2016 年送审稿)

　　按照标准的要求程度,将"标准"划分为"规范""规程"和"指南"三类。规范是指"规定产品、过程或服务需要满足的要求的文件";规程是指"为设备、构件或产品的设计、制造、安装、维护或使用而推荐惯例或程序的文件";指南是指"给出某主题的一般性、原则性的信息、指导或建议的文件"。

　　规范是规定技术要求,规范必定有要求型条款组成的"要求";而规程中大部分条款是由推荐性条款组成;规程中的惯例或程序推荐是"过程",而规范规定的是"结果"。指南的具体内容限定在信息、指导或建议等方面,而不会涉及要求或程序。

　　对于我国的军用标准,按《军用标准文件编制工作导则》将军用标准文件分为三大类:军用标准、军用规范和指导性技术文件。军用标准与军用规范的使用是有区别的。标准是规定标准的过程、程序、惯例和方法,规定术语、符号、代号、标志、代码,规定产品的分类、命名、系列等;规范则是规定符合使用要求所需要的各项要求,属于支持装备订购的文件,是合同标的技术内容的组成部分,其目的是规定订购对象的适用性要求,主要是供订购方和承制方签订合同、进行交付或验收活动时使用。标准一般不涉及供需双方,通常通过规范的引用才在订购过程中发挥作用。规范涉及供需双方，直接在订购过程中发挥作用，是装备订货和进行研制的依据。指导性技术文件主要是为装备的论证、使用及管理提供和推荐数据、资料和指南等。

有关海底光缆通信系统的国内标准中，除 SJ 51428/8—2002、GJB 5931—2007 是关于有中继系统的，其余标准可作为海底光缆通信系统的通用技术要求使用。

下面简要介绍表 1-5 中的各个标准。

1. GJB 1659a—2009《光纤光缆接头通用规范》

GJB 1659a—2009《光纤光缆接头通用规范》代替了 GJB 1659—1993。该规范规定了光纤接头、光缆接头的通用要求和质量保证规定等。该规范适用于光纤接头和光缆接头，不适用于海底等特殊应用场合的光纤光缆接头。

2. GB/T 18480—2001《海底光缆规范》

GB/T 18480—2001《海底光缆规范》推荐了 6 种典型结构。深海光缆有两种结构，浅海光缆有单铠浅海光缆、双铠浅海光缆各两种结构。该规范由 7 个部分和 3 个附录组成，详细规定了海底光缆的产品分类、材料、制造长度、技术要求、检验方法、检验规则以及封存、标志、运输和贮存等方面的要求，适用于海底光缆的制造和使用。对横跨江河、湖泊的水下光缆，也可参照使用。

3. GJB 4489—2002《海底光缆通用规范》

GJB4489—2002《海底光缆通用规范》由原总参第 61 研究所起草。该规范规定了海底光缆的通用要求、质量保证规定、交获准备和说明事项。适用于海底光缆的研制、生产、订货和验收。规范于 2003 年 2 月 8 日发布，2003 年 5 月 1 日开始实施。GB/T 18480—2001 和 GJB 4489—2002 的试验项目见表 1-6。

表 1-6 试验项目表

序号	性能项目	试 验 项 目	
		GB/T 18480—2001	GJB 4489—2002
1	光学性能	外观和机械检查	外观和结构
2		衰减常数	衰减常数
3	光学性能	衰减均匀性	衰减均匀性
4		色散	筛选应变
5	机械性能	工作拉伸负荷	工作拉伸负荷
6		短暂拉伸负荷	短暂拉伸负荷
7		断裂拉伸负荷	断裂拉伸负荷
8		反复弯曲	反复弯曲
9		冲击	冲击
10		压扁	抗压

（续）

序号	性能项目	试 验 项 目	
		GB/T 18480—2001	GJB 4489—2002
11	环境性能	水密	渗水
12		温度循环	温度循环
13	电气性能	直流电阻	直流电阻
14		绝缘电阻	绝缘电阻
15		直流电压	直流电压
16		护套完整性	—

4. GJB 5654—2006《军用无中继海底光缆通信系统通用要求》

GJB 5654—2006《军用无中继海底光缆通信系统通用要求》规定了无中继海底光缆系统构成、性能、传输终端设备性能和海底光缆性能。给出了无中继海底光缆系统的技术实现方法，根据传输距离的需要，给出6种系统配置，但未包括关于远泵光放大器和使用远泵光放大器的无中继海底光缆系统功率预算。

5. GJB 5931—2007《军用有中继海底光缆通信系统通用要求》

GJB 5931—2007《军用有中继海底光缆通信系统通用要求》规定了有中继海底光缆系统构成、性能、光传输终端设备要求、海底光中继设备性能、海底光缆要求。

6. YD/T 814.3—2005《浅海光缆接头盒》

YD/T 814.3—2005《浅海光缆接头盒》规定了浅海光缆接头盒的术语和定义、分类和命名、要求、试验方法、检验规则及标志、包装、运输、贮存和安装。本部分适用于海底光纤通信线路中浅海光缆之间的接续和维修用接头盒。

7. YD/T 925—2009《光缆终端盒》

YD/T 925—2009《光缆终端盒》规定了光缆终端盒的产品型号、结构、技术要求、试验方法、检验规则和包装、标志、传输、贮存等要求。适用于光缆终端盒的检验和验收，并可作为光缆终端盒设计、生产和使用的技术依据。不适用于架空地线复合光缆（OPGW）和应急光缆终端盒。光纤配线架（ODF）具有光缆终端功能的部分也可参照本标准。

8. YD 5018—2005《海底光缆数字传输系统工程设计规范（附条文说明）》

YD 5018—2005《海底光缆数字传输系统工程设计规范（附条文说明）》是在原 YD 5018—1996《海底光缆数字传输系统工程设计规范》的基础上修订的。原信息产业部于 2006 年 2 月 28 日发布执行 YD 5018—2005《海底光缆数字传输系统工程设计规范》的通知，于 2006 年 6 月 1 日起实施。规范适用于新建海底光缆数字传输系统（简称海底光缆通信系统）的工程设计、改建、扩建以及其他涉及海底光缆数字传输系统内容的工程设计亦可参照本规范结合具体工程情况执行。规范由 12 个部分和 3 个附录构成，主要内容包括系统及系统指标设计、路由选择和登陆站的选择、设备配置和安装设计和远供电源系统设计等。

9. YD/T 5056—2005《海底光缆数字传输系统工程验收规范（附条文说明)》

本规范是有线传输工程建设标准中唯一的既包括光缆路工程验收内容，又包括了光传输系统工程验收的内容的一个系统标准。YD/T 5056—2005《海底光缆数字传输系统工程验收规范（附条文说明)》是在原 YD 5056—1998《海底光缆数字传输系统工程验收规范》基础上修订的。其主要内容包括海底光缆线路验收和海底光缆传输设备安装验收，是海底光缆数字传输系统工程施工质量检验、随工检验和竣工验收的依据，适用于新建工程。对于改建、扩建以及其他海底光缆通信系统的工程验收可参照本规范执行，是工程设计规范的配套标准。工程验收指标及要求应符合工程设计规范及其他相关技术体制、标准和工程的设计文件的要求。

10. SJ 20380—1993《海底光缆通信系统通用规范》

SJ 20380—1993《海底光缆通信系统通用规范》规定了海底光缆通信系统中光端机、海底光缆和光缆接头的技术要求、质量保证规定、包装、运输和贮存等要求。该标准适用于浅海海底光缆通信系统。

11. SJ 51428/4—1997《骨架式重型浅海 SU 型光纤光缆详细规范》

SJ 51428/4—1997《骨架式重型浅海 SU 型光纤光缆详细规范》规定了骨架式重型浅海 SU 型光纤光缆的详细要求。该规范由 5 个部分和 1 个附录组成，详细规定了骨架式重型浅海 SU 型光纤光缆的设计和结构、材料、光学性能、机械性能、环境性能、电性能、检验方法、检验规则以及封存、标志、运输和贮存等要求，适用于骨架式重型浅海 SU 型光纤光缆的制造和使用。

12. SJ 51428/7—2000《军用轻型浅海光缆详细规范》

SJ 51428/7—2000《军用轻型浅海光缆详细规范》规定了军用轻型浅海光缆的详细要求。该规范由 5 个部分和 1 个附录组成，详细规定了军用轻型浅海光缆的设计和结构、材料、光学性能、机械性能、环境性能、电气性能、检验方法、检验规则以及封存、标志、运输和贮存等要求，适用于军用轻型浅海光缆的制造和使用。

13. SJ 51428/8—2002《可带中继的浅海光缆详细规范》

SJ 51428/8—2002《可带中继的浅海光缆详细规范》规定了可带中继的浅海光缆的详细要求。该规范由 5 个部分和 1 个附录组成，详细规定了可带中继的浅海光缆的材料、设计和结构、光学性能、机械性能、环境适应性、电气性能、检验方法、检验规则以及封存、标志、运输和贮存等要求，适用于可带中继的浅海光缆的制造和使用。

14. SJ 51659/1—1998《骨架式浅海光缆接头盒详细规范》

SJ 51659/1—1998《骨架式浅海光缆接头盒详细规范》规定了骨架式浅海光缆接头盒的详细要求。该规范由 6 个部分和 1 个附录组成，详细规定了骨架式浅海光缆接头盒的材料、设计和结构、机械性能、光学性能、电性能、环境性能、检验方法、检验规则以及封存、标志、运输和贮存等要求，附录规定了布缆船的主要敷设设备及计算公式，适用于骨架式浅海光缆接头盒的制造和使用。

15. SJ 51659/2—2000《军用轻型海光缆接头盒详细规范》

SJ 51659/2—2000《军用轻型海光缆接头盒详细规范》规定了军用轻型浅海光缆接头盒的详细要求。该规范由 6 个部分和 1 个附录组成，详细规定了军用轻型浅海光缆接头盒的材料、设计和结构、机械性能、光学性能、电性能、环境性能、检验方法、检验规则以及封存、标志、运输和贮存等要求，附录规定了布缆船的主要敷设设备及计算公式，适用于军用轻型浅海光缆接头盒的制造和使用。

16. SJ 51659/3—2002《TSE-773 浅海光缆接头盒详细规范》

SJ 51659/3—2002《TSE-773 浅海光缆接头盒详细规范》规定了军用浅海光缆接头盒的详细要求。该规范由 6 个部分和 1 个附录组成，详细规定了军用浅海光缆接头盒的材料、设计和结构、机械性能、光学性能、电性能、环境性能、检验方法、检验规则以及封存、标志、运输和贮存等要求，附录规定了布缆船的主要敷设设备及计算公式，适用于军用浅海光缆接头盒的制造和使用。

17. HJB ××××—20××《军用海底光缆通信线路工程通用要求》

HJB ××××—20××《军用海底光缆通信线路工程通用要求》中对海缆的敷设及埋设进行了较详细的规定，包括敷设方式、敷设深度、清扫海区、海底光缆接续、海底光缆装船、海底光缆埋设、海底光缆铺设、海底光缆登陆、敷设余量、线路工程测试、登陆点水线房（井）建筑、工程中的导航定位、线路的安全防护等。

1.4.5 小结

海底光缆通信系统是国际和地区通信中主要的越洋传输手段，也是海岛间、海岛与陆地间通信的主要传输手段。我国沿海地区多岛屿，海底光缆通信可以很好地解决岛与岛之间的通信问题，因此建设海底光缆通信系统是我国通信网络建设的一个重要任务。

表 1-7 汇总了国内外的海底光缆通信系统的标准。

表1-7 海底光缆通信系统国内外标准汇总

编号		海底光缆通信系统标准类别/名称	国际标准	国内标准
1		基本特性和术语定义	G.971,G.972	—
2		海底光缆系统设计	G.Sup41,G.974,G.976,G.977,G.973.1	HJB ××××—20××《军用海底光缆通信线路工程通用要求》
3		系统接口规范	G.691,G.692,G.974	—
	3.1	与岸上系统接口	业务：G.707,703,G.957,G.691,G.709 等 网管：ITU-TM系列；时钟：G.823,G.824	—
4		无中继系统通用规范	G.973	SJ 20380,GJB 5654
5		分设备技术要求		GJB 367A
	5.1	海底光缆规范	G.978,L.28	GB/T 18400,SJ 51428/4,SJ 51428/7,SJ 51428/8
	5.2	海底接头盒规范	L.54	GJB 1659,YD/T 814.3,SJ 51659/1,SJ 51659/2,SJ 51659/3
	5.3	远泵放大器规范	G.973	SJ ××××《远泵光放大器通用规范》
	5.4	拉曼放大器规范	G.973	SJ ××××《军用长距离无中继系统分布式拉曼放大器通用规范》
	5.5	光缆终端盒	—	YD/T 925
	5.6	线路终端设备	G.973,G.974,G.977	—
	5.7	线路监测	G.973,G.974,G.977,G.979	—
	5.8	前向纠错	G.975,G.975.1	—
6		系统测试	G.976	YD 5056
7		系统功能性能要求		
	7.1	网络性能要求	误码：G.821,G.826,G.828 抖动：G.823,G.783 可靠性：G.973,G.974,G.976,G.911	—
	7.2	人身安全规范	G.664,IEC 60825-2	—
8		工程开通通用技术规范	—	HJB ××××—20××《军用海底光缆通信线路工程通用要求》
	8.1	工程设备规范	G.971	GJB ××××—20××《跨海光缆通信系统海缆船布放设备规范》
	8.2	制造、安装和维修一般要求	G.971	HJB ××××—20××《军用海底光缆通信线路工程通用要求》
	8.3	制造、安装和维修技术规范	G.971、L.28	HJB ××××—20××《军用海底光缆通信线路工程通用要求》

通过对比发现，国外海底光缆试验标准侧重于检验海底光缆系统的性能、可靠性、寿命等总体性能，并且尽可能地模拟海洋实际环境对海缆的敷设、回收、维修等实际工程设计进行试验，量化其性能，其标准更加全面具体。而国内海底光缆试验标准则侧重于检验海底光缆相关产品本身的性能指标是否满足设计标准，并没有对系统总体的设计进行考虑，同时设计思路不够全面，试验方法和试验条件也不尽科学合理，存在不足之处。

对海底光缆通信系统的标准进展进行跟踪并积极参与标准制定，对我国的通信网络建设以及相关领域相关技术发展都具有重要的意义。但我国涉及该领域的各类标准从申报到发布等一系列程序所花的时间往往滞后于国际标准化组织，加之老旧的标准没有及时修订，新技术没有及时形成标准，标准化进程与国际脱轨。国内相关标准化组织应加强统一规划，及时制定和更新，与国际标准及时接轨。

参 考 文 献

［1］ 叶银灿，姜新民，等. 海底光缆工程 ［M］. 北京：海洋出版社，2015.

［2］ 赵梓森，等. 光纤通信工程 ［M］. 北京：人民邮电出版社，1996.

［3］ 慕成斌，等. 中国光纤光缆 30 年 ［M］. 北京：电子工业出版社，2007.

［4］ 贾东方，余震虹，等. 光纤光学 ［M］. 北京：人民邮电出版社，2004.

［5］ 张春安. 全球海底光缆市场现状及发展趋势 ［J］. 光纤光缆传输技术，2002 （1）：21-25.

［6］ 刘敏华. 海底通信光缆的性能要求 ［J］. 光纤光缆传输技术，1995 （2-3）：12-16.

［7］ 叶银灿. 海底光缆工程发展 20 年 ［J］. 海洋学研究，2006 （9）：1-10.

［8］ 张文轩，姬可理，陆奎. 海底光缆技术发展研究 ［J］. 中国电子科学研究院学报，2010，5 （1）.

［9］ 陈晓燕. 海底光缆现状及其发展趋势 ［J］. 网络电信，2002 （3）：50-52.

［10］ 陈利明，等. 海底光缆研究 ［J］. 光通信研究，2009 （2）：50-52.

［11］ 凌成刚. 海底光缆的产业发展 ［J］. 电线电缆，2008 （2）：12-15.

［12］ 陆国梁. 海底光缆的技术要求与设计 ［J］. 电信技术，2002 （11）：11-13.

［13］ 姬可理，等. 海底光缆结构与发展 ［J］. 光通信技术，2006 （5）：62-64.

［14］ 刘敏华，叶杨高，谢鸿志. 海底光缆规范的最新进展 ［J］. 光通信技术，2008，32 （8）：51-53.

［15］ 裘文荣，王俊华. 海底光缆系统 ITU-T 标准研究进展 ［J］. 通信光缆电缆，2010 （3）：62-64.

［16］ 杨可贵. 海底光缆通信系统标准化初探 ［J］. 光通信技术，2003 （5）：44-47.

［17］ 刘敏华. 国内发展中的海底光缆技术及其标准简介 ［J］. 广东通信技术，2011 （4）：34-36.

第 2 章

海底光缆系统分类与组成

海底光缆通信系统按照水下设备是否需要供电，可采用有中继或无中继技术体制，不同技术体制分别包含不同的组成设备。本章介绍了海底光缆通信系统的类型、拓扑结构、传输体制和保护倒换机制等，并对组成系统的各分设备进行了详细介绍。

2.1 海缆通信系统组成及工作原理

2.1.1 海缆系统分类及组成

海底光缆系统按水下设备有无供电（或者有无海底光中继器）可分为有中继海底光缆系统和无中继海底光缆系统。海底光中继器可分为光放大器型和业务再生型，在目前技术条件下，采用业务再生型中继器的有中继 SDH 海底光缆系统不会再出现。

有中继的海底光缆系统，适合于沿海大城市之间的跨洋国际通信。所谓有中继系统，是指系统中含有一个或多个在线的水下有源中继（放大）器，系统中的有中继海底光缆必须配置馈电导体向中继器供电。与陆地系统相比，其系统设计除了中继段子系统设计外还包括相应的供电子系统的设计。在国际上，有中继海缆系统的技术和商业运行已相当成熟，但在国内，目前还没有一个正式商用的有中继海缆传输系统。有中继海底光缆通信系统机房内的光端机、电端机和网管设备与无中继系统没有太大原则区别。有中继海底光缆系统是一个复杂的系统，其系统除系统监测外主要分为光路和馈电两大部分。光路需要考虑中继段和系统性能，则馈电需要考虑远供电源和供电方式。

无中继通信系统适合于陆地与岛屿间、岛屿与岛屿间或沿海城市间距离较短的通信路由。与中继通信系统相比，无中继通信系统在供电设备和监测方面稍有不同，首先，无中继通信系统无须中继器供电设备；其次，无中继通信系统对海底设备的监测采用的是端到端传输性能测量方式，而中继通信系统是利用中继器中的回环耦合器。对海底设备的回环增益进行测量，除一般海底系统的高性能、可靠传输和最低限度维修等要求外，无中继海底光缆通信系统还有一些独特的要求：首先是数年后的容量扩展要求，这就要求设备结构非常灵活；其次，大多数无中继海底通信系统用于浅海，因此光缆设计须朝强度要求较高的方向发展；最后，无中继通信系统为连接许多登陆点的复杂的局部系统所常用，其系统结构比传统中继通信系统更加复杂，需要更加完善的网络控制系统。以现有的技术，海底光缆无中继传输距离约为500km（带遥泵）左右，若传输距离较大，则需要采取有中继传输。

海底光缆系统是应用于海底特殊环境下的光纤通信系统，组成上比陆地光缆系统更复杂，技术难点更多，建设期也更长。海底光缆系统主要分为岸上端站设备和水下线路设备两大部分。为便于描述，我们从有/无中继系统方面介绍系统组成。

1. 无中继系统组成

无中继系统主要由岸上端站设备和水下线路设备构成。岸上端站设备主要包含光传输终端设备、光放大器和海缆监测设备；水下线路设备主要包含海底光缆、海底光缆接头盒和无源海底分支器。系统中使用光放大器来延长无中继传输距离，典型的有光放大器的无中继海缆系统构成如图2-1所示。

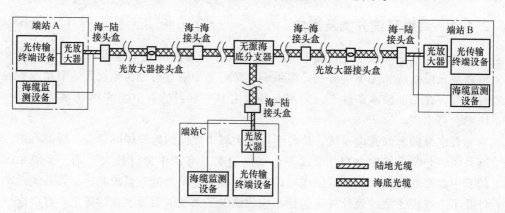

图2-1　典型的有光放大器无中继海缆系统构成

系统中使用光放大器来放大信号达到延长无中继传输距离的目的。可在光发射端机之后使用掺铒光纤放大器（Erbium-doped Optical Fiber Amplifier，EDPA）以提高其发送光功率，可在光接收端机之前使用EDFA以提高信号接收灵敏度，也可将功率放大器和预放大器配合使用。而且，还可使用拉曼光纤放大器（Raman Fiber Amplifier，RFA）和远端长泵放大器（Remote Optically pumpell Amplifier，ROPA），进一步延长系统无中继传输距离。系统各组成设备的功能和分类如下：

1）光传输终端设备提供端到端业务汇聚传输功能，可分为SDH设备、OTN设备和WDM设备。

2）光放大器实现信号放大功能，根据增益介质和结构的不同可分为 EDFA、RFA 和 ROPA，EDFA、ROPA 根据在系统中的应用位置又可分为功率放大器和预放大器。

3）海缆监测设备提供海底光缆线路安全监测和故障定位功能，可分为采用光方式的监测设备和采用电方式的监测设备。

4）海底光缆为系统提供稳定可靠的信号传输通道，按适用水深分为浅海光缆和深海光缆，按保护形式分为轻型海缆、轻型保护海缆、单层铠装海缆、双层铠装海缆和岩石铠装海缆。轻型海底光缆应用在深海段，其机械强度满足深海表面敷设施工和维护打捞的要求；铠装型海底光缆应用在浅海段、近岸段，其机械强度满足埋设施工和维护打捞的要求。

5）海底光缆接头盒用于光缆之间的接续，可分为海-陆接头盒（连接海底光缆和陆地光缆）、海-海接头盒（连接海底光缆）和光放大器接头盒（连接带增益模块的海底光缆）。

6）无源海底分支器实现 3 个海底光缆段的互联互通，在海底分配业务到多个登陆站点，从光学设计上可分为分纤分歧功能的海底分支单元和带上下波道功能的海底分支器。

2. 有中继系统组成

有中继海底光缆系统主要由岸上端站设备和水下线路设备构成。岸上端站设备主要包含光传输终端设备、光放大器、海缆监测设备、远供电源设备（PFE）、海洋接地装置（SE）、网络管理设备，线路设备主要包含海底光缆、海底光缆接头盒、海底分支器（BU）、海底光均衡器、海底光中继器。与无中继系统相比，有中继系统多了馈电设备（PFE），同时还多了可能有的馈电电缆和海洋电极。系统中使用高压恒直流串联供电方式对线路设备进行远端供电，典型的有中继海底光缆通信系统构成如图 2-2 所示。

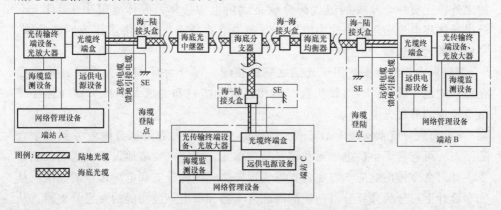

图 2-2　典型的有中继海底光缆通信系统构成

有中继海底光缆通信系统各组成设备的功能和分类如下：

1）光传输终端设备负责再生段端到端通信信号的处理、发送和接收，提供端到端业务汇聚传输功能，可分为 SDH 设备、OTN 设备和 WDM 设备。

2）光放大器实现信号放大功能，根据增益介质和结构的不同可分为 EDFA 和 RFA，EDFA 根据在系统中的应用位置又可分为功率放大器和预放大器。

3）海缆监测设备与被监测设备组成海缆监测系统。海缆监测设备提供海底光缆线路安全监测和故障定位功能，自动监测海底光缆和中继器的状态，在光缆和中继器故障的情况下，自动告警并进行故障定位。其可分为采用光方式的监测设备和采用电方式的监测设备。

4）系统中使用远供电源设备进行系统水下线路设备馈电，远供电源设备与海洋接地装置、海底光缆中的铜导体、线路设备的取电模块一起构成远供电源系统，使用远供电源设备进行系统线路设备馈电，通过海底光缆中的铜导线，使用海水和海洋接地装置将大地作为供电回路的一部分，采用串联供电方式提供系统所要求电压的恒定电流。当登陆点与登陆站较远（一般超过 15km），且登陆点附近具备电力供应条件时，PFE 宜安装在登陆点附近。光缆终端盒与海陆接头盒之间宜采用光、电分缆连接。当海底光缆登陆站距海滩较近（一般不大于 2km）时，海陆接头盒可安装在海底光缆登陆站进线室。

5）网络管理设备实现对系统及其分设备的统一网络管理。

6）海底光缆提供稳定可靠的信号传输通道，按适用水深分为浅海光缆和深海光缆，按保护形式分为轻型海缆、轻型保护海缆、单层铠装海缆、双层铠装海缆和岩石铠装海缆。轻型海底光缆应用在深海段，其机械强度满足深海表面敷设施工和维护打捞的要求；铠装型海底光缆应用在浅海段、近岸段，其机械强度满足埋设施工和维护打捞的要求。海底光缆中的铜导线提供远供电源系统的传输导体，给线路设备馈电。海底光缆除与陆地光缆相同的光纤以及更为加强的铠装保护之外，还有一个重要的组成部分就是远供电源导体，导体电阻小于 $1\Omega/\text{km}$，远供导体将电流输送到海底中继器，海底中继器分流并利用海水作为回流导体，完成电源远供过程。

7）海底光缆接头盒用于光缆之间的接续，可分为海-陆接头盒（连接海底光缆和陆地光缆）、海-海接头盒（连接海底光缆）和光放大器接头盒（连接带增益模块的海底光缆）。

8）海底分支器实现 3 个海底光缆段的互联互通，在海底分配业务到多个登陆站点。可有若干个供电单元和信号处理单元，能够接收陆地设备发送的控制命令，并对命令做出响应。海底分支器实现海底光缆的分支和电源远供的倒换。从光学设计上可分为分纤分歧功能的海底分支器和带上下波功能的海底分支器，从电学设计上可以分成不可切换型海底分支器和带电切换功能的海底分支器。当无分支登陆站时，系统中不需要配置海底分支器。

9）海底光均衡器可确保在信道间信号功率的均等分配，根据所采用的技术可分为无源均衡器和有源均衡器。对于较长的海底光缆段，海底线路中宜配置海底光均衡器。

10）海底光中继器通过内部取电模块利用远供电源工作，实现对光信号的双向光线路放大，延长系统传输距离。同时可提供海缆监测设备光监测信号光通道。

2.1.2　海底光缆网络拓扑结构

海底光缆网络拓扑结构有点到点形、单元星形、分支星形、花边形、干线分支形、环形以及分支环形等。各种拓扑结构的优缺点和应用建议见表2-1。

表2-1　海底光缆通信系统拓扑结构

序号	拓扑结构	优点	缺点	应用建议
1	点到点形	结构简单、施工方便	登陆点少	点对点通信海缆系统
2	单元星形	结构简单，经济实惠	中心站点故障会造成整个网络瘫痪	距离较近的多登陆点系统
3	分支星形	线路比较节省，经济实惠	中心站点故障会造成整个网络瘫痪	距离较远的多登陆点系统
4	花边形	设备费用适中，结构简单，系统升级性能好，电源供给方式、安装和维护简单	敷设于浅海区海缆较长，海缆损坏可能性增大	作为现有陆上系统的补充和备用路由，多采用无中继系统
5	干线分支形	结构简单、所需线路较少、可选路由丰富、成本低	自愈功能差、生存性较差	路由海缆安全性高的多登陆点海缆系统
6	环形	实现简单，生存性强，自愈功能强，故障排除较为容易、安全隐患小	灵活性较差，安装和再配置较困难，登陆点少，投入成本大	可靠性要求较高的多登陆点系统
7	分支环形	具有分支星形和环形网的大部分优点。自愈能力强，易排除故障和隔离故障点，可靠性最高	但结构复杂，线路浪费，相关的控制和管理也相当复杂	可靠性要求特别高的多登陆点系统

1. 点到点形

点到点形海底光缆网络由两个相互通信的海缆登陆端站节点组成，这两个点到点的海缆登陆端站节点再连接到其他陆上节点，如图2-3所示。

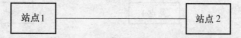

图2-3　点到点形海底光缆网络拓扑结构

2. 单元星形

当所有网络节点中只有一个特殊节点与其他所有节点有物理连接，而其他各节点之间都没有物理连接时就构成了所谓的星形结构。星形光纤网络可分为单元网和多元网。单元星形网是指由一台光发射机通过多路光纤分别与多个光节点连接构成的星形网，分支星形网是指由多个单元星形网并联组合而成的星形网。

单元星形网结构包含一个陆上汇接站，从这里用多根海缆把要设立登陆点的各个方向的每个国家连接起来，光信号通过一只光分路器一次分配到位，各路光纤互不共用，如图 2-4 所示。在基本的单元星形结构中，一个国家的电信业务从汇接站出来后，不需要经过其他国家传输，它只需一根海缆和相应的登陆点终端设备和汇接站相连。这是相当经济的。然而，星形结构与其他结构相比，每个国家都需要单独的海缆，因此从这个意义上讲，当一个国家距离汇接站较远时，它又是相当昂贵的，因为海缆费用与终端设备费用相比要贵

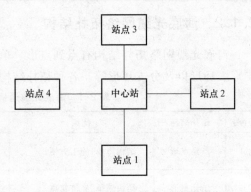

图 2-4 单元星形海底光缆网络拓扑结构

得多。另外，如果中心站点出故障，也会造成整个网络的瘫痪。

3. 分支星形

分支星形如图 2-5 所示。除电信业务的分流（分出）是在水下分支单元（Branching Unit，BU）完成外，其余功能与基本星形结构相同，但是它减少了较远登陆点使用单独海缆的费用。使用波分复用技术，还可使分支单元具有波长分配能力。

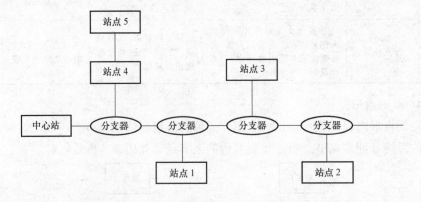

图 2-5 分支星形海底光缆网络拓扑结构

分支星形从一个中心站点出发，经过若干逐渐分叉的支路，同各个站点相连。它是星形拓扑与线形拓扑的结合，也可以看作是星形拓扑的拓展，可以使用分割的概念对树形拓扑进行分析，即把它分割成若干个星形与线形子网络的有机集合，再在子网络分析的基础上进行综合。这种拓扑结构的优点是一条线路可以连接若干节点，线路比较节省；缺点与星形网络一样，即如果中心站点出现故障，也会造成整个网络的瘫痪。

4. 花边形

图 2-6 所示为花边形（Festoon）拓扑结构。它是连接沿海主要城市的一串半环，形似一条花边，所以称它为花边形。花边形几乎全是无中继系统。根据未来扩大传输容量的要求，为了节省今后新的安装费用，这些无中继系统通常使用多光纤光缆，而不是仅仅考虑目前最初的需求。今后扩容时，只需增加一些新的终端设备即可。这种结构常被用来作为现有陆上系统的补充和备用路由。此外，这种结构设备费用适中，结构简单，可采用模块化设备，系统升级性能好，电源供给方式、安装和维护都很简单。其缺点是敷设于浅海区的海缆较长，海缆损坏的可能性增大，同时一旦海缆损坏或终端站出现故障，整个网络就被分割成了两段。

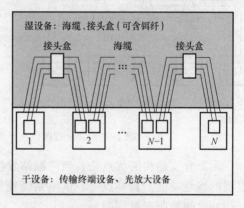

图 2-6 花边形海底光缆网络拓扑结构

花边形与干线分支形海缆结构相比，优点是站与站之间距离较短，几乎所有的路径均不需要中继器，也不需要电源供给设备，所以费用较低；缺点是因为需较长的海缆登陆，也就是说与干线分支形相比，有较长的海缆敷设于浅海区，因此发生海缆故障的机会增大，要求海缆的质量高，在海底 200m 以内要单层铠装，且要深埋（一般为 0.6~1.5m），所以敷设费用增大。

研究分析表明，影响总费用的主要因素是海缆长度及其结构（单铠和双铠），敷设于浅水区海缆的长度、光中继器和分支单元的数量以及远供设备的数量等。对花边形和干线分支形两种结构所需费用的数值分析表明，对于给定的最佳条件，每一种结构均可以获得最低的费用，然而其差别是相当小的，到底选用哪种方案，必须综合考虑其他方面的因素。

5. 干线分支形

当所有的网络节点以一种非闭合的链路形式连接在一起时，就构成了干线分支形拓扑，如图 2-7 所示。图 2-7 a 和 b 分别表示无源分支（Passive Branching）

和有源分支（Active Branching）拓扑结构。这种拓扑的优点是结构简单、施工方便、所需线路较少、网络分支多、范围广、可选路由丰富、成本低；缺点是自愈功能差、故障情况下的迂回恢复困难，排除故障和再配置比较困难；生存性较差，节点或链路的失效将把整个系统割裂成若干个独立的部分，将无法实现有效的网络通信。

借助分支单元从干线海缆上可把信号分给几个国家。分支单元可以是有源分支或者无源分支，分支海缆可能相当短，从而实现简单的无中继分支传输。

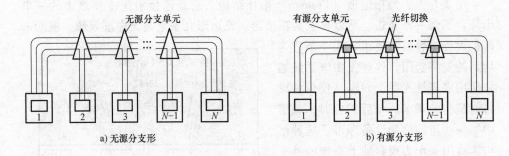

图 2-7　无源/有源分支形海底光缆网络拓扑结构

无源分支结构的优点是，当终端站发生故障和分支海缆损坏时，可以提供有限制的恢复功能。其缺点是，供电系统较复杂，安装和维修也较复杂，同时相邻登陆站之间的距离受到限制。

有源分支结构的优点是，当某终端站发生故障或分支海缆损坏时，主干线仍可以正常运行。其缺点是，系统费用较高，有源分支单元的可靠性设计要求高。

6. 环形

早期的海底光缆系统都是点对点系统。随着传输容量的增大，海底光缆系统多采用环形结构。在环形拓扑中，任何两个网络节点之间都有长短不同的两条传输方向相反的路由，这就为网络的保护提供了有力的物理基础，如果通过沿相反的方向传送的两条线路把各个站点联系起来组成双环形网络，则具有很高的自愈能力，拓扑结构如图 2-8 所示。环形拓扑的优点是实现简单、生存性及自愈功能强，故障排除较为容易、安全隐患小。但这种网络的灵活性较差，安装和再配置较困难，登陆点少、投入成本大。

SDH 支持 4 纤复用段共享保护环，环路切换支持 G.841 要求的越洋应用协议，当环路发生故障时，切换发生在业务电路的源、宿点，而不是发生在故障点的两个相邻节点，从而避免切换后，业务电路多次越洋，造成传输延时增大。环形结构在海缆断开情况下可以实现网络的自动恢复。

7. 分支环形

分支环形是具有分支单元的环，它保留了环网的自愈能力特性，同时提供了

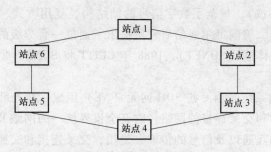

图 2-8 环形海底光缆网络拓扑结构

与陆上汇接站的独立连接。它具有分支星形和环形网的大部分优点，所以可把分支环形当作分支星形和环形的混合。如果所有节点两两之间都有直接的物理连接，则称为理想的网状拓扑结构。显然，与其他拓扑相比，该网状拓扑的可靠性最高，易排除故障和隔离故障点，但结构复杂，线路浪费，相关的控制和管理也相当复杂，其拓扑结构如图 2-9 所示。

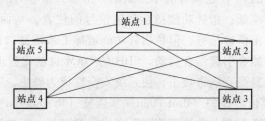

图 2-9 分支环形海底光缆网络拓扑结构

对于给定的应用环境，选择最佳的海底光缆网络拓扑结构，不仅要考虑现在电信业务的需要和最初登陆点的设置，而且还要考虑未来发展的需要。使用不断升级的系统技术，可以在系统寿命期限内，对最初的网络结构不断地加以修改扩容，使之更加完善。

海底光缆系统不断向大容量、大投资和越来越高的可靠性发展。为了增强容错和抗风险能力，海底光缆系统一般设计为多处登陆的环形结构。当系统中有一两条线路出现故障时，其他线路可以自动分流保证通信畅通。

2.1.3 海底光缆系统传输技术体制

海底光缆系统从传输业务技术体制看，有单波传输系统、波分复用传输系统和 OTN 传输系统等。

1. 单波传输系统

单波传输系统（Syncbronous Digital Hierarchy，SDH）即同步数字传输体制，与准同步数字传输体制（Plesiochronous Digital Hierarchy，PDH）一样，它也是

一种传输体制（协议），规范了数字信号的帧结构、复用方式、传输速率等级以及接口码型等特性。美国贝尔通信研究所提出了通过一套分级的标准数字传输结构组成的同步网络体制（SONET），1988年CCITT将SONET重新命名为同步数字体系（SDH）。

SDH海缆传输系统是由一些SDH网元（NE）组成，在光纤上进行同步信息传输、复用、分插和交叉连接的网络。它有全世界统一的网络节点接口（NMI），从而简化了信号的互通以及信号的传输、复用、交叉连接和交换过程；它有一套标准化的信息结构等级，称为同步传送模块STM-N，并具有一种块状帧结构，允许安排丰富的开销字节用于网络的操作、管理和维护；它的网元都有统一的标准光接口，能够在基本光缆段上实现横向兼容性；它有一套特殊的复用体系，允许现存准同步数字体系、同步数字体系数据网络信号和B—ISDN信号都能进入其帧结构，因而具有广泛的适应性；它大量采用软件进行网络配置和控制，使得新功能和新特性的增加比较方便，有利于将来的不断扩展。

具有这些优点的SDH也同样有不少缺陷，由于大量OAM功能开销字节的存在，它的频带利用率低；指针功能指示低速信号的位置，从而保证SDH从高速信号中直接解复用出低速信号，但是指针功能增加了系统复杂程度，并且在网络边界处指针调整可能会引起结合抖动。SDH的OAM自动化程度高意味着系统中含有大量软件，容易受到病毒攻击，使系统安全性成为隐患。

SDH网络主要依靠保护（Protection）和恢复（Restoration）这两种互不相同的作用机制，保证通信业务在故障情况下可以得到保持。保护通常是指一个较快的转换过程，其转换的执行是根据协议由倒换开关的部件自动确定的。保护作用后，占用了在各网络节点之间预先指定的某些容量，因此转换后的通道也具有预先确定的路由。

SDH单波传输系统速率有155Mbit/s、622Mbit/s、2.5Gbit/s、10Gbit/s、40Gbit/s，主要用于对容量需求不高的无中继系统，如国内海岛间早期建设的无中继系统。

2. 波分复用传输系统

波分复用（WDM）是将两种或多种不同波长的光载波信号（携带各种信息）在发送端经复用器（亦称合波器，Multiplexer）汇合在一起，并耦合到光线路的同一根光纤中进行传输的技术。具体来说，就是在光纤通信的低损耗窗口可使用光谱带宽划分若干个较窄子频带，不同的光信号分别调制到各个不同中心波长的子频带内，然后在发送端将这些不同波长的光信号进行组合（复用），并耦合到同一根光纤中进行传输；在接收端，经解复用器（亦称分波器或称去复用器，Demultiplexer）将各种波长的光载波分离，然后由光接收机进一步处理以恢复原信号。这种在同一根光纤中同时传输两个或众多不同波长光信号的技术，称为波分复用。WDM 系统原理图如图 2-10 所示。

　　WDM 本质上是光域上的频分复用 FDM 技术。每个波长通路通过频域的分割实现，每个波长通路占用一定的光纤带宽。WDM 系统采用的波长都是不同的，也就是特定标准波长。为了区别于 SDH 系统普通波长。窄光谱 WDM 光接口又称为彩色光接口，而称普通宽光谱光系统的光接口为"白色光口"或"白光口"。WDM 可复用信道数或可复用的载波数主要取决于光纤信道之间的波长间隔 $\Delta\lambda$，即信道间隔。根据不同信道间隔的大小或按复用波长（载波）数可将光 WDM 技术分为 3 种，即稀疏波分复用（CWDM）、密度波分复用（DWDM）和超密集波分复用（OFDM）。一般来说，CWDM 的信道间隔为 $100\sim10nm$，采用的复用和解复用器是一般的光纤 WDM 耦合器；DWDM 的信道间隔为 $10\sim1nm$，采用的复用和解复用器是波长选择性较高的波导干涉仪或光栅等。OFDM 的信道间隔为 $0.1\sim1nm$，由于目前一些光器件与技术还不十分成熟，因此实现光波的 OFDM 还比较困难。目前 DWDM 技术是比较成熟的已实用化的技术，实用化波数达到了 160 个波长。

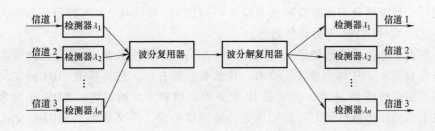

图 2-10　WDM 系统原理图

WDM 技术能够得到迅速的发展，因为它具有下述优点：

　　1）可以充分地利用光纤的巨大带宽资源，使得一根光纤的传输容量比单波长传输增加几倍甚至几十倍。

　　2）WDM 系统多用于大容量的长距离的传输，以便多信道复用光放大器，简化系统结构和设计，减少了设备数量，节约了建设及运行维护费用。

　　3）把多个波长复用起来在单模光纤中传输，这样在大容量长途传输时可以节约大量的光纤资源。

　　4）由于同一光纤中传输的信号波长彼此是独立的，因而可以传输特性完全不同的信号，完成各种电信业务信号的综合和分离。

　　5）WDM 技术对数据格式是透明的，即与信号速率和调制方式无关，便于多业务混合传输。

　　6）在网络的扩充和发展过程中，WDM 是理想的扩容手段，也是引入宽带业务的方便手段，增加一个附加的波长就可以引入任意想要的新业务和新容量。

7）利用 WDM 技术选路来实现网络交换和恢复，从而可以实现未来透明的、具有高度生存性的网络。

8）WDM 系统可方便的增加波长信道，既有利于实现网络的光交换和恢复，又有利于网络扩容升级，从而可进一步实现未来所需求的、透明的、有高度生存性的光网络。

WDM 系统广泛应用于大容量需求的海底光缆通信系统中，如今运行的越洋海缆系统基本都是 WDM 系统。

3. OTN 传输系统

2009 年后，DWDM 的地位逐渐被 OTN 所取代。OTN 相对于 DWDM 具有的天然优势也开始显现，面对业务变化以及快速的调度要求，OTN 技术已经成为事实的标准。OTN 技术集传送、交换、组网、管理能力于一体，代表着下一代传输网的发展方向。其技术特点主要有能够实现业务信号和定时信息的透明传输；支持多种客户信号封装；支持大颗粒调度保护和恢复；具有丰富的开销字节所支持的完善性能与故障监测能力以及 FEC 能力；能够与 ASON 控制平面融为一体。OTN 取代 WDM 将是必然趋势。

当前业务的发展趋势是全 IP 化。而 SDH、WDM 技术对 IP 类业务的承载能力非常有限：SDH 作为单波长技术，其承载容量有限，且其基于 TDM 的交叉核心并不适合传输 IP 业务，在承载 IP 业务时会浪费大量的带宽；WDM 作为多波长技术虽然在传输容量上符合干线光传输网的要求，但又缺失了 SDH 的交叉功能，不能对业务进行灵活、有效的调度。而且在 OAM 方面存在明显缺陷。OTN 技术融合了 SDH、WDM 两者的优势，同时更加面向大颗粒 IP 业务的调度与传输，完全涵盖 WDM 的所有技术。

OTN 的优势主要体现在强大的 OAM 能力以及丰富的保护手段和灵活的业务调度功能。OTN 的 G.709 开销中定义了从 TCM1～TCM6 共 6 级串联监测开销。配合 SM、PM 开销可以对干线网络进行精确的故障定位及管理区域划分，大幅提升了易维护性和管理性。相比较而言，目前现网使用的大量传统 DWDM 设备只具有 B1、J0 字节的校验功能，管理功能薄弱。OTN 的 OTH 电路交叉功能赋予了业务基于电路层的保护，如基于 $ODUk$ 的 1+1、M：N 或环网保护，有效节约了光层保护机盘需要占用的槽位。当组建为 Mesh 网络时，还可以引入基于 ASON 控制平面的各类保护和恢复策略，全方位提升网络健壮性。通过支线路分离的设计可以灵活、有效地调度各种波长、子波长级业务，可在同一 40 Gbit/s 或 10 Gbit/s 波道中传递不同类型的子速率业务，并能在同一波道中实现集中式业务。此外，OTN 产品在实现 OTU 支线路分离的同时，还加大了 OTU 的集成度，以往 1 块机盘只能承载 1 路 10 Gbit/s 支路侧和 1 路线路侧。而在 OTN 产品上可以实现 1 块机盘承载 4~8 路支路侧或线路侧，使产品集成度大为提高。

OTN 技术经近几年的发展，标准和产品均已进入了一个较为成熟的阶段，因此对于新建海缆系统工程，完全可以考虑直接引入 OTN 产品。

2.1.4　海底光缆系统保护倒换机制

"保护"指的是在一个网络中利用冗余容量的技术，以允许流量在故障情况下重新规划路线。SDH 提供的保护方案在海底系统中起到了巨大的作用。最简单的保护方案是用于点对点连接系统，主要使用两种保护方案，即 1+1 保护和 1:1 保护。在 1+1 保护中，流量同时由主传输路径和冗余路径送下来，终点的开关挑选（通过测量一个选定的度量）两个输入信号中的一个使用。为了防止影响这个信号的海光缆切断或其他故障，接收器挑选交替信号。这一方案的优点是它的简单性和极快的恢复速度（一旦检测到故障，该转换可以是瞬时的）。

在 1:1 保护中，两个光纤仍然使用，但是信号只在其中一个光纤上发送。如果在这个工作光纤上检测到故障，发射器和接收器都必须转换来使用保护光纤。由于接收器必须"告诉"发射器要进行转换，必须使用一个协议。这个协议被称为自动保护开关（APS），且由 SDH 定义。1:1 保护有超越更快的 1+1 保护的两个主要优点：①保护光纤未使用过，且可被用来携带较低优先级的流量；②1:1 保护可扩展成 1:N 保护，用这种方式一个保护光纤可用来保护 N 保护光纤。

对于 1+1 和 1:1 保护机制，这个选择通常可用于恢复式或非恢复式保护。在恢复式保护下，在故障维修后，信号会被发送回工作光纤。在非恢复式保护下，服务会一直保留在保护光纤上，直到进行人工干预。无论哪种情况，出于维护目的时，人工切换可以在两个光纤之间进行。如今用于海底系统的通用保护类型是自愈环，SDH 环通过在一个网络提供到每个节点的两条路径，给予了高程度的可利用性。当一段上的服务流量发生故障，且这一段上的保护容量也受到影响，就会使用环开关。环开关协议通常被称为越洋协议（TOP），在 ITU-T G.841 中进行了标准化。对于大多数越洋系统，网络拓扑结构可被视为一个点对点的网络，即从海洋一端的一点到另一端的一点。因此，可通过尽可能多地使用 1:N 保护和最大化 N 来使预留于保护的容量最小化，从而使保护达到最适宜的程度。

网络恢复在地区海底系统中也有很大的吸引力。大多数地区网络由一个环状拓扑结构开始，因为它为冗余连接多重点提供了最低的费用。随着网络负荷增加，重新建设海缆可能很有必要，为有巨大需求的节点提供额外的容量。在这种情况下，环状保护和网络保护将会在同一个网络中共存。依靠流量模式与服务种类，可以配置额外的环状或网状容量。网络计划和优化工具必不可少，以达到最适容量利用。

2.2 海缆通信系统设备

2.2.1 岸上端站设备

2.2.1.1 光传输终端设备

通常，海底光缆系统的光传输终端设备为采用特殊码型、特殊调制方式的终端设备。根据具体工程的实际情况，一些近距离的无中继海底光缆系统也可采用陆地光缆系统所使用的传输终端设备。有中继系统机房内的光传输终端设备与无中继系统没有太大原则区别。光传输终端设备分为 SDH 设备、WDM 设备和 OTN设备。

1. SDH 传输终端设备

（1）SDH 设备传输速率类型

在通信设备市场日益开放的情况下，网络运营商在建设海底光缆通信网络时，可以有很大的自由度选择性价比最好的 SDH 设备。同时考虑到成本和安全等各种因素和制约条件，运营商通常不会仅采用一个提供商的设备。海缆系统选择设备时，需要根据设备的功能性能进行选择，SDH 设备要求线路接口支持STM-1、STM-4 、STM-16 和 STM-64 光接口，光接口符合 ITU-T G.691—2006 和ITU-T G.957—2006 中相应条目规定的技术指标要求；其误码性能符合 ITU-T G.826—2002 中的规定，抖动性能应符合 ITU-T G.825—2000 中的规定。各种速率类型 SDH 设备应用如下：

1）155Mbit/s　SDH 设备用于 155Mbit/s 海缆传输系统。

2）622Mbit/s　SDH 设备用于 622Mbit/s 海缆传输系统。

3）2.5Gbit/s　SDH 设备用于 2.5Gbit/s 海缆传输系统。

4）10Gbit/s　SDH 设备用于 10Gbit/s 海缆传输系统。

5）40Gbit/s　SDH 设备用于 40Gbit/s 海缆传输系统。

（2）SDH 设备网元结构类型

根据不同的网络拓扑结构，海缆传输系统的 SDH 设备有不同网元结构类型，各种不同网元完成 SDH 网的传输功能，如上/下业务、交叉连接业务、网络故障自愈等。常见的 SDH 设备网元分为终端复用器（TM）、分插复用器（ADM）、再生中继器（REG）和数字交叉连接设备（DXC）。各种类型 SDH 设备网元应用如图 2-11 所示。

1）终端复用器（TM）主要用在海缆系统的两个端点，包括点对点形、单元星形、分支星形、花边形、干线分支形海缆系统等。

2）分插复用器（ADM）主要用海缆系统的中间登陆转接站点，包括单元星形、分支星形、花边形、干线分支形、环形海缆系统等。

3）再生中继器（REG）在早期海缆系统中应用。

4）数字交叉连接设备（DXC）主要用于分支环形海缆系统。

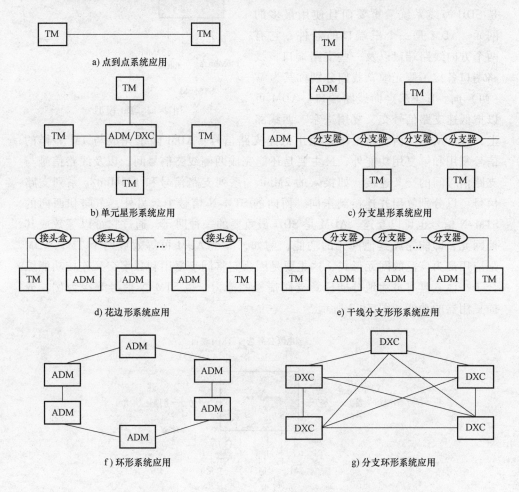

图2-11　SDH终端设备网元在海缆系统中的应用

终端复用器（Termination Multiplexer，TM）用在海缆系统网络终端站点，如一条链的两个端点上，是一个双端口器件，作用是将支路低速信号复用到线路端口的 STM-N 高速信号中，或者从 STM-N 信号中解复用出低速支路信号。它的支路端口侧可以输出/输入多路低速支路信号。在把低速支路信号复用进 STM-N 帧（将低速信号复用到线路）上时，有一个交叉的功能，比如可将支路的 STM-1 信号复用进 STM-16 信号中的任意位置，把支路的 2Mbit/s 信号复用到 STM-1 中 63 个 VC12 的任意位置，如图2-12所示。

分插复用器（Add/Drop Multiplexer，ADM）在海缆系统的中间登陆转接站点处使用，如链的中间结点上或环结点上，是 SDH 海缆系统最重要而且使用最多的网元。ADM 是一个三端口的器件，它有两个方向线路端口以及一些支路端口，线路端口各接一侧光缆，我们分别称其为 W（西）向、E（东）向线路端口。ADM 可以把低速支路信号交叉复用进东、西线路

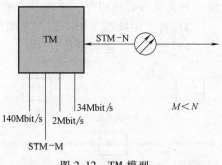

图 2-12　TM 模型

上，或者从东、西线路上解复用出低速支路信号。ADM 除了完成与 TM 一样的信号复用和解复用功能外，最主要是还能完成两侧线路信号间，以及线路信号与支路信号间的交叉连接。如接入的 2Mbit/s 系列支路信号和 1.5Mbit/s 系列支路信号可以分别复用并连接到东向、西向的 STM-N 信号中。另外，东向和西向的 STM-N 信号也可以互连。ADM 是 SDH 最重要的一种网元，通过它可以等效成其他网元，即能完成其他网元的功能，例如，一个 ADM 可等效成两个 TM。ADM 是应用最为广泛的网元形式，这主要是因为它将同步复用和数字交叉连接功能综合于一体，具有灵活地分插任意支路信号的能力。以 STM-N 信号等级为例，分插复用器的功能如图 2-13 所示。

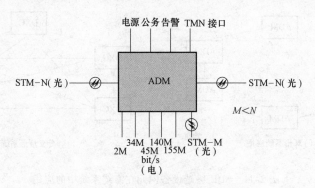

图 2-13　STM-N 分插复用器的功能

同步再生中继器（REG）的功能主要是完成信号的再生、放大与中继传输功能，即接收来自光纤线路的信号，将它电再生，并往下一段光纤线路传送，同时还要产生新的再生段开销加到承载信号上，对线路信号质量进行监视。与 TM、ADM 相比，它在站点上没有上、下业务的功能，主要用于海缆系统的中长距离信号再生。再生中继器的功能图如图 2-14 所示。

数字交叉连接器（DXC）是 SDH 网络的重要网络单元，兼有复用、配线、保护/恢复、监控和网管多项功能，DXC 的核心是交叉连接。数字交叉连接设备

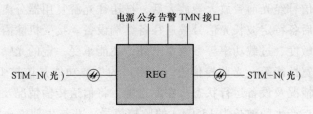

图 2-14 REG 功能图

完成的主要是 STM-N 信号的交叉连接功能，它是一个多端口器件，它实际上相当于一个交叉矩阵，完成各个信号间的交叉连接，DXC 可将输入的 m 路 STM-N 信号交叉连接到输出的 n 路 STM-N 信号上，上图表示有 m 条入光纤和 n 条出光纤。DXC 的核心是交叉连接，功能强的 DXC 能完成高速（例 STM-64）信号在交叉矩阵内的低级别交叉（例如 VC12 级别的交叉）。DXC 的功能图如图 2-15 所示。

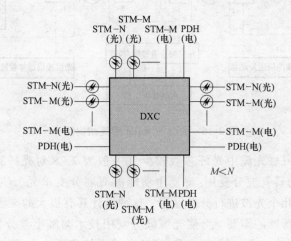

图 2-15 DXC 功能图

2. WDM 复用终端设备

（1）WDM 系统

WDM 系统传输部分主要由光发射机、光中继放大器、光接收机 3 部分组成，另外还包括光监控信道和网络管理系统等组成部分，如图 2-16 所示。光发射机和接收机称为 WDM 复用终端设备。光发射机将多路光信号合并成一路光信号，再通过光放大器将其放大，最后将放大的光信号输入到光纤线路中进行传输。其中光源应具有标准的光波长和一定的色散容限，以保证能长距离传输的性能。在光纤中，光经过一段长距离传输后，强度被大大衰减，因此，需要对其光中继放大以便再继续传输。目前的光放大器一般是前面所述的 EDFA。在接收端的接收机，衰减的光信号经光前置放大器放大后，被送往光解复用器分离出各特定波长的光信号，最后各特定波长光信号被送往各终端设备。接受机除需满足一般接收机对光信号灵敏度、过载功率等参数要求外，还能承受一定的光噪声信号，要具有足够的电带宽性能等。光监控信道（OSC）的主要功能是监控 DWDM 系统内各信道光传输情况及设备运行状态。在发送端，将信道传输情况及设备运行状态信息插入本节点产生的波长为 1550nm 的监控信号，并与主信道合波输出；在接收端，将收到的光信号分波送入波长为 1510nm 的监控信号和业务信道信号。其中帧同步字节、公务字节和网管所用的开销字节等都是光监控信道来传递的，监控信道的信息速率一般为 2Mbit/s 或 100Mbit/s。

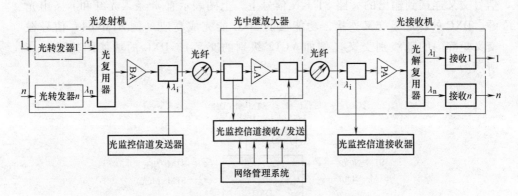

图 2-16　典型的 WDM 系统结构图

由于长距离海底光缆中光纤芯数较少（一般为 2~8 对光纤），所以常采用 WDM 技术，借助具有波分复用/解复用功能的海底分支单元，使设计者根据需要对任何一个或几个光波进行分插复用。这种设计具有很大的灵活性，可以满足所有登陆方和运营商的需要。海底光缆波分复用技术与陆上波分复用技术相同。从 WDM 接口方式分，可分为集成式 WDM 传输系统和开放式 WDM 传输系统。

集成式 WDM 系统就是把具有标准光波长和满足长色散容限的光源集成在 SDH 或其他光端机系统中，其结构简单，如图 2-17 所示。实质上集成式 WDM

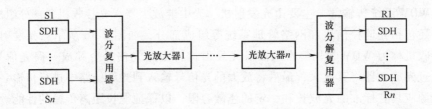

图 2-17　集成式 WDM 系统方框图

系统就是终端具有满足 G.692 建议光接口类型的 SDH 系统，即具有标准的光波长，满足长距离传输的光源的 SDH 系统。

在 WDM 传输系统中，如果在复用器与解复用器前后插入了光转换单元（OTU），这样 SDH 非规范的光波长便可转换为标准光波长信号，从而达到远不满足 G.692 光接口的各个 SDH 系统，在经过 OTU 单元后满足 G.692 标准，可以兼容原有 G.957 SDH 系统，实现不同厂商的 SDH 工作在同一 WDM 系统中。所谓的开放式 WDM 传输系统就是在同一 DWDM 系统中，可接纳不同厂商的 SDH 系统，对不同厂商 SDH 系统开放系统框图如图 2-18 所示。

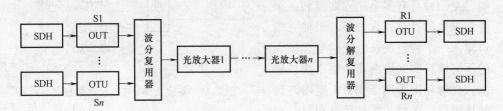

图 2-18　开放式 WDM 传输系统方框图

在设计 WDM 系统的功率预算时，首先，应考虑的是合适的发射机功率。为了防止进入光纤的总功率太大引起光在光纤中传输产生非线性效应，所以每个信道的发射机的最大输出光功率随信道数的增加而减少。其次，还要考虑光纤非线性效应的限制，其中受激布里渊散射（SBS）和自相位调制（SPM）限制了每个信道的最大信号功率；交叉相位调制（XPM）和四波混频（FWM）也可能在信道之间产生串扰。但在纯石英芯光纤中，通过适当加宽信道间隔，可以明显消除这些效应引起的传输性能下降。应强调的是 XPM 和 FWM 可能是限制 WDM 信号在色散移位光纤传输时提高性能的主要因素之一。

（2）WDM 复用终端基本类型

WDM 复用终端设备发送端将各路 SDH 光传输终端设备发送信号，经过光波长复用器复用、放大、加入监控信号后，送入传输线路，接收端将线路信号接收，取出监控信号，将信息放大、解复用后，各路光信号送入 SDH 光传输终端设备。从 WDM 接口方式分，WDM 复用终端设备分为集成式 WDM 复用终端和开放式 WDM 复用终端，其核心区别是是否对原始数据进行 G.709 标准格式封装，提供链路状况监测功能和链路信噪比的提升。其在系统中的应用如下：

1）集成式 WDM 复用终端用在集成式 WDM 传输系统。

2）开放式 WDM 复用终端用在开放式 WDM 传输系统。

集成式 WDM 复用终端设备。集成式 WDM 系统把具有标准光波长和满足长色散受限传输的光源集成在 SDH 系统中，其结构简单。集成式 WDM 复用终端具有满足 G.692 建议光接口类型，对原始数据进行 G.709 标准格式封装，即具有标准的光波长，满足长距离传输光源 SDH 系统要求。集成式 WDM 复用终端组成框图如图 2-19 所示。其组成模块有

1）光复用器/光解复用器。光复用器用于 WDM 复用终端的发送端，是一种具有多个输入端口和一个输出端口的器件，它的每一个输入端口输入一个特定波长的光信号，输入的不同波长的光波由同一输出端口输出。光解复用器用于 WDM 复用终端的接收端，正好与光复用器相反，它

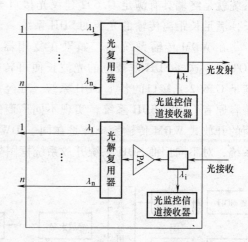

图 2-19　集成式 WDM 传输终端设备

具有一个输入端口和多个输出端口，将各个不同波长信号分类开来。

2）光放大器。光放大器不但可以对光信号进行直接放大，同时还具有实时、高增益、宽带、低噪声、低损耗的全光放大器。在目前实用的光纤放大器中主要有掺铒光纤放大器（EDFA）和光纤拉曼放大器（RFA）等，其中掺铒光纤放大器以其优越的性能被广泛应用，作为功率放大器（BA）在发射端使用，作为前置放大器（PA）在接收端使用。

3）光监控信道（OSC）发送器/接收器。光监控信道是为 WDM 光传输系统的监控而设立的。ITU-T 建议优选采用 1510nm 波长，容量为 2Mbit/s，在低速率下具有很高的接收灵敏度（优于 -50dBm）。光监控信道（OSC）发送器用于在发射端将监控信道波长信息加入传输系统，光监控信道（OSC）接收器用于在接收端将监控信道波长信息从传输系统中取出。

开放式 WDM 复用终端设备。在 WDM 复用终端中，对原始数据未进行 G.709 标准格式封装，如果在复用器与解复用器前后插入了 OTU，这样 SDH 非规范的光波长便可转换为标准光波长，从而达到原不满足 G.692 光接口的各个 SDH 系统，在 OTU 输出端变得满足了，可以接纳过去 G.957 SDH 系统，实现不同厂商的 SDH 工作在同一 WDM 系统中。开放式 WDM 传输系统在同一 DWDM 系统中，可接纳不同厂家的 SDH 系统，对不同厂商 SDH 系统开放，开放式 WDM 复用终端框图如图 2-20 所示，组成模块有

1）光波长转换单元（OTU）。光波长转换单元（OTU）将非标准的波长转换为 1TU.T 所规范的标准波长，系统中应用光/电/光（O/E/O）的变换，即先用光敏二极管 PIN 或 APD 把接收到的光信号转换为电信号，然后该电信号对标

准波长的激光器进行调制，从而得到新的光波长信号。

2）光复用器/光解复用器。光复用器用于 WDM 复用终端的发送端，是一种具有多个输入端口和一个输出端口的器件，它的每一个输入端口输入一个特定波长的光信号，输入的不同波长的光波由同一输出端口输出。光解复用器用于 WDM 复用终端的接收端，正好与光复用器相反，它具有一个输入端口和多个输出端口，将各个不同波长信号分类开来。

3）光放大器。光放大器不但可以对光信号进行直接放大，同时还具有实时、高增益、宽带、低噪声、低损耗的全光放大器。在目前实用的光纤放大器中主要有掺铒光纤放大器（EDFA）和光纤拉曼放大器（RFA）等，其中掺铒光纤放大器以其优越的性能被广泛应用，作为功率放大器（BA）在发射端使用，作为前置放大器（PA）在接收端使用。

4）光监控信道（OSC）发送器/接收器。光监控信道是为 WDM 光传输系统的监控而设立的。ITU-T 建议优选采用 1510nm 波长，容量为 2Mbit/s，在低速率下具有很高的接收灵敏度（优于 −50dBm）。光监控信道（OSC）发送器用于在发射端将监控信道波长信息加入传输系统，光监控信道（OSC）接收器用于在接收端将监控信道波长信息从传输系统中取出。

光线路终端设备包括多种类型设备，OTM 或 OLT 用于点对点连接；OADM 对部分波长解复用出来到本地使用，而余下的波长则继续送往其他地方使用，它们通常采用树形结构或环状结构；OXC 执行与 OADM 同样的功能，但其规模要比 OADM 大得多，通常用于网状结构或连接多个环的节点。

光线路终端（OLT）有时也称光终端复用器（OTM），其功能是一样的，用于点对点系统终端，对波长进行复用/解复用，如图 2-21 所示。由

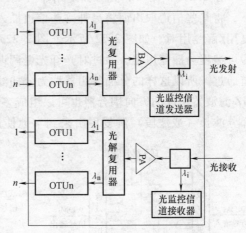

图 2-20　开放式 WDM 传输终端设备

图中可见，光线路终端包括转发器、WDM 复用/解复用器、光放大器（EDFA）和光监控信道（Optical Supervisory channel，OSC）。OLT 是具有光/电/光变换功能的转发器（或称中继器），对用户使用的非 ITU-T 标准波长转换成 ITU-T 的标准波长，以便于使用标准的波分复用/解复用器。这个功能也可以移到 SDH 用户终端设备中完成，如果今后全光波长转换器件成熟，也可以用它替换光/电/光转发器。转发器通常占用 OLT 的大部分费用、功耗和体积，所以减少转发器的数

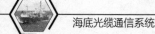

量有助于实现 OLT 设备的小型化，降低其费用。光监控信道使用一个单独波长，用于监控线路光放大器的工作情况、以及系统内各信道的传输质量（误码率），帧同步字节、公务字节、网管开销字节等都是通过光监控信道传递的。WDM 复用/解复用可以使用阵列波导光栅（AWG）、介质薄膜滤波器等器件。

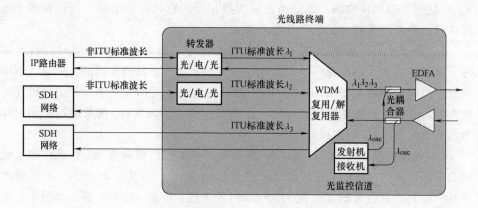

图 2-21　光线路终端（OLT）构成原理图

在 WDM 网络中，光分插复用器（OADM）在保持其他信道传输不变的情况下，将某些信道取出而将另外一些信道插入。可以认为，这样的器件是一个波分复用/解复用对，如图 2-22 所示。图 2-22a 为固定波长光分插复用器，图 2-22b 为可编程分插复用器，通过对光纤光栅调谐取出所需要的波长，而让其他波长信道通过，所以这样的分插复用器称为分插滤波器。使用电介质薄膜滤波器或级联 MZ 滤波器构成的方向耦合器也可以组成多端口的分插滤波器。光分插复用器对部分波长（或波段）解复用出来到本地使用，而余下的波长（或波段）则继续

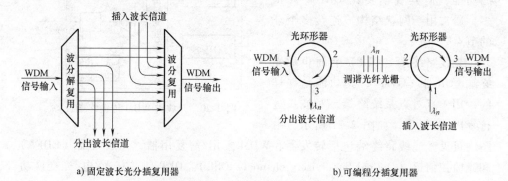

a) 固定波长光分插复用器　　　　　　　　　　b) 可编程分插复用器

图 2-22　光分插复用器（OADM）

送往其他地方使用。OADM 通常位于两个终端之间，但也可以作为独立的网络单元使用，特别是在城域网中。现在的 OADM 通常分出/插入波长是固定的，如

果使用可调谐滤波器和激光器，则可以构成可重新配置（即重构）的 OADM（ROADM）。光分插复用器中的主要器件是波分复用/解复用器，大多实用 WDM 器件使用阵列波导光栅（AWG）或介质薄膜滤波器。

（3）WDM 复用终端复用波长类型

ITU-T 规定，WDM 的工作波段为 1260～1675nm 的连续波段，共有 6 个波段，如图 2-23 所示。目前 DWDM 系统主要使用 1530～1565nm 波段，其中 1540～1565nm 红带增益平坦优先使用，1530～1540nm 蓝带增益不平坦。WDM 按照其波长间隔，可分为粗波分复用系统 CWDM 和密集波分复用系统 DWDM，WDM 复用终端分为 CWDM 复用终端和 DWDM 复用终端，应用如下：

1）DWDM 复用终端。用在信道间隔较小的 1550nm 波段波分系统，有 8、16、32、40、80 或者更多波长，波长间隔为 1.6nm、0.8nm 或更低，其对应的带宽约为 200GHz、100GHz、50GHz 或更窄。

2）CWDM 复用终端。用在波长间隔比较大的波分系统，波长间隔可以是几十纳米以上，这样设备的成本就降低了，当然复用的光波数也比较有限，主要应用于短距离的海缆系统。

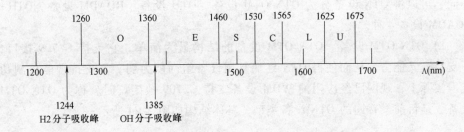

图 2-23 WDM 工作波段

（4）WDM 终端复用设备关键器件

1）光源。WDM 系统中，激光器波长的稳定是一个十分关键的问题，根据 ITU-T G.692 建议的要求，中心波长的偏差不大于光信道间隔的 1/10，即光信道间隔为 0.8nm 的系统，中心波长的偏差不能大于 $\pm 20GHz$。在 WDM 系统中，由于各个光通路的间隔很小（可低达 0.8nm），因而对光源的波长稳定性有严格的要求，例如 0.5nm 的波长变化就足以使一个光通路移到另一个光通路上。在实际系统中通常必须控制在 0.2nm 以内，其具体要求随波长间隔而定，波长间隔越小要求越高，所以激光器需要采用严格的波长稳定技术。WDM 系统在延长传输系统的色散受限距离的同时，为了克服光纤的非线性效应，要求 WDM 系统的光源要使用技术更为先进、性能更为优越的激光器。总之，WDM 系统的光源的两个突出的特点，即比较大的色散容纳值及稳定的标准波长。目前广泛使用的光纤通信系统均为强度调制——直接检波系统，对光源进行强度调制的方法有两类，即直接调制和间接调制。

2）波分复用器件。波分复用器件是波分复用系统的重要组成部分，将不同光源波长的信号结合在一起经一根传输光纤输出的器件称为合波器。反之，经同一传输光纤送来的多波长信号分解为个别波长分别输出的器件称分波器。有时同一器件既可作分波器，又可以作合波器。WDM 器件有多种制造方法，目前已广泛商用的 WDM 器件可以分为 4 类，即角色散器件、干涉滤波器、熔锥型波分复用器和集成光波导型。

3. OTN 设备

（1）OTN 设备的类型

OTN 设备线路侧接口最高速率达到 100Gbit/s 以上，业务侧支持 STM-1、STM-4 、STM-16、STM-64、GE 和 10GE 等光接口，光接口符合 ITU-T G.959.1—2012 中相应条目规定的技术指标要求；误码性能符合 ITU-T G.8201—2011 的规定，抖动性能符合 ITU-T G.8251—2010 的规定。根据 OTN 设备形态的不同，可以将 OTN 设备分为 OTN OTM 设备、OTH 设备、ROADM 设备、OTH+ROADM 设备 4 种。

1）OTN OTM 设备。OTN OTM 设备的结构最为简单，它支持 G.709 接口，不支持交叉能力，从而使得 OTN 终端复用设备组网能力弱，不支持智能控制功能。实际上，现网已经应用的 WDM 设备支持 G.709 帧接口时就称为 OTN OTM 设备，是目前最普遍的 OTN 设备类型，具体结构如图 2-24 所示。

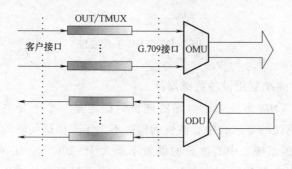

图 2-24   OTN OTM 设备

2）OTH 设备。OTH 设备支持 G.709 接口，支持 ODUk 颗粒的交叉调度功能，从而支持电层的组网和智能控制。OTH 设备不但支持电层和光层的终端复用功能，而且支持电层以 ODUk（k=1，2，3）为交叉颗粒的交叉连接和业务分插复用功能。目前已商用的 OTH 设备支持 ODU0、ODU1、ODU2 等多种交叉粒度，交换容量可达 Tbit/s 量级，具体结构如图 2-25 所示。

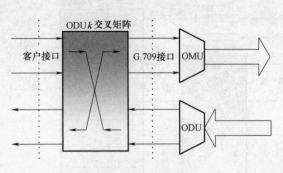

图 2-25 OTH 设备

基于光层以波长为交叉粒度的 ROADM 设备是目前业界大多数厂家支持新型 OTN 设备的主要类型。与 OTN 电交叉设备相比，OTN 光交叉设备的区别在于所支持的交叉粒度为波长，支持波长粒度的交叉调度功能，同时支持波长量级的组网和智能控制。ROADM 设备不但支持电层和光层的终端复用功能，而且支持光层以波长为交叉颗粒的交叉连接（重构）和业务分插复用功能。目前 ROADM 设备的线路方向为 2 维、4 维和 8 维等，单方向的波长数目为 40（44）波，通路间隔为 100GHz，具体结构如图 2-26 所示。

3）OTH + ROADM 设备。OTH + ROADM 设备不但支持电层和光层的终端复用功能，而且支持电层以 ODUk（$k=1$，2，3）为交叉颗粒和光层以波长为交叉颗粒的交叉连接和业务分插复用功能，集成了 OTH 设备和 ROADM 设备的功能。OTH+ROADM 设备的结构最复杂，同时具备 OTN 电交叉和光交叉设备的特点，支持 ODUk 和波长粒度

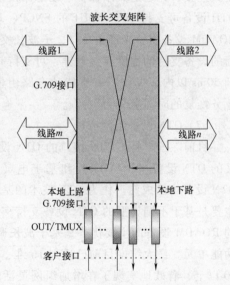

图 2-26 OTN ROADM 设备

的混合交叉调度、组网能力和智能控制。目前 OTH+ROADM 设备支持以 ODUl 为交叉颗粒的电层调度和波长为颗粒的光层调度，具体结构如图 2-27 所示。

在网络保护恢复方面，OTN 的保护恢复功能主要包括基于电层的保护恢复能力和基于光层的保护恢复功能两大类。其中基于电层的保护功能主要包括基于 ODUk（$k=1$，2，3）的子网连接保护（SNCP）、共享环网保护、动态路由恢复、

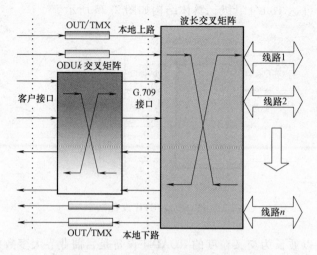

图 2-27　OTH+ROADM 设备

保护+恢复等；基于光层的保护功能主要包括基于光波长的光通道 1+1、子波长交叉连接、光通道共享保护、动态路由恢复、保护+恢复等。目前基于电交叉的 OTH 设备可支持基于 ODU1 的 SNCP、环网共享等保护方式，而基于光交叉的 ROADM 设备支持光通道 1+1、子波长交叉连接、光通道共享保护，其中不同厂商的设备支持的程度有所差异，可支持其中的 1 种或多种，保护倒换时间均可达到 50ms 以内。少数厂家支持动态路由恢复、保护+恢复等多种保护恢复方式，业务恢复的时间量级为 1~2s。

（2）OTN 设备组网应用

目前除了支持 G.709 接口的 OTN 设备（传统 WDM 节点）之外，基于光交叉的 OTN 设备（ROADM）和基于电（ODUk）交叉或者基于光电混合交叉的 OTN 设备均已成熟。作为 OTN 技术的基本特征，除了强大的维护管理功能之外，主要是基于不同类型的 OTN 设备支持多种的组网方式和保护功能。基于光交叉的 ROADM 设备的主要优势是基于波长调度，子网内部全光操作，省去了 O-E-O 功能单元。最大维度目前已达到 16 维、32 维以上，单维度支持的通信波长可达 80 以上，有效地实现了在增加组网灵活性的同时降低光电变换的组网成本的目标，但组网半径和物理参数限制等因素在一定程度上妨碍了 ROADM 在大范围和传输线路复杂环境下的组网应用。基于电（ODUk）交叉的 OTN 设备支持波长和子波长粒度的调度，但有限的调度容量限制了其在大容量节点组网中的应用。同时支持光电混合调度的 OTN 设备可以在一定程度上解决上述这些缺陷，但在实际组网应用中，同时支持光电混合调度的 OTN 设备也并不是任何场景都适用。对于仅需固定提供大容量传送带宽的应用场景，基于点到点的 OTN 传送设备依然是最佳选择。

因此，选择何种设备类型，应根据其应用的网络层面、业务传送需求和实际组网成本等多方因素进行综合选择，同时可采用分域的方式解决组网的一些限制因素。

2.2.1.2 光放大器

1. 光放大器分类

光放大器运用于海底光缆数字传输系统中，实现信号全光放大，可直接对信号进行全光放大，不需要经过光电转换、电光转换和信号再生等过程，具有很好的透明性，特别适用于海底光缆数字传输系统。光放大器具有高增益、高输出功率、低噪声带宽、对偏振不敏感等多项优点，越来越广泛地应用于海底光缆密集波分系统中。其应用也比较灵活，可以作为前置放大器对接收信号进行预放，也可以作为线路放大器用来补偿链路损耗，还可以用作为功率放大器在发射机后提高光功率，可以使用远泵光放大器、分布式拉曼光放大器延长无中继系统传输距离，可以将光放大器进行级联以克服损耗，降低成本扩展有中继传输链路长度。

光放大器一般由增益介质、泵浦光和输入输出耦合结构组成。根据其在海缆通信系统中的不同作用，光放大器可以分为以下几种：

1) 光功率放大器（Booster Amplifier，BA）：在信号发射机之后，主要用作功率放大来提高发射机的输出功率。

2) 光线路放大器（In-line Amplifier，LA）：在光纤的传输线路中，主要用作补偿光纤的传输损耗，延长传输距离。

3) 光前置放大器（Pre-Amplifier，PA）：在信号接收机之前，主要用作光预放大器，来提高光接收机的灵敏度。

4) 远泵光功率放大器（Remotely optically pumped Booster Amplifiers，RBA）：由泵浦源激励远端增益模块实现光放大的一种光放大器。在无中继系统中，通过遥泵技术将增益介质放于海底进行光功率放大，进一步延长无中继传输距离。

5) 远泵光前置放大器（Remotely optically pumped Pre-Amplifiers，RPA）：由泵浦源激励远端增益模块实现光放大的一种光放大器。在无中继系统中，通过遥泵技术将增益介质放于海底光缆中进行光前置放大，进一步延长无中继传输距离。

6) 分布式拉曼光放大器（Distributed Raman Amplifier，DRA）：在无中继系统中，将传输光纤作为增益介质通过拉曼散射非线性效应原理进行分布式光放大，进一步延长无中继传输距离。

2. EDFA 光放大器

（1）EDFA 光放大器分类

海缆传输系统中将 EDFA 光放大器可以分为三类：功率放大器（BA）、线路放大器（LA）和前置放大器（PA）。功率放大器（BA）置于终端复用设备或中继设备的发射光源之后，主要作用是实现提高光发送功率，通过提高注入光纤的光功率（一般在 10dBm 以上），从而延长传输距离。此时对放大器的噪声特性要求不高，主要要求功率线性放大的特性。线路放大器（LA）置于整个中继段的中间，是将光放大器直接插入到光纤传输链路中对信号进行直接放大的应用形式。线路放大器主要应用于长距离通信，此时要求光放大器对小信号增益高，而且噪声系数小。前置放大器（PA）置于光接收设备之前，主要作用是对经线路衰减后的小信号进行放大，从而提高光接收机的接收灵敏度，此时的主要问题是噪声问题。三种放大器最主要的差别体现在输入光功率和增益：BA 输入光功率比较高，增益比较小，噪声系数要求不高；PA 输入光功率比较低，增益和 BA 相差不大，噪声系数要求较高；LA 输入光功率和 PA 相差不大噪声系数要求较高，只是增益比 BA 大。

1）光功率放大器。

功率放大器是将掺铒光纤放大器直接放在光发射机之后用来提升输出功率。由于发射功率的提高，可以将通信距离延长 10～20km，延长的通信距离由放大器的增益以及光纤损耗来决定。功率放大器除了要求低噪声以外，还要求高的饱和输出功率，光功率放大器在系统中的应用如图 2-28 所示。应当注意的是，输入到光纤中的功率太高将出现非线性效应。非线性引起的效应有：消耗有用功率、散射光进入光源影响激光器的正常工作、出现一些新的频率导致功率转移。所以在应用时需要注意光纤中各种非线性效应的阈值。

光功率放大器对光发射机的输出光信号进行放大，这类放大器的特点是输入光信号功率大（约 0 dBm），输出信号功率更大，对于如此大的输出光功率，将会引起光纤中的受激布里渊散射（SBS），将部分光反射回光发射机，从而影响发射机工作性能甚至导致发射机损坏。为此，可通过低频幅度调制，使激光器频谱展宽来减小这种影响。此外，由于传输光纤的零色散波长和光发射机的中心波长非常接近，所以可引起自相位调制（SPM），这种影响可有意使两种波长发生偏差来减小。

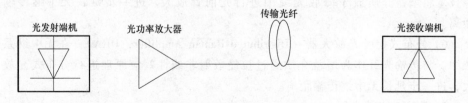

图 2-28　EDFA 做光纤功率放大器

2）光前置放大器。

由于 EDFA 的低噪声特性，使它很适用于作为接收机的前置放大器。应用 EDFA 后，接收机灵敏度可提高 10~20dB。其基本概念是：在光信号进入接收机前，使它得到放大，以抑制接收机内的噪声，如图 2-29 所示。

这种放大器是小信号放大，要求低噪声，但是输出饱和功率则不做要求。它对接收机灵敏度的改善，与 EDFA 本身的噪声系数有关。噪声系数越小，灵敏度越高。但是它还与掺铒光纤放大器的自发辐射谱宽度有关，谱线越宽，灵敏度越低。因而，为了减小噪声的影响，常在掺铒光纤放大器的后面加上光滤波器，以滤除噪声。

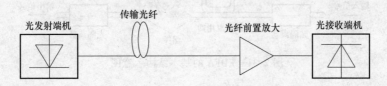

图 2-29　EDFA 用做光纤前置放大器

3）光线路放大器。

光线路放大器是它在光纤通信系统中的一个非常重要的应用。用掺铒光纤放大器实现全光中继代替原来光-电-光中继，这种方式非常适合在海底光缆中应用。其最大的应用是在 WDM 系统中，在原来的光-电-光中继，必须先将各个信道进行解复用，然后分别用各自的光接收机转换成电信号，电信号经过放大后用特定波长的光发射机转变成光信号，最后还要用波分复用器进行光复用才完成再生过程。可以想象，波分复用和波分解复用器件会给线路带来多大的插入损耗，同时还需要多少个波长不同的激光器实现光-电-光转换。有了 EDFA 后，只需要用一个 EDFA 就可以放大全部的光信号，当然要求所有的信号光在 EDFA 的平坦增益带宽内，实现光信号的原幅放大。EDFA 在线路中可以多级级联使用，但是不能无限制地增加，因为光纤通信系统还要受到光纤色散和 EDFA 本身噪声等因素的限制，如图 2-30 所示。

图 2-30　EDFA 做光纤线路放大器

（2）EDFA 原理与基本结构

目前技术上最为成熟的是掺铒光纤放大器（EDFA），其工作原理可以从 EDFA 的基本结构和增益介质的放大机理两方面来说明。

EDFA 的基本结构。EDFA 的核心构件是增益介质——掺铒光纤、泵浦光源和光耦合器。泵浦光源的作用是对输入光信号进行放大提供光能量；光耦合器是把输入光信号和泵浦光耦合到一起并送到掺铒光纤；掺铒光纤作为增益介质能够吸收泵浦光的能量并对输入光信号进行放大。图 2-31 给出了 EDFA 的基本结构。

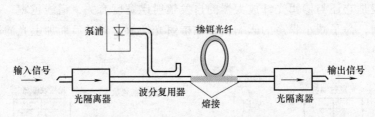

图 2-31　EDFA 的基本结构示意图

　　增益介质（掺铒光纤）的放大机理。在制造光纤时，在光纤的纤芯里掺入一定浓度的三阶段铒离子（Er^{3+}）就形成了掺铒光纤。掺铒光纤中的 Er^{3+} 离子在未受任何光的激励时处于基态 E_1，就是在最低能级上。当泵浦光入射后，Er^{3+} 离子就吸收泵浦光光子的能量而跃迁到高能级。如果泵浦光的波长不同，其光子的能量就不同，Er^{3+} 离子吸收该光子的能量所跃迁能级也不同。但是铒离子受泵浦光光子的激励跃迁到高能级的激发态后，都会迅速从激发态以非辐射跃迁的形式衰变到亚稳态（E_2）。受激辐射和自发辐射都发生在亚稳态。处于亚稳态的铒离子有较长的（毫秒级）的存活寿命。

　　由于泵浦光的不断入射，使处于亚稳态的粒子数不断增加，进而实现粒子数反转。但 1550nm 波段的光信号通过这一段掺铒光纤时，处于亚稳态的粒子以受激辐射的形式跃迁到基态，并产生出和入射光信号中的光子一样的光子，从而大大增加了信号光的光子数量，实现了信号光在掺铒光纤的传输过程中不断被放大的功能。可以用作泵浦光的波长有 1480nm 波段、980nm 波段、800nm 波段等。但是，考虑到转换效率、噪声系数及铒离子对于各个波段光子的吸收效率以及获得大功率泵浦源的可行性，通常多采用 1480nm 波长和 980nm 波长的泵浦源。使用这两种波长的光泵浦 EDFA 时，只用几毫瓦的泵浦功率就可获得高达 30~40dB 的放大器增益。

　　图 2-32a 为铒离子的能级图。在铒离子受激辐射的过程中，有少部分粒子以自发辐射形式自己跃迁到基态，产生了带宽极宽且杂乱无章的光子，并在传播的过程中不断地得到放大，从而形成了放大的自发辐射（ASE）噪声。它消耗了部分泵浦光的功率，并且导致光信号的信噪比变差。通常，人们在上述 EDFA 的基本结构中加入隔离器来抑制这种过程的发生，以便获得尽可能小的噪声系数。如图 2-33 所示，目前一般有以下三种 EDFA 的基本结构：

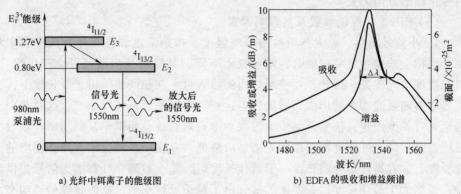

a) 光纤中铒离子的能级图　　　　　b) EDFA 的吸收和增益频谱

图 2-32　EDFA 的工作原理

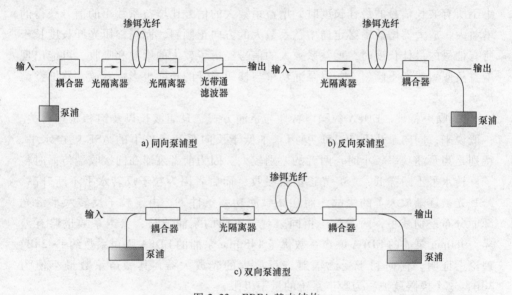

a) 同向泵浦型　　　　　　　　b) 反向泵浦型

c) 双向泵浦型

图 2-33　EDFA 基本结构

1）同向泵浦。同向泵浦是一种泵浦光与信号光在掺铒光纤的同一端注入，且泵浦光和信号光在掺铒光纤中传输方向相同的方式。它又称前向泵浦，如图 2-33a 所示。这种配置的噪声性能较好。

2）反向泵浦。反向泵浦是一种泵浦光与信号光分别从掺铒光纤的两端注入，且泵浦光和信号光在掺铒光纤中传输方向相反的方式。它又称后向泵浦，如图 2-33b 所示。这种配置具有较高的输出信号功率。

3）双向泵浦。双向泵浦就是两个泵浦光源从掺铒光纤的两端同时注入泵浦光的方式，如图 2-33c 所示。这种泵浦方式结合了前向泵浦和后向泵浦的优点，输出的光信号功率更高，最多可比前两种单向泵浦多 3dB，而且 EDFA 的性能与信号传输的方向无关。

（3）EDFA 的性能参数及其影响因素

1）小信号增益。放大器增益与泵浦强度、掺杂浓度和掺铒光纤长度密切相关。当掺杂浓度超过一定值时，增益反而下降，其原因是掺杂过量会产生聚合，引起浓度消光现象。因此，要控制好铒的掺入量。在相同的掺铒光纤长度下，放大器增益随泵浦功率的增加而增加，但达到一定水平就不再增加了，这就是由于掺铒光纤长度固定，信号总泵浦中汲取功率有限所致。而固定泵浦功率，则放大器增益随掺铒光纤长度的增加而先增加后降低，存在一个对应最大增益输出的最佳长度，这容易理解为当长度小于最佳长度时，整个掺铒光纤都能为信号提供增益，而当大于最佳长度后，多余的部分由于粒子反转水平过低而吸收信号功率。

由于不同波长信号的增益系数不同，所以最佳长度也不同，这意味着当长度小于所有波长信号的最佳长度时，增益系数大的信号比增益系数小的信号获得的增益大，放大器增益谱必定向增益系数大的方向正倾斜，而当掺铒光纤长度长于所有信号的最佳长度时，增益系数大的信号经历了较大的增益和吸收，可能出现增益负倾斜或者不倾斜，所以泵浦功率与掺铒光纤的长度也影响着放大器增益谱形状。

2）噪声特性。EDFA 的噪声特性与泵浦方式、泵浦波长以及饱和状态有关。一般说来，同向泵浦下的 ASE 噪声水平低于反向泵浦条件下的 ASE 噪声水平，特别是当泵浦功率较小时，两者的差别较大。因为前者泵浦在向接收端传播时粒子反转水平不断降低，ASE 光逐渐被吸收，而后者因为粒子反转水平不断升高，ASE 光被逐渐放大了的缘故。而在高泵浦功率条件下，由于粒子反转水平沿光纤的分布差别减小，两者趋于相同。对于不同的泵浦波长，噪声系数也略有差异。980nm 泵浦的 EDFA 噪声系数优于 1480nm 泵浦的 EDFA 噪声系数约 1~2dB。理论上证明，任何利于受激辐射进行放大的光放大器，其噪声系数最小值为 3dB，这个极限就被称为噪声系统的量子极限。

由于三能级结构能实现比二能级结构更高的粒子数反转水平，所以可取得更小的噪声系数，常用的 1480nm 泵浦工作于二能级结构，980nm 泵浦工作于三能级结构，所以后者具有较低的噪声系数（通常低于前者 1dB）。另外，环境温度可以通过影响粒子数分布、截面积等因素，影响放大器的噪声特性，而且对 C 波段和 L 波段放大器的影响也不同，通常 L 波段放大器对温度的变化更为敏感，从 -10~80℃ 的变化将引起 2.7dB 增益的变化，而 C 波段放大器的增益变化仅有 0.7dB。

3）饱和输出功率。在 EDFA 泵浦功率一定且小信号输入时，放大器增益随入射信号功率的变化表现为开始恒定，但当信号功率增大到 -30dBm 左右时，增益开始随信号功率的增加而下降，如图 2-34 所示，这是入射信号导致 EDFA 出

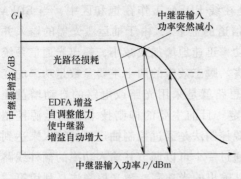

a) 正常情况下EDFA的输出功率因其增益饱和被压缩

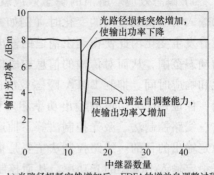

b) 光路径损耗突然增加后，EDFA的增益自调整过程

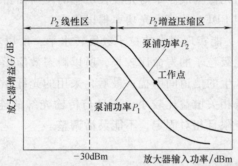

c) 由于放大器的增益自调整能力，允许泵浦功率降低，而不会显著影响系统性能

图 2-34　光纤放大器的增益自调整能力

现增益饱和的缘故。放大器的饱和输出功率定义为当放大器增益信号随信号输入功率增加而降低 3dB 时，对应的输出功率。因为放大器小信号增益随泵浦功率和 EDF 长度而变化，所以饱和输出功率也随着两者而变化，最大的输出功率由泵浦功率和泵浦效率所决定。EDFA 的饱和输出功率依放大器的设计不同而异，典型值为 1~10 mW。这种特性称为增益压缩，它可使海底光缆系统经久耐用。在使用过程中当光纤和无源器件损耗增加时，加到 EDFA 输入端口的信号功率减小，但由于 EDFA 的这种增益压缩特性，它的增益将自动扩大，从而又补偿了传输线路上的损耗增加；同样放大器输入功率增加时，由于增益压缩特性，其增益将自动降低，从而在系统寿命期限内可稳定光信号电平到设计值。增益补偿的物理过程较慢，约为毫秒量级，因此增益补偿不会使传输光脉冲形状畸变。

　　合理设计的光放大器可达到信号增益和噪声间的最佳折中，而维持系统的输出功率不变。但这种增益压缩特性对 WDM 系统不再适用。由于 980nm 泵浦效率比 1480nm 泵浦效率低，所以常用 1480nm 泵浦作为功率放大器的泵浦源，而且采用泵浦效率较高的后向泵浦方式。另外，为了获得较大的输出功率还可以采用两级或者多级泵浦。

4）瞬态效应。所谓的瞬态效应就是在线 EDFA 工作在饱和区中，当 EDFA 的输入功率出现较大的变化时（例如光信道的上下），由于抽运激光器的输入并没有发生变化因此使得剩余信道的输出功率迅速地增加或减小，超出光通信系统的动态范围，从而对传输的信息造成损害。瞬态效应的两个主要参数是功率的变化和响应时间。抑制 EDFA 瞬态效应的思路就是采用光路或电路的自动增益控制，保证每个光信道的输出功率相对稳定。目前主要的抑制技术有抽运源控制法、线路控制法、激光控制法等。抽运源控制法是通过控制抽运源的输入来达到稳定输出的目的。线路控制法主要是指通过一个可以调节其输入功率的额外线路来稳定输入 EDFA 的光功率，从而控制其输出的光功率。激光控制法是利用第一级 EDFA 及其一些外加元件构成一个对光波长敏感的反馈回路来控制 EDFA 输出光功率的大小，从而使 EDFA 的输出光功率得以稳定。

EDFA 泵浦效率高，能实现很高的粒子数反转水平，所以具有低噪声和大功率输出特性；而且上能级粒子的寿命比较长，所以瞬态效应影响不大，也不容易出现因为交叉饱和而产生的信道间串扰；最后，采用的光纤介质为高度对称的圆形波导结构，所以偏振相关增益比较小，而且与传输光纤的连接方便、损耗小。不足的是，增益带宽有限且相对固定，不能灵活调整。

3. 远泵光放大器

（1）远泵光放大器的分类

1）远泵光功率放大器。

远泵光放大器用于长跨距无中继海底光缆传输系统，延伸无中继传输距离。远泵光放大器的泵浦源与增益模块分别放置于终端站和光缆接头盒中，通过泵浦传输光纤进行连接，泵浦传输光纤的长度根据系统设计方案确定。根据应用可配置为远泵光功率放大器和远泵光前置放大器。远泵光功率放大器（RBA）在系统中的应用和工作原理如图 2-35 和图 2-36 所示。

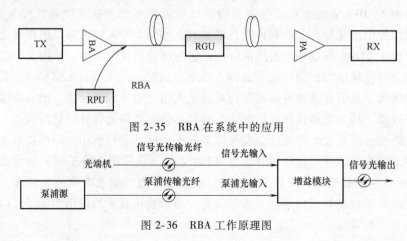

图 2-35　RBA 在系统中的应用

图 2-36　RBA 工作原理图

2）远泵光前置放大器。

远泵光前置放大器（RPA）原理与远泵光功率放大器 RBA 一样，只是位置是用在系统的接收端前，用作光前置放大。远泵光前置放大器在系统中的应用和工作原理如图 2-37 和图 2-38 所示。

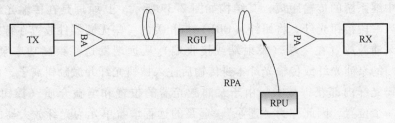

图 2-37 RPA 在系统中的应用

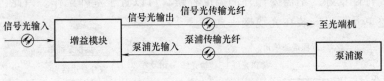

图 2-38 RPA 工作原理图

（2）远泵光放大技术原理

远泵光放大器是在单跨传输链路中引入一个远程泵浦的光放大器，将掺铒光纤与相关无源器件放置在接头盒内，在传输光纤特定位置外接入光泵浦源放置在终端。在传输光纤中的适当位置熔入一段掺铒光纤，在终端发送一高功率泵浦光，经由光纤传输至掺铒光纤，并激励铒离子。信号光在掺铒光纤内部获得放大，并显著提高传输光纤的输出光功率。远泵光放大器由远端泵浦源（RPU）和远端增益模块（RGU）两部分组成。RGU 的增益介质由一段掺铒光纤组成，为系统提供增益单元，实现光信号的放大。RGU 通过将远端 RPU 传来的泵浦光和信号光耦合进增益介质掺铒光纤，实现信号光的受激放大，从而实现信号的无源光中继。

远泵光放大器与常规光放大器的不同之处在于，泵浦激光器与增益介质放置于光纤链路的不同位置。在常规 EDFA 中，泵浦激光器与增益介质是放在同一站点，以光放大单板的方式对信号光实现放大。远泵光放大器的泵浦激光器与增益介质分别位于线路终端的 RPU 和线路中间的 RGU 内。随着 RGU 在系统中放置的位置不同，其泵浦功率及信号功率是不同的，相应地，RGU 的增益及噪声指数也随着其放置位置的变化而变化。因此，远泵光放大器是一个动态放大器。

远程泵浦光放大技术简称遥泵光放大技术，主要应用于超长跨距系统，用来提高系统功率预算，延长传输跨距。当线路的跨距将喇曼放大指标耗尽的时候，采用遥泵光放大可允许跨距上有更大程度的扩展。因此，在系统中将 ROPA 与 RA 结合起来使用，可最大限度地延长传输距离，提高系统功率预算。

遥泵放大技术是 EDFA 技术的一种特殊应用方式，就是在单跨传输链路中引入一个远程泵浦的光放大器，类似线路中的小增益线路放大器，可以比较有效地提高无中继系统的传输距离，其结构如图 2-39 所示。其原理是在传输光纤适当位置融入一段掺铒光纤，将铒纤（EDF）与相关的一些无源器件放置在特殊盒体内，光泵浦源放置在终端（发射端或接收端）从远端发送一束高功率泵浦光，经过专门的泵浦光纤或传输光纤本身传输后注入掺铒光纤并激励铒离子，使信号光在掺铒光纤内部获得放大。由于泵浦激光器的位置和增益介质（掺铒光纤）不在同一个位置，因此称为"遥泵"。遥泵的远程增益单元为光纤放大器的光学模块，这种模块为无源器件，体积小、安装方便和工作可靠，在−60 ~ 60℃的范围内温度特性良好，不需要额外的温度补偿，可以置于室外工作。因此，遥泵的远程增益单元可以安装在光缆接头盒中。

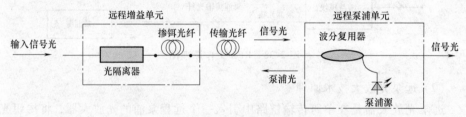

图 2-39　远泵光放大器在无中继系统中的应用

泵源放置在接收端的远泵光放大器被称为远泵光前置放大器，泵浦放置在发射端的则被称为远泵光功率放大器。依据泵浦光传输路径的不同又可分为同路（随路）泵浦和旁路泵浦，同路泵浦和旁路泵浦两种结构的差别在于泵浦光是否使用信号传输光纤传递泵浦能量，即信号光和泵浦光是否使用同一光纤传输。由于后向遥泵比前向遥泵可以提供更多增益，因此优先考虑采用后向遥泵，旁路遥泵需要额外提供一芯光纤传输泵浦源，随路遥泵利用信号光纤传输泵浦源，不需要额外的光纤芯。

EDFA 的泵浦波长有 980nm 和 1480nm，980nm 泵浦在普通单模光纤中的衰减为 1.15dB/km，而 1480nm 的光损耗仅为 0.24dB/km。由于泵浦功率在进入远程增益单元之前需传输较长距离。因此，遥泵放大器选用的是 1480nm 的泵浦源。该泵浦源既承担遥泵的能量供应，同时也承担拉曼放大器的能量供应。随着远程增益单元在系统中放置的位置不同，其泵浦源及光信号进入铒纤的功率是不同的。相应地，远程增益单元的增益及噪声指数也随着其放置位置的变化而变化。远程增益单元（RGU）与远程泵浦单元（RPU）有最佳的距离，满足此距离将得到最佳的 OSNR。对于随路后向遥泵，研究表明工程应用按照进入远程增益单元的泵浦光功率（为 9～10dBm）考虑即可。

4. 拉曼光放大器

光纤拉曼放大器（RFA）因为其在噪声、非线性和带宽方面优良的特性而备受关注。近年来随着泵浦技术的成熟，越来越多的长距离大容量 WDM 传输系统都选择它来增加系统的裕量，提高系统的传输距离和容量。RFA 的特性是由其独特的工作机理所决定的，下面对其作简要的介绍。

（1）光纤拉曼放大器的类型

光纤拉曼放大器有两种类型：分立式光纤拉曼放大器和分布式光纤拉曼放大器。

分立式光纤拉曼放大器。分立式拉曼放大器是指用一个集中的单元来提供增益。分立式光纤拉曼放大器的光纤增益介质比较短，大多在 10km 以内。它主要像 EDFA 一样对光信号进行集中放大，主要是用于 EDFA 无法放大的波段。分立式光纤拉曼放大器不但能放大 EDFA 的 C 波段，而且能在较短的 S 波段和较长的 L 波段工作。但要求泵浦光功率很高，一般在几瓦到几十瓦，且泵浦功率都被限制在一个由隔离器作为边界的集中单元中，其增益可达到 40dB 以上，像 EDFA 一样用来对信号光进行集中放大，一般采用高掺锗、低损耗、小有效面积的光纤作为增益介质。但是在波分复用系统中，随着系统传输容量的提高和复用波长数目越来越大，光纤中光功率过高，结果非线性越来越强，从而容易产生信道串扰使信号失真。色散补偿光纤（DCF）是高质量分立式拉曼放大器的最佳选择，在进行系统色散补偿的同时对信号进行高增益、低噪声的放大，而互不影响。由于分立式光纤拉曼放大器（RFA）的增益和 EDFA 相比有一定的差距，并且需要较长的光纤（几千米左右），因此主要用于放大一些 EDFA 不能放大的特殊波长，如 1300nm 窗口。研究证明，色散补偿型光纤是得到高质量分立式 RFA 的最佳选择。这预示我们可以在进行系统色散补偿的同时对信号进行高增益、低噪声的放大，而且互相不影响。目前新动向是利用色散补偿光纤（DCF）本身拉曼增益较高的特点，在原有 DCF 光纤的基础上加以改进。在保持色散补偿特性的同时进一步提高其拉曼增益系数。其装置如图 2-40 所示。

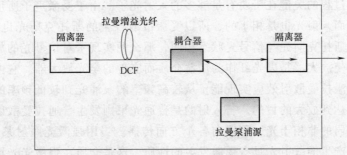

图 2-40　兼顾色散补偿和信号放大的分立式 RFA

分布式光纤拉曼放大器。由于分立式光纤拉曼放大器泵浦光功率过高,非线性效应很强,信道串扰严重,所以需设法降低光纤的光功率,控制光纤非线性效应。分布式光纤拉曼放大器能解决该问题。分布式拉曼放大器是一种可以对传输光纤进行泵浦放大的光放大器。分布式拉曼放大器所用的光纤比较长,一般在100km左右,泵浦源功率可降低到几百毫瓦,主要辅助 EDFA 用于 WDM 通信系统性能的提高,抑制非线性效应,提高信噪比。分布式光纤拉曼放大器可分为前向泵浦和后向泵浦,由于后向泵浦可减少泵浦光和信号光相互作用长度,从而减少泵浦光对信号光的影响,而且还可避免拉曼放大器引起的光纤非线性效应。所以分布式光纤拉曼放大器通常采用后向泵浦。分布式光纤拉曼放大器随着通信系统容量的增大而迅速发展。在 WDM 系统中,传输容量,尤其复用波长数目的增加,使光纤中传输的光功率越来越大,引起的非线性效应也越来越强,容易产生信道间串扰,使信号失真。采用分布式光纤拉曼放大辅助传输可大大降低信号的入射功率,同时保持适当的光信噪比(OSNR)。另外,用它可以制成无损光器件如无损色散补偿光纤,还可以制成 EDFA 的动态均衡器件,用于弥补由于光纤老化损耗上升而造成的增益不均衡。

RFA 泵浦波长和泵浦功率的优化主要有两种方法:一是凭借经验,通过模拟计算的结果手动调节泵浦波长和功率,这种方法比较耗费时间;二是通过利用各种优化算法进行仿真验证,设计出一种有效的实用算法来寻找最好的泵浦配置,以达到增益谱平坦的目的。

(2)光纤拉曼放大器原理

RFA 利用受激拉曼散射(SRS)原理进行光放大,SRS 是电磁场与介质相互作用的结果。介质中的分子和原子在其平衡位置附近振动,将量子化的分子振动称为声子。自发拉曼散射是入射光子与热声子想碰撞的结果,而受激拉曼散射是入射光子与受激声子碰撞的结果。受激声子是在自发拉曼散射过程中产生的,当入射光子与这个新添的受激声子再次发生碰撞时,则在产生一个斯托克斯光子的同时有增添一个受激声子,如此继续下去,便形成一个受激声子的雪崩过程。产生受激声子过程的关键在于要有足够多的入射光子。由于受激声子所形成的声波是相干的,而入射光也是相干的,所以受激散射产生的斯托克斯光也是相干的。如果产生的斯托克斯光与信号光状态相同,那么便实现了对信号光的放大。

光纤拉曼放大器是以光纤作为增益介质而实现的全光放大器。它主要是利用光纤中的受激拉曼散射效应实现能量从较高频率的泵浦光到较低频率的信号光的转换,从而达到放大的目的。若入射的是普通光束则发生普通拉曼散射,这时散射光都是很弱的非相干光,可以向各个方向传播。当用强激光照射某些介质时,由拉曼效应产生的散射光具有受激发射的性质,这是介质在强激光光场作用下产生的一种三阶非线性效应。RFA 利用这种非线性作用,借助光学声子作为吸收能量的载体来完成振动态之间的跃迁，实现泵浦功率的转移，并不需要能级间粒子数的反转。光纤拉曼放大器中的能级分布和跃迁示意图如图 2-41 所示。由于石英光纤中光学声子的波矢的大小和方向可以在很宽范围内变化，因此对于任意相对方向的泵浦波和斯托克斯波，拉曼散射中的动量和能量守恒都容易满足，因此光纤中拉曼散射可以发生在前向或者反向。

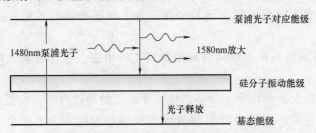

图 2-41　光纤拉曼放大器中的能级分布和跃迁示意图

（3）光纤拉曼放大器基本结构

光纤拉曼放大器的典型结构如图 2-42 所示。由图可以看出其结构与 EDFA 基本相同，由泵浦源、增益光纤、无源器件等构成。

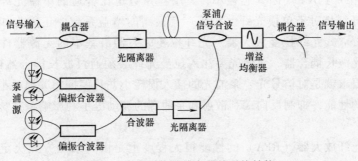

图 2-42　光纤拉曼放大器的系统结构

光纤拉曼放大器的泵浦源。目前可实用的拉曼泵浦源主要有两种：一种是复用半导体泵浦激光器，即用 WDM 合波器将几个较低功率的半导体激光器耦合起来以获得较高功率的输出；另一种是级联式拉曼光纤激光器，利用已有的但波长较短的泵浦源通过类似谐振腔的结构产生具有合适波长的高阶斯托克斯波作为泵浦输出。图 2-42 中的泵浦源是用 LED 作为泵浦源，因而需要偏振合波。因为最后放大的光谱可能不够平坦，这里需要加入增益均衡滤波器来均衡增益谱。光纤拉曼放大器在实用中的关键是获得合适波长的高功率泵浦源，事实上在过去正是这种原因限制了拉曼放大器的实用化。可实用的拉曼放大器对泵浦源的要求非常严格：

1）要求泵浦源有较大的输出功率，一般应在 200mW 上，以获得足够的增益。

2）要有合适的输出波长，由于对应拉曼增益峰值的泵浦光与信号光频移约为 100nm，因此泵浦光纤中的几个低损耗窗口应有合适的输出波长以获得最大增益。另外，应保证输出波长的稳定，以保持增益的稳定。

3）要保证有足够的使用寿命，连续工作时间长。

4）要抑制拉曼增益的偏振依赖现象，由于拉曼增益对偏振敏感，泵浦光与信号光的偏振态不同会导致不同的增益，为了保证增益的平坦，应该使泵浦光消偏。

5）要保证输出功率可以高效地耦合到光纤中去，在这方面光纤激光器就有明显的优势。

拉曼光纤放大器的拉曼光纤是产生拉曼放大的增益介质，拉曼增益系数决定于光纤本身的性质，当然也随泵浦波长成比例的变化。为了提高 RFA 的效率，充分利用有限的泵浦功率，在拉曼放大器中，尤其是在分立式光纤拉曼放大器和拉曼激光器中需要使用特种光纤。在泵浦功率一定的情况下，减小放大器光纤的损耗和有效面积，提高拉曼增益参数，有助于提高拉曼光纤放大器的增益。掺杂也是常用的方法。如在石英光纤中掺入不同浓度的 Ge，可以将增益提高几倍。色散补偿光纤（DCF）因其芯径小，其增益系数也比普通的单模光纤高 7 倍左右。DCF 光纤相对于单模光纤（SMF）有很高的增益系数，正因为如此，常用它来作为分立式光纤拉曼放大器。光纤拉曼放大器最基本的无源器件就是泵浦光、信号光波长耦合器，泵浦光要注入拉曼光纤必须通过波长耦合器耦合注入，最基本的要求就是对信号光、泵浦光的插入损耗小并且偏振相关损耗小。为了提高放大器的性能，抑制反向瑞利散射和泵浦源的波动等不利影响，系统中还需要加隔离器。

拉曼光纤放大器（RFA）的性能很大程度上是由其泵浦方式决定的，因而泵浦方式也是研究的热点之一。根据受激拉曼散射（SRS）的特性，RFA 可采用前向、反向及双向泵浦等。其中泵浦光与信号光同方向传输称为前向泵浦，反之称为反向泵浦，两个方向同时泵浦则称为双向泵浦。采用分布式拉曼光放大器技术的传输系统典型结构如图 2-43 所示，在系统中接入拉曼泵浦，信号将会沿光纤实现分布式拉曼放大，这种分布式拉曼放大器能改进系统的信噪比，有利于提高码速、延长中继距离。前向泵浦在信号光输入端就对信号进行放大，这使得信号的功率始终保持在较高的水平，因此具有更好的噪声性能。但是这种泵浦方式容易将泵浦光的强度和偏振不稳定性引入信号光中，而且信号功率的增大意味着更为严重的非线性效应。反向泵浦的 RFA 中，信号光与泵浦光分立于传输光纤的两端，泵浦光的抖动被光纤长度平均化，信号光所受的影响相对于前向泵浦要小得多。因此反向泵浦技术相对成熟，而前向泵浦只能应用在光纤色散较大或者泵浦相对强度噪声较低的情况下。双向泵浦方式可以综合前、反向泵浦的优点。

通过双向泵浦可以很好地控制增益沿光纤的分布，取得噪声和非线性失真间的最佳平衡。而且双向泵浦下可以将长、短波长泵浦波分开，分别作为反向和前向的泵浦源。这样可以有效地减少泵浦波间的功率耦合，提高短波长信道的增益，保证长、短波长信道一致的传输性能。

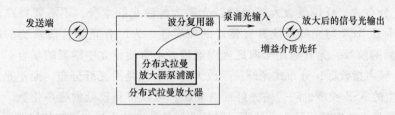

a) 正向泵浦方式用于发射端

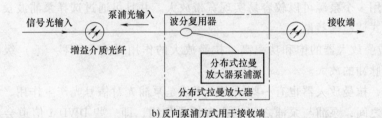

b) 反向泵浦方式用于接收端

图 2-43　设备在无中继光纤系统中的应用

　　早期 RFA 的设计以前向泵浦为主，但是后来发现，由于拉曼放大过程具有瞬态特性，导致前向泵浦 RFA 的泵浦噪声对 WDM 信道产生较严重的影响，而且当前向泵浦 RFA 的泵浦波有轻微的功率波动时，个别数据位的放大将出现异常，使得放大过程中由前向泵浦带来的信号光和泵浦光的串扰较大，相对噪声强度（对 N）性能较差。所以后来的拉曼放大器基本上采用反向泵浦方式。与前向泵浦 RFA 比较起来，反向泵浦具有如下优势：一方面，反向泵浦 RFA 的泵浦光和信号光的传输方向相反，泵浦源噪声会因此被平均，所以后向泵浦光纤拉曼放大器的 RIN 比较低；另一方面，后向泵浦 RFA 的偏振依赖性也较小，增益谱比较平坦；再一方面，后向泵浦 RFA 可抑制泵浦源诱发的高频偏振和强度噪声，带来相对比较稳定的系统。反向泵浦 RFA 也存在缺点，它的增益受限于双向瑞利散射，而且当增益较大时，在出纤处信号光功率较大，非线性效应严重，另外其跨度损耗也很大。所以使用后向泵浦也不尽如人意。如果要完全补偿跨度损耗，同时保持合理的光信噪比，可行的方法有两种：一种是光纤拉曼放大器和掺铒光纤放大器级联组成的 EDFA+RFA 混合放大器；一种是采用双向泵浦光纤拉曼放大器。

　　（4）光纤拉曼放大器的特点

通过对光纤拉曼放大器原理和结构的分析，不难得到 RFA 的优点如下：

1）其增益波长由泵浦光波长决定，只要有合适波长的泵浦源，理论上可以对任意波长的信号进行放大。因此光纤拉曼放大器可以放大 EDFA 所不能放大的波段，而且使用多个泵浦源还可得到比 EDFA 宽得多的增益带宽。

2）分布式光纤拉曼放大器的增益介质为传输光纤本身，不需要特殊的放大介质。而且 RFA 与光纤系统具有良好的兼容性，为已有光纤通信系统的改造提供了广阔的前景，尤其适用于海底光缆通信等不方便设立中继器的场合。

3）噪声指数低，分布式光纤拉曼放大器的放大是沿光纤分布，而不是集中作用，产生的 ASE 噪声也随传输光纤而被衰减，可以得到较低的噪声指数。光纤中各处的信号光功率都比较小，从而可降低非线性效应的干扰，增加传输跨距。

4）拉曼增益谱比较宽，在普通光纤上单波长可实现约 40nm 范围内的有效增益，采用多个泵源可以较容易实现宽带放大。并且可通过选择泵浦波长和强度等多种方式调整增益谱。

5）拉曼放大器的饱和功率高，拉曼放大的作用时间为飞秒（fs）级，可实现对超短脉冲的放大。

但是，拉曼放大器也有一些缺点：不仅是泵浦光对信号光产生作用，信号光与信号光之间，泵浦与泵浦之间也会有拉曼作用，即一些 DWDM 信道会对其他信道产生放大作用，这会导致信道之间的能量交换，引起串扰。而且，如果分布式光纤拉曼放大器增益较高，将会产生不可忽略的双瑞利散射噪声（DoubleRayleigh Scattering，DRS），从而降低信噪比。

总结拉曼放大器的特点是：优点：增益带宽宽，增益范围灵活可调整，噪声性能好，可作为分布式放大或分立式放大；缺点：泵浦效率低，增益具有偏振相关性，相应时间快，容易引起各种噪声。

（5）光纤拉曼放大器的增益

泵浦光 ω_p 和信号光 ω_s 的频率差 $\Omega_R = \omega_p - \omega_s$ 称为斯托克斯（Stokes）频差，当 $\Omega_R = \omega_p - \omega_s = 13.2\text{THz}$ 时，信号光获得的增益最大。就石英玻璃光纤而言，1450nm 泵浦光波长与待放大信号光波长之间的频率差大约为 13THz，在 1550nm 波段，相当于约 110 nm 的波长差，即有 110nm 的增益带宽。硅光纤的拉曼增益系数主要取决于有效芯径面积，同时也与光纤的化学成分有关，掺锗光纤，如非零色散移位光纤（NZDSF）或色散移位光纤（DSF）比纯硅芯光纤（PSCF）具有较高的拉曼增益系数。较小有效面积的光纤与具有较大有效面积的光纤相比，具有较大的拉曼增益系数，如图 2-44 所示。

分布式光纤拉曼放大器（DRA）的增益频谱只由泵浦波长决定，与掺杂物的能级电平无关，所以只要泵浦波长适当，就可以在任意波长获得信号光的增益。正是由于 DRA 在光纤全波段放大的这一特性，以及可利用传输光纤作增益

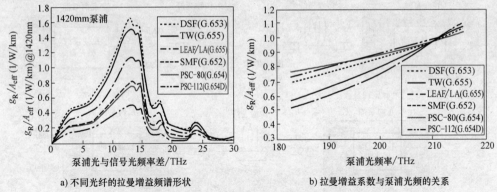

a) 不同光纤的拉曼增益频谱形状　　　　b) 拉曼增益系数与泵浦光频的关系

图 2-44　不同种类光纤的拉曼增益频谱形状

介质在线放大实现光路的无损耗传输的优点。如果用色散补偿光纤作放大介质构成拉曼放大器，那么光传输路径的色散补偿和损耗补偿可以同时实现。光纤拉曼放大器已成功地应用于 DWDM 系统和无中继海底光缆系统中。

分布式光纤拉曼放大器增益为开关增益 $G_{\mathrm{on-off}}$，定义拉曼开关增益为

$$G_{\mathrm{on-off}} = 10\lg \frac{P_{\mathrm{on}}}{P_{\mathrm{off}}} \tag{2-1}$$

式中，P_{on} 和 P_{off} 分别是拉曼泵浦光源接通和断开时，在增益测量点（GMP）测量到的信号光功率，如图 2-45 所示。

图 2-45 给出了 3 种不同泵浦方式的分布式拉曼放大器，信号光功率沿传输光纤的分布。由图中可见，信号功率在传输光纤的输出端都增加了，但在输入端却都没有变化。知道从光纤输出端发出的信号功率和噪声电平有多大，要比知道它们沿光纤如何精确分布重要得多。因此，通常在光纤输出端使用离散放大器等效模型评估系统性能，如图 2-45c 所示。该虚拟放大器产生与分布式拉曼放大器相等的有效增益和 ASE 输出功率。因为在分布式放大器光纤内，产生的 ASE 因光纤损耗减少了，所以 ASE 输出功率要比实际的小。

有效噪声指数（F_{eff}）等效于在光纤末端插入一个离散光放大器的噪声指数，该放大器产生与分布式光放大器相等的有效增益和 ASE 输出功率。在混合使用分布式拉曼放大器和常规 EDFA 情况下，也包括该 EDFA 增益和 ASE 噪声（ITU-T G.665 4.5.3），按照 IEC 61291-1 规范，称为等效总噪声指数。当泵浦激光器注入传输光纤的功率中断时，可定义等效输入参考点 R_{equ} 的等效输入参数。于是，可测量等效输入功率和输入 OSNR。当接通泵浦光源时，在等效输出参考点 S_{equ} 也可以测量等效输出功率和等效输出 OSNR。按照 IEC 61290 的规定，接通/断开泵浦源，测量离散光放大器在测量点的等效输出光功率，用式（2-1）可计算开关增益 $G_{\mathrm{on-off}}$；使用离散光放大器输入/输出 OSNR，以便简化系统性能

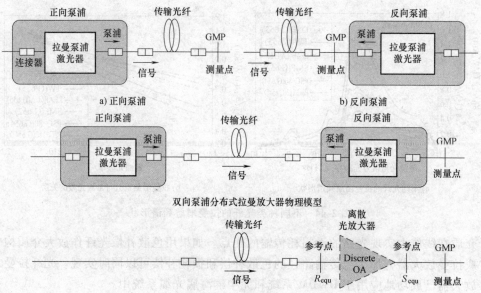

a) 正向泵浦

b) 反向泵浦

双向泵浦分布式拉曼放大器物理模型

双向泵浦分布式拉曼放大器等效模型

c) 双向泵浦物理模型和等效模型

图 2-45　光纤分布式拉曼放大器开关增益测量

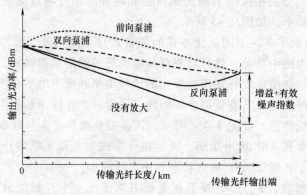

图 2-46　分布式拉曼放大器泵浦方式不同沿传输光纤的信号功率分布也不同

评估。而 OSNR 是从测量系统 BER 得到的。

　　净增益 G_{net} 也是开关增益，它是在混合使用分布式拉曼放大和 EDFA 时，拉曼开关增益 G_{on-off} 和 EDFA 增益 G_{EDFA} 之和与光纤线路放大器输入和输出参考点间的损耗 L_{fiber} 之差，即

$$G_{net} = (G_{on-off} + G_{EDFA}) - L_{fiber} \qquad (2-2)$$

信道净增益是 WDM 系统给定波长信道的净增益。

　　（6）光纤拉曼放大器的噪声特性

光纤拉曼放大器中主要有放大的自发辐射噪声（ASE）、热噪声、串话噪声、瑞利散射噪声以及泵浦到信号的非线性噪声等。其产生机制各不相同。

1）ASE 噪声。ASE 噪声是由于自发拉曼散射经泵浦光的放大而产生的覆盖整个拉曼增益谱的背景噪声。泵浦光功率越大，ASE 噪声越大。接收端的光滤波器带宽越窄，ASE 噪声功率越小。一般分立式 RFA 的 ASE 噪声特性小于 4.5dB，优于 EDFA（典型值 5dB）。

2）热噪声。当要放大的信号光波长与泵浦光波长比较接近时，由于环境温度的升高，光纤里会产生很多热感应光子，它们同样能经历拉曼放大，因而对波长接近泵浦光的信号光产生额外的噪声。当泵浦和信号间隔很远时热噪声很小，两者相距很近时，热噪声将大大增加。总体面言，对于宽带拉曼光纤放大器来说，在室温下很难获得 3dB 的量子极限噪声，通常在短波长情形下，由于泵浦光和信号光波长比较接近会使自发辐射增大并导致约 5dB 的噪声系数。

3）串话噪声。串话噪声分为两种：一种是由于泵浦光源的波动而造成的泵浦信号间串话；另一种是由于泵浦源同时对多个信道放大而导致的泵浦介入信号间串话。信号功率越大、泵浦功率越大、泵浦光到信号光的转换效率越高，串话越严重。当采用反向泵浦时，由于泵浦功率的平均作用，串话性能明显优于前向泵浦的情况。因此在用拉曼放大器放大 DWDM 系统时，应尽量采用反向泵浦，且泵浦功率不能过高。

4）瑞利散射噪声。瑞利散射噪声是由于瑞利反向散射引起的，分为单瑞利散射和双瑞利散射，单瑞利散射的影响主要表现为 ASE 噪声，双瑞利散射则主要表现为多路串话干扰。瑞利散射噪声与放大器增益和传输线长度有关，放大器增益越高，传输线越长，瑞利散射噪声越大。可以采用多个放大器级联的方式，避免单个放大器增益过大，传输距离过长，因而能有效地抑制瑞利散射噪声，因此使用 RFA 作为线路放大器时常采用多段放大并加隔离器隔离的方法抑制瑞利噪声的影响。因为瑞利散射不改变入射光频率，所以双瑞利散射信号与信号是同一个频段，也就无法测量。

5）泵浦到信号的非线性噪声。泵浦到信号的非线性噪声主要是泵浦与信号之间的四波混频（FWM）作用。当泵浦带与信号带分别位于光纤零色散点的两侧时，可以产生很强的 FWM 效应，而落在信号带内的 FWM 分量将成为噪声，严重恶化信号的 OSNR。显然，这种非线性影响可以通过合理设置光纤的零色散点位置来有效的抑制。

5. 对放大器的要求和性能优化措施

（1）对放大器的要求

海底光缆数字传输系统对光放大器有特殊的要求，可以归结为低噪声、高增益和大输出功率、平坦宽带增益特性、动态特性、偏振相关增益特性和功耗体积

特性等。

1）低噪声特性。

放大器在提升信号功率的同时也附加了自发辐射噪声，而且自发辐射噪声在经历光增益区时会得到放大，形成放大的自发辐射噪声（ASE），导致光信噪比的降低。在海底传输系统中，多级放大器中的 ASE 噪声积累非常严重，从而限制了总的传输距离。为了实现长距离传输，必须尽量减小放大器的 ASE 噪声。

2）高增益和大输出功率。

高增益和大输出功率是光放大器的另一个关键指标。高增益特性允许较低的输入信号功率，有利于小信号功率接收，大的输出功率可以使信号传得更远，并能够在大功率条件下进行各种信号处理。通常用小信号增益与饱和输出功率来度量放大器的增益和输出功率特性。

小信号增益指小信号功率条件下对应的放大器增益，小信号功率的界定范围以放大器增益基本不随信号功率变化而变化，通常为小于-20dBm。放大器的小信号增益与放大器介质、工作机理和泵浦等条件有关，EDFA 的小信号增益可以达到 40dB 以上。

饱和输出功率定义为当放大器增益随输入信号功率增加而降低信号增益的一半时对应的输出功率。饱和输出功率与放大器介质、工作机理和泵浦条件等因素有关，通信用 EDFA 的饱和输出功率通常可达到$+20\text{dBm}$以上。大的饱和输出功率不仅能够得到大的信号输出，而且还能减小放大器工作在深饱和状态下带来的瞬态和信道串扰等问题。

3）宽带平坦增益特性。

WDM 传输系统扩容的一种方式是通过扩展带宽增加信道数量来实现，这要求放大器有足够的带宽，而且平坦增益特性才能保证各个信道功率等特性参数的一致，否则增益较大的信道输出功率大，在后级放大器中将获得更大的功率，这种"强者更强"的积累结果会使小增益信道由于信噪比恶化而不能正常接收，而大增益信道的功率过于大而引起非线性损伤。由于在海底光缆传输中需要经过几十个放大器，这种增益的平坦性显得更为重要。

4）减低瞬态特性

当放大器处于饱和状态（大信号输入条件）时，放大器具有均匀展宽特性，由于信号调制、故障、网络重构或者上下话路等原因导致放大器的信道数量或者输入总功率发生变化，当这种变化速率落入放大器的相应范围之内，则输出功率将随之发生变化，这种现象称为放大器的瞬态效应。瞬态效应实质上是放大器随输入变化进行能量再分配的过程，其产生的影响如下：

① 当输入信道数量减小时，则剩余信道的功率将增加，如果此功率足够大，将引起光纤的非线性损伤甚至烧毁器件；当输入信道数量增加时，则信道的功率

将减小，当功率小到低于接收机的灵敏度时将导致接收误码。

② 放大器从输入变化前的稳定状态过渡到变化后的稳定状态需要一个过程，在这个过程中信号平均功率在变化，如果接收机的调整跟不上此变化，将影响正常接收。

③ 当放大器对输入信号的变化响应时间与信号变化的时间可以相比拟时，使得不同时刻的信号经历大小不同的增益而造成信号畸变。另外，在多信道放大时，各信道信号还通过此效应影响其他信道，引起信道间的串扰。放大器的瞬态特性在级联放大器链路中表现得更为明显，瞬态响应时间反比于链路中级联的放大器数量，所以对于级联几十个放大器的超长距离传输系统其影响更为严重。

④ 偏振相关增益。偏振相关增益（PDG）是指放大器的增益与输入信号的偏振状态有关，PDG 把输入信号偏振态的随机变化转化成为信号功率的随机变化起伏，增加了强度噪声。由于 EDFA 采用了几何对称的光纤介质，且光纤较短，所以 PDG 较小。

⑤ 功耗体积。放大器的功耗和体积是网络建设时比较关心的指标，特别是在海底光缆传输系统中，系统可支配的功率有限，节点的成本比重较大，此时功耗和体积重要性更为突出。决定功耗大小的因素主要有输出功率需求和泵浦功率大小决定，而体积大小除了与功耗有关外，还与放大器的工作机理、放大介质和结构功能有关。

（2）性能优化措施

1）增益均衡滤波器。

通常，C 波段 EDFA 的 3dB 增益带宽只有 10nm 左右，L 波段也只有 20nm 左右，这无法满足容量传输的需要，为了避免增益竞争导致系统故障必须扩展平坦的增益带宽。这需要采用增益均衡技术，即用各种光谱特性互补的光滤波器来平坦放大器增益，如体型光滤波器、长周期和短周期光纤光栅，其他滤波方式还有如挤压、包层镀膜、AOTF 等。利用增益均衡滤波器可以将 EDFA 的增益带宽扩展到 40nm 以上。

固定式的增益均衡滤波器存在增益带宽缺乏灵活性的缺点。因为最佳的增益必须在某个特定的平均粒子反射水平下取得，此时放大器的增益与滤波器的传递特性恰好是互补的。但现实中由于各种原因（如链路配置变化等），需要 EDFA 提供可变的增益，例如在整个系统寿命期间，光缆损耗增加，光纤一旦偏离原定的增益，滤波器传递特性便不能有效地补偿放大器增益，导致总输出增益的不平坦。这需要动态增益均衡来解决，以实现均衡滤波器特性随放大器增益变化而动态地改变，保持总的输出增益平坦。动态增益均衡滤波器常采用晶体、光纤、液晶、MEMS、具有加热器的抽头延迟线 MZ 干涉仪、AOTF 等来实现。

2）泵浦考虑。

泵浦配置对放大器的增益、输出功率和噪声特性有较大的影响。由于980nm和1480nm泵浦没有强的激发态吸收，而且泵浦效率较高，所以是最常用的泵浦波长。980nm泵浦工作是三能级工作方式，有较高的粒子反转水平，所以噪声特性好，可以产生接近3dB极限的噪声系数。1480nm泵浦是二能级工作方式，粒子反转水平低，所以噪声特性较差，但泵浦效率高，能产生较大的功率输出。另外，1480nm处的吸收频带比较宽，可以采用大功率的F-P腔激光器，而且还能把波长不同的泵浦复用起来以增加泵浦功率，所以最佳的泵浦方案是采用980nm同向泵浦，1480nm反向泵浦的双向泵浦方案，这样放大器具有较小的噪声系数和足够的输出功率。

当光纤链路中存在DCF、GEF、OADM等有插损的器件时，一级EDFA结构因为输出功率小而无法完全补偿功率损耗，此时需要采用两级EDFA结构。在两级EDFA结构中，第一级多采用980nm泵浦，第二级采用1480nm双向泵浦，各级放大器还分别加增益均衡滤波器以保持输出增益的平坦。

3）瞬态效应的解决。

在长距离传输系统中，级联放大器链的瞬态效应比较严重，当链路中发生上下信道、网络动态重构或者保护恢复等操作，将导致通过放大器的信道数量和功率发生变化，从而引起放大器的瞬态效应。为了解决该问题，需要采用相应的抑制措施，如泵浦功率控制、激射光控制和链路控制等。

① 泵浦功率控制。监测放大器输入输出功率变化，通过改变泵浦功率，来保持信号输出功率不变，其相应速度可以达到微秒数量级，但是这种方法需要在每一级放大器中加装监控装置。

② 激光控制。该方法是在信道带外的某个波长处建立环反馈形成激光，此时放大器增益与环路的损耗相等，所以能保持不变。这种方法简单有效，但是浪费了一部分放大器带宽并降低了放大器增益。另外，这种方法的控制速率主要由激光器的张弛振荡频率决定。

③ 链路控制。该方法是在链路的输入端加一个功率可控的控制信道，通过调整控制光的大小来保持注入放大器链路的信号总功率不变，从而抑制放大器的瞬态效应，这种方法的响应时间可达几微秒。

2.2.1.3　远供电源设备

远供电源设备是制约传输距离和每光缆纤芯对数的另一个主要原因。远供电源设备（PFE）安装在传输终端站，通过海底光缆的铜导体向沉入海底的设备［如海底中继器、有源均衡器、水下分支单元（BU）等］供电。远供电源设备采用一线一地恒流供电方式，各登陆站设备具有自动控制并协调工作的特性。远供电源设备不仅要向海里的设备提供电源，并在端站完成陆缆和海缆的终结，还提供地连接以及显示供电系统的电子监控状态。远供电源设备配置的供电转换模块的容量估算应考虑海底光缆和陆地电缆的电压降、光中继器的电压降、维护海底光缆的电压降预留值以及地电位差等。给海底设备供电，既可以单独由终端站 A 供电，此时 B 作为备份，反之亦然，也可以由两个终端站同时供电，提供高压恒流直流电源，如图 2-47 所示。终端站 C 的供电由它自己提供，但要在 BU 处供电线路另一端接海床，以便形成供电回路。当终端站 A 和终端站 B 间海缆发生故障维修时，在 BU 内应能重构供电线路，由终端站 C 向 AC 干线或 BC 干线中的设备供电，如图 2-47 所示。其供电切换方式为

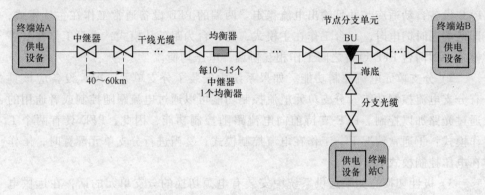

图 2-47 远供电源设备在有中继海缆系统中的应用

1）对于点到点海缆系统的双端供电远供电源系统，在一端远供电源设备出现故障时，另一端远供电源设备能自动对整个系统供电；在海底光缆发生接地故障情况下，远供电源设备可自动调整输出工作电压，实现新的供电平衡；远供电源设备的供电转换模块应采用 1+1 的冗余配置。

2）对于分支型海底光缆系统的远供电源系统，在正常工作情况下，其中两个登陆站之间应双端供电，第三个登陆站到海底分支器应单端供电；在连接海底分支器的一个分支发生故障的情况下，海底分支器可实现供电倒换，实现另外两个分支之间双端供电或分别对海底分支器单端供电；远供电源设备的供电转换模块应 1+1 冗余配置。

1. PFE 的功能和特性

远供电源设备（PFE）具有高压防护指示标志；远供电源设备机柜门或光电缆终端箱未闭锁时，一般不得启动供电；当远供电源设备机柜门或光电缆终端箱打开时，一般应紧急关机。PFE 设备的尺寸要利于安装在终端机房中，PFE 设备应具有高效率、高可靠性以满足系统长时间的工作。同时，PFE 设备应能通过人机交互界面提供海底网络的长期运行状态、瞬间启动状态、告警信息，并可以通过界面控制设备的运行以及进行设备的监测和管理。电源的启动和关闭必须按照严格的顺序进行，并且要求终端电源设备之间的高度协调。在每个网络终端

站，计算机管理系统作为中间的协调设备，控制设备的运行过程、监视状态、配置电源启动时所有系统工作的顺序。

PFE 设备要求具有如下的一些基本功能以保证远供系统安全可靠地工作，包括：电流输出稳定、分支单元（Branching Unit, BU）电流控制功能、极性切换、过电压保护、缓启动和缓关闭、关断功能、放电功能、电流信号调制等功能。

1）电流输出稳定。远供电源设备采用两端同时向海底系统供电，要求两端 PFE 设备自动适应，并且输出电流稳定。两端的 PFE 设备通常工作在主从模式，即两端同时馈电时，一台工作在主模式，另一台为跟随从模式，也可工作在对等模式，即两台 PFE 设备之间工作相互协调，电压均衡。

2）分支单元电流控制功能。如果系统中安装了分支单元，PFE 设备应该具有分支电流控制功能。分支单元电流控制功能可以通过电流跟随控制或者通用的通过光路加以控制。PFE 支持前向电流跟随控制功能，因此，PFE 具有两个工作模式：①通常情况下，工作在电流控制模式；②当进行分支单元配置时，工作在电压控制模式。

3）极性切换。如果远供系统中安装有电源切换的分支单元的话，在远供电源路径配置过程中，PFE 设备给海缆系统配电时要求进行极性切换，即正极和负极可以切换。

4）过电压保护功能。为了避免 PFE 输出电压超过系统允许的最大工作电压，通常 PFE 设备要求具有过电压保护功能。

5）缓启动和缓关闭。为了避免海缆线路中出现大的浪涌电流，PFE 设备一般具有输出电压缓慢上升和缓慢下降的功能。

6）关断功能。PFE 设备的关断功能包括自动关断功能和紧急关断功能。PFE 设备通常输出在高压状态，其输出电压具有人身伤害的隐患，因此 PFE 设备一般具有自动关闭的功能。如果操作人员不慎靠近高压输出终端，PFE 设备的自动关闭功能启动并关闭设备输出，此时电源转换电路将停止工作。除此之外，PFE 设备具有紧急关闭按钮，当突发事件产生或者其他潜在危险来临时，可通过紧急关闭按钮立即关闭所有输出。

7）放电功能。海缆和 PFE 设备的线路上通常具有等效电容，PFE 设备一般提供了电容放电功能。电容放电一般通过电阻电路实现，目的是使 PFE 设备的输出电压降低到零，以保证操作人员的人身安全。

8）电流信号调制功能。此功能是为了便于海缆船定位和敷设海缆，以及出现海缆短路故障后进行海缆的精确定位。电流信号调制功能是指端站的远供电源设备在输出正常电流的基础上，调制叠加一个低频电流信号（4~50Hz）。海缆船上装配有电磁场探测器，通过探测海缆上的低频调制信号，可以定位海缆的精确故障位置。

2. PFE 设备的结构原理

典型的供电设备（PFE）由电源调整单元、控制单元、负载转换单元、接地切换单元和测试负载单元等组成，如图 2-48 所示。

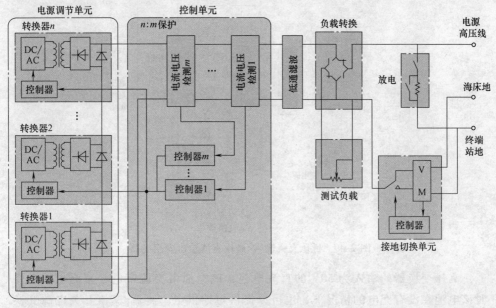

图 2-48　供电设备组成

电源调整单元，由多个整流转换器串联组成，产生所要求的恒流高压，转换器采用 $n : 1$ 保护。

控制单元，连续检测产生的电流和电压，发送控制信号到每个转换器，以便保持恒定的电压和电流。当进行分支单元控制时，该控制单元也可以将电流控制模式切换成电压控制模式。

负载转换单元，在海底光缆线路和测试负载单元之间进行 PFE 输出切换。

接地切换单元，切换系统地连接，如果海床地接触不良，可从海床地切换到终端站地。

测试负载单元，为 PFE 测试提供模拟负载。

3. PFE 设备高压恒流的产生

PFE 设备输入一般为交流市电或者蓄电池的直流供电。供电设备必须根据用户需求定制，该设备通常是模块化结构设计，采用高效率的开关电源技术实现。高压电源发生器使用功率金属-氧化物半导体场效应晶体管（MOSFET），其转换效率通常大于 85%，工作频率为变频（例如 20kHz），可在恒压和恒流模式之间无缝切换。首先交流市电进入专用滤波器，以消除纹波和干扰噪声，然后供

给多路完全相同的 AC/CC（交流市电转恒流电流）转换模块，实现恒流输出。多组高压模块串联后，可以实现高压输出，如图 2-49 所示。

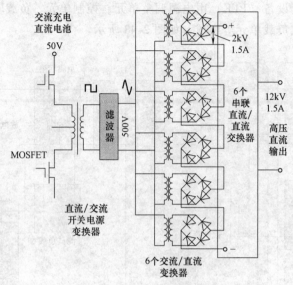

图 2-49　低压直流输入/高压直流输出变换电路

高压变换器的输入为 50V 的直流电池，该电池由交流市电一直充电，必要时该电池在没有充电的情况下，也可以提供短期供电。直流/交流开关电源变换器的变压器将输入电压提升约 10 倍，然后送入滤波器。滤波器输出送入多个并联的作为交/直流变换器的桥式整流器，每个转换器提供输出功率。将这多个交/直流变换器的输出串联叠加起来，就可以提供高压直流电源。为保证可靠性，供电设备应有备份。

4. 海洋接地装置

远供电源系统必须设计独立的海洋接地装置，在海洋接地发生故障时可转换至端站接地系统。海洋接地装置有以下特点：

1）海洋接地装置宜埋设在海底光缆登陆岸滩上。

2）当海底光缆登陆岸滩不具备埋设海洋接地装置的条件时，海洋接地装置可埋设在登陆站内，或埋设在海水里。在海水中安装的海洋接地装置不易施工和维护，应尽量避免使用。

3）海洋接地电阻要求过小，则加大海洋地成本。

4）在海洋接地装置发生故障时可转换至局（站）接地系统。

2.2.1.4　网络管理设备

网络管理设备应符合具体工程的技术要求，并应满足海底光缆系统日常运行和维护的各项功能要求，同时应能适应将来建立统一的网络管理系统的需要。网络管理系统数据通信网应由本海底光缆系统内置的 DCC 通道和外部保护通道组成。网络管理设备通常根据下列要求进行配置：

1）配置统一的网元级管理系统，统一管理海底光缆终端设备、海底设备、远供电源设备和线路监控设备。

2）对海底光缆数字信号传输系统、远供电源系统和线路监测系统应具有故障管理、配置管理、性能管理和安全管理功能。

3）应具有海底分支单元远供电源状态倒换控制功能。

4）每个海底光缆登陆站宜配置一套本地维护终端和一套网元管理系统。

5）网络管理系统数据通信网应由光缆系统内置的 DCC 通道和外部保护通道组成。

2.2.1.5　海缆线路监测设备

海底光缆监测系统对于保护海底光缆通信系统、保障通信安全和畅通，有着非常重要的意义。海缆线路监控系统主要有 COTDR 全光监测、遥控/遥信监测两种方式。根据这两种方式，海缆线路监控设备有 COTDR 设备和 OSC 监控设备两种。

1）COTDR 全光监测方式。用专门的波道负责监测光缆和中继器的状态，利用 Coherent-OTDR 的原理，通过比对监测波长后向散射光当前轨迹和初始状态下的轨迹，判断线路状态；

2）遥控/遥信监测方式。遥控数字信号以移频键控方式调制到低频（150kbit/s）载波信号上，此载波信号通过浅度调顶的方式调制到主信号上，通过发射光纤到达中继器，中继器滤波得到控制信号，然后采用相同方式将中继器的收、发光功率、放大器偏置电流利用另一条光纤发回线路监控设备。

COTDR 设备。相干光时域反射仪（COTDR）是一种改进的 OTDR。它利用相干接收原理来检测背向散射信号，其工作原理与雷达类似，用移频器将探测光频率改变后，再将其注入传感光纤，由于光纤的不均匀性，光脉冲在光纤各点都要产生背向散射光，背向散射光将回到注入端，再利用相干检测技术的出色的光频选择性提取微弱的背向散射光信号。COTDR 通过检测背向散射光可以掌握光缆工作状态，可以监测普通 OTDR 难以测试的长距离，通过利用 COTDR 技术也可实现中短距离更高精度的监测。应用 COTDR 对典型的海缆系统监控的框图如图 2-50 所示，用 WDM 将探测光耦合到海缆系统。由于探测光波长与工作波长不同且稳定，所以不影响海缆正常工作，以实现在线监测。当传输线路和 EDFA 都正常工作时，由于探测光的背向散射光不断地被 EDFA 中继器放大，在 COTDR 上收到的探测光背向反射光波形是一串锯齿波。每一个锯齿对应与一个 EDFA 和其后继的一段中继线路，锯齿的峰值代表该级 EDFA 的增益，锯齿的斜边代表背向散射光功率随着传输距离的增加而衰减。当光缆发生故障时，由于故障点后的探测光的背向散射光不能返回，COTDR 的波形如图 2-51 所示。

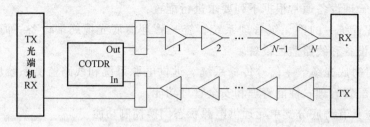

图 2-50 典型的海缆系统监控框图

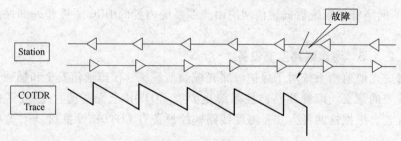

图 2-51 COTDR 在故障定位中的应用示例

OSC 监控设备。OSC 监控设备通常是以模块形式存在于 WDM 设备中（见 2.2.2 节），与 WDM 设备中的 PMU 模块一起完成对光路信号的实时监测功能。OSC 监控设备单独使用一个信道来管理 WDM 设备，即增加一个波长信道专用于对系统的管理，这个信道就是所谓的光监控信道（OSC）。监控通路采用信号翻转码 CMI 为线路码型。在 WDM 传输系统中，OSC 主要负责为相邻的光网络单元提供传送监控信息、管理开销以及自动保护倒换等信息的传输通道，并且 WDM 网管系统通过光监控信道传送监控信息到其他节点和接收来自其他节点的监控信息对 WDM 系统进行管理，实现配置管理、故障管理、性能管理、安全管理等功能，并与上层管理系统如电信管理网相连。OSC 在 WDM 传输系统中的应用如图 2-52 所示。

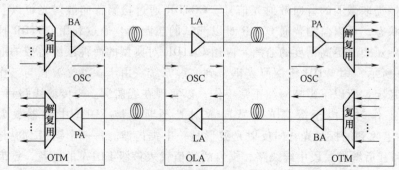

图 2-52 OSC 在 WDM 系统中的应用

2.2.2　水下设备

2.2.2.1　海底光缆

1. 海底光缆特点与分类

海底光缆传输系统分为"无中继"和"有中继"两大类，与之相对应，海底光缆按照其在系统中的应用，可以分为有中继海底光缆和无中继海底光缆。为适应海底的复杂环境，包括海水压力、鱼类啃咬、磨损、腐蚀、船只活动等，不论哪种海底光缆，都需要对其提供保护。

海缆的最大特点是寿命和可靠性要求较高（寿命一般要求大于 25 年）。这是由于人们难以接近海中的设备，海缆链路的建设和维护费时而昂贵，更主要的是海底链路具有重要的战略意义，链路故障将会导致大量业务中断产生重大损失。寿命和可靠性的较高要求给设计带来了难点。海缆的寿命和可靠性的较高要求体现在对机械和电气性能的要求上，具体如下：

1）在敷设和维修操作过程中，能经得起重复拖过缆船船头，能以合适的松弛度和适当的安全考虑精确地布放在海床上。

2）能够承受海底环境条件，特别是流体静压、磨损、腐蚀及海底生物。

3）当被铁钩、锚或渔具钩住时，应不断裂，对拖捞船和锚等引起的损坏有适当的防护。

4）有适当的安全考虑，能经受得住从安装深度回收、维修和替换。

2. 海底光缆通信系统的光纤

光纤的传输特性主要是指光纤的损耗特性和色散特性，它依存于光波长相关的传输损耗以及重叠在光的基带信号的速率和频率。光纤的损耗特性是一个非常重要的、对光信号的传播产生制约作用的特性，光纤的损耗限制了光信号的传播距离。光纤的损耗主要取决于吸收损耗、散射损耗、弯曲损耗三种损耗。光脉冲中的不同频率或模式在光纤中的群速度不同，因而这些频率成分和模式到达光纤终端有先有后，使得光脉冲发生展宽，这就是光纤的色散。光纤的色散主要有模式色散、材料色散和波导色散组成。其中，材料色散与波导色散都与波长有关，所以又统称为波长色散。按照国际电信联盟电信标准化部门 ITU-T 的建议，单模光纤可以分为四种：G.652 非色散位移单模光纤、G.653 色散位移单模光纤、G.654 截止波长位移单模光纤和 G.655 非零色散位移单模光纤。表 2-1 列出海底光缆常使用线路光纤特性。光纤有效芯径面积也很重要，见表 2-1。NDSF 和PSCF 比 DSF 具有较大的有效面积，这意味着允许减小非线性效应的影响，因为非线性效应阈值与有效芯径面积成反比。

表 2-1　海底光缆使用的有代表性的线路光纤

参数	符号	NDSF	DSF	PSCF	NZDSF−	NZDSF+	NZDSF++
ITU-T 标准		G.652	G.653	G.654	G.655	G.655	G.655B
1550nm 损耗/dBm	α	0.2	0.21	0.18	0.21	0.21	0.21
零色散波长/nm	λ_0	1310	1530~1570	1300	1560~1590	1470~1515	1420
1550nm 色散/ps/(nm·km)	D	+17	0	+18	−2	+4	+8
有效芯径面积/μm^2	A_{eff}	75~80	50	75~80	55	55~70	65

　　非色散位移单模光纤，亦称为 G.652 光纤，即常规单模光纤和低水峰单模光纤。常规单模光纤是最早采用的单模光纤，也是目前使用最广泛的光纤。其性能特点是：在 1310nm 波长处的色散为零；在 1550nm 波长区衰减系数最小，但具有最大色散系数。低水峰单模光纤也称为全波光纤，它几乎消除了石英玻璃中 OH⁻ 离子引起的损耗峰，所以光纤具有长期的衰减稳定性。其特点是：光纤可在 1280~1625nm 全波段进行传输，色散比较小。

　　色散位移单模光纤，也称为 G.653 光纤，是通过改变光纤的结构参数、折射率分布形状来加大波导色散，将零色散点从 1310nm 位移到 1550nm，实现 1550nm 波长区最低损耗和零色散波长一致。这种光纤适合于长距离高速率的单信道光纤通信系统。

　　截止波长位移单模光纤，也称为 G.654 光纤，它的零色散波长在 1310nm 附近，其截止波长移到了较长波长。光纤在 1550nm 波长区损耗极小，最佳工作范围为 1500~1600nm。光纤抗弯曲性能好，主要用于无中继的海底光纤通信系统。

　　非零色散位移单模光纤，亦称为 G.655 光纤，它是为适应波分复用（WDM）传输系统设计和制造的新型光纤。这种光纤是在色散位移光纤的基础上，通过改变折射率分布的方法使得光纤在 1550nm 波长色散不为零，且在 1530~1560nm 波长区具有小的色散（1~6ps/nm·km）。这种光纤又可分为非零色散位移单模光纤、低色散斜率非零色散位移单模光纤和大有效面积非零色散位移单模光纤。

　　还有一种很有应用前景的单模光纤，即色散补偿单模光纤，它是一种在 1550nm 波长区有很大负色散的单模光纤。当它与 G.652 光纤连接使用时，可以抵消几十千米光纤的正色散，可以实现长距离、大容量的传输。

　　对长距离海底光缆通信系统来说，光纤损耗是首要的因素，这是因为系统 OSNR 与中继段入射光功率成正比，而入射光功率又与光纤有效芯径面积成正比而与光纤非线性系数成反比，即芯径面积越大，允许入射光功率越大；光纤非线性越大，允许进入光纤的入射功率越小。同时 OSNR 与中继段光纤损耗成反比。因此，减小光纤损耗系数和增大有效芯径面积，可扩大传输距离，提高光信噪比。因此，长距离无中继系统倾向选择 G.654 纯硅芯光纤（Pure Silica Core Fiber，PSCF）。然而，若距离不是很长，使用 G.653 色散移位光纤和 G.655 非零色散移位光纤（NZDSF）也是可以的，但这两种光纤因色散小将减小 WDM 升级的可能性。实际上，小色散光纤要比大色散光纤的 WDM 非线性效应阈值低，因为色散越小，四波混频等效应越大。因此，使用色散较大光纤，即使引起信道光谱展宽，也使光信号长距离传输受益。事实上，2.5Gbit/s 信号传输距离超过 500km，NDSF 和 PSCF 色散可被抑制。然而，对于 10Gbit/s 或更高比特率的信号，接收端或发送端必须补偿线路色散。这可以用色散补偿光纤或布拉格光栅进行补偿，即使距离很长，也无须经受显著的色散代价。

为了减小光纤非线性影响，扩大无中继系统传输距离，增加传输带宽，要求采用低损耗大芯径单模光纤。目前已有超低损耗大有效面积的光纤，如超低损耗纯硅芯光纤，纤芯有效面积为 $110 \sim 130\mu m^2$，平均传输损耗为 0.162dB/km 或 0.167dB/km。有报道称，也有纤芯有效面积更大的光纤，这种光纤有效面积高达 $155\mu m^2$，损耗为 0.183dB/km（在 1550μm 波长）。新型的基于 100Gbit/s 数字相干技术和使用非色散管理光纤线路的大容量海底光缆系统，其主要挑战是提高系统 OSNR。在这种系统中，色散（CD）和偏振模色散（PMD）产生的线性损伤可通过数字信号处理器（DSP）均衡，Q 参数几乎与 OSNR 成比例增加。为了提高系统的性能，对低损耗低非线性效应光纤的需求与日俱增。事实上，当今海底光缆光纤的标准传输损耗已低至 0.16dB/km。而最近开发并批量生产的纯硅芯光纤，在 1550nm 波长，损耗已达 0.15dB/km，并具有 $110 \sim 130\mu m^2$ 足够大的有效芯径面积。

2.2.2.2 海底光缆接头盒

海底光缆接头盒主要用于接续海底光缆，是海底光缆线路不可缺少的组成器件。它可完成海底光缆的机械、光电传输及密封绝缘的连接，满足远程通信系统线路中继的需求。当海底光缆线路受到人为的破坏和非人为的自然灾害破坏时，接头盒还可用于线路故障维修，或将光放大模块配置在接头盒中实现无中继器大长度通信传输。

海底光缆接头盒结构主要满足以下 3 个方面的要求：

1）与海底光缆性能指标（机械、防水密封、光电、防腐等性能）相同。

2）与海底光缆的结构尺寸相匹配。

3）适应现有布缆船敷设设备的敷设技术条件。因而，在海底光缆接头盒的整体结构设计过程中必须考虑在水下 25 年使用寿命中满足被连接海底光缆的铠装钢丝紧固、防水密封绝缘、光纤接续点贮存保护、光缆弯曲缓冲、防腐材料选用及最大外形尺寸，以及布缆船上装备的一系列敷设与打捞设备的施工。

2.2.2.3 水下分支单元

为了满足海底光缆系统在海底分配业务到多个登陆点的需要，海底光缆系统需要用到水下分支单元（BU），它能连接3根海缆（干线、分支1、分支2），每一根包含若干对光纤，可以提供全光纤或者单个光信道的路由选择。分支单元是整个路由光纤或单个光学通道在3个光缆构成的海底网络节点。通常，对分支内的光信号没有放大，但有时对干线信号，就像光中继器那样，用 EDFA 放大，水下分支单元内的器件通常选择对偏振效应不太敏感的器件。水下分支单元具有在3根光缆之间完成光纤连接的能力，具有相干光时域反射仪（COTDR）需要的光滤波和耦合能力，机械强度具有能够适应敷设和回收3根连接光缆的能力，分支单元在工作、铺设、回收和重新铺设时，其机械特性和电、光特性不会降低。水下分支单元在外形上，类似于光中继器，但分支单元有一端具有两个光缆连接端口，如图2-53所示。

水下分支单元从光学设计上可分为分纤分歧功能的水下分支单元和带上下波功能的水下分支单元，从电学设计上可以分成不可切换型水下分支单元和带电切换功能的水下分支单元。当无分支登陆站时，系统中不需要配置水下分支单元。在实际应用中有4种分支单元：全光纤无源分支单元、电源切换分支单元、有源分支单元和波长分插分支单元。下面分别简介如下：

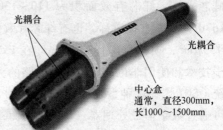

光耦合　光耦合

中心盒
通常，直径300mm，
长1000~1500mm

图 2-53　海底光缆分支单元外形图

1. 全光纤无源分支单元

全光纤无源分支单元是具有三个端口的密封容器，如图2-54所示。在干线光缆和分支光缆之间，提供全光纤路由。全光纤无源分支单元是指在需要分支的支路里无电子器件，具有全光纤分出和/或 WDM 分插功能。如需要也给一对或多对光纤提供光放大的能力，尽管全光纤无源分支单元通常设计为全无源器件，即只是一个熔接光纤和重构传输方向的盒子，不对业务光信号做任何放大。通常，光分支单元是无源的，即对分支内的光信号没有放大，无源分支单元主要是在无中继系统中使用，可提供多对无须光放大的光纤接入和分出，如图2-54a所示。但有时对干线信号就像光中继器那样，内置光纤放大器 EDFA 放大光纤对的光信号。该 EDFA 拥有监视功能、自动增益控制功能，以及和光中继放大器一样的相干光时域反射仪（COTDR）性能监视、故障定位能力。从有 EDFA 放大的干线光缆分出业务到分支光纤的全光纤无源分支单元如图2-54b所示。

2. 电源切换分支单元

电源切换分支单元在岸上提供3根光缆间的供电电源的管理控制，具有在3

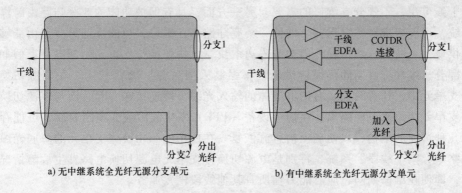

a) 无中继系统全光纤无源分支单元　　　　b) 有中继系统全光纤无源分支单元

图 2-54　全光纤无源分支单元

根光缆之间切换供电电源和信息流的能力。在分支单元内，因光缆维修和故障恢复需进行供电电路切换，所需的电连接重构由网络终端站控制完成。电源切换分支单元必须提供接地连接，具有浪涌保护功能，要能够抵抗海底光缆中导体上的高电压产生的电功率浪涌给设备带来的损伤，壳和内部的光电单元要具有高压绝缘措施。在一根光缆发生故障时，电源切换分支单元对供电路由进行控制，确保分支系统中的 3 条光缆中的两条维持供电，如图 2-55 所示。在分支应用中，有 4 种工作状态：全部正常、一个分支发生故障、两个分支发生故障以及干线发生故障。电源切换单元可以构成这 4 种状态中的任一种，但不能实现光信息的路由重选。

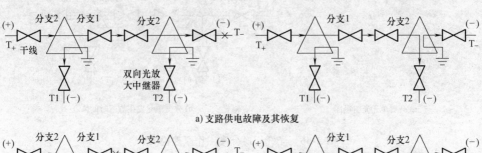

a) 支路供电故障及其恢复

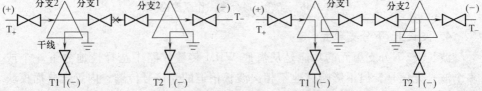

b) 干线发生故障及其恢复(箭头表示供电电流方向)

图 2-55　电源切换分支单元工作原理

　　不同的网络设计要求不同的电源切换分支单元交换功能，例如，具有许多地区分支的长距离干线光缆或骨干光缆网络，可能要求干线自锁设备，以便总是保持干线可用，不管分支维修的需要。另一方面，具有保护功能的双登陆路由跨洋系统，可能要求对称自保持，即使一个登陆路由在维修，也能保证另一路由能够提供业务。所有这些情况，因为电隔离取决于电源切换分支单元内部电路，假如一部分光缆在维修期间仍保持供电，将强制采用"热"维修技术。在电源切换分支单元中，任意两根具有馈电导体的输入光缆可能连接在一起，而与电源切换分支单元接海水电极隔离。在馈电设备（PFE）发生故障或光缆断裂后，可能存在几种可能的结构，以便确保信息流恢复。在使用电源切换分支单元的海底光缆网络中，某个线段、系统、特别是电源切换分支单元电源切换电路发生故障情况下，即使在维修期间，应有能力在所有其他线段恢复业务。

3. 有源分支单元

有源分支单元有时也称光纤切换分支单元，如图 2-56 所示。它提供分支电源供电和光信息流的控制。光纤切换单元具有与电源切换单元相同的 4 种工作状态，并且这些状态的每一种都与光纤路径图有关。

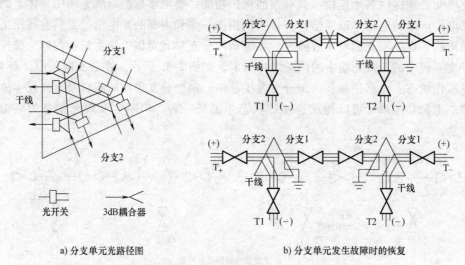

a) 分支单元光路径图　　　　　　　　b) 分支单元发生故障时的恢复

图 2-56　光纤切换分支工作原理说明

4. 波长上 下分支单元

波长上/下分支单元的功能是从海底 WDM 传输线路中选择性地分下一个或多个波长光信号，但不影响其他不相关波长信道的光信号传输，内置光分插模块确保完成波长复用和波长解复用功能，具有固定或重构光分插复用-分支单元（OADM-BU）的分插能力。目前一般为 OADM 设备，实现的功能类似于 SDH 电分插复用器（ADM）在时域内实现的分插功能，但波长上/下分支单元工作在光波长域内，并且具有传输透明性，可以处理任何格式和速率的信号，它有效克服了传统电子 ADM 设备的电子瓶颈限制，大大拓展了网络带宽。就节点功能分类有两种类型：固定波长型和可变波长型。固定波长水下分支单元只能分插一个或多个固定的波长信道，节点的路由是固定的。该类型水下分支单元缺乏组网灵活性，但性能可靠、没有延时，由这种固定波长水下分支单元组成的海底点对点DWDM 传输系统的静态路由 DWDM 光网络是目前商用海底光网络的主流。波长上/下分支单元内波长上/下光路原理如图 2-57a 所示，用光环形器和光栅实现波长分出/插入原理如图 2-57b 所示。

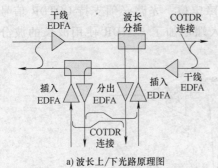

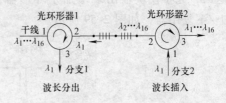

a) 波长上/下光路原理图　　　　　　b) 用光环形器和光栅实现波长分出/插入

图 2-57　波长上/下分支单元原理

2.2.2.4　海底中继器

海底光放大中继器利用远供电源工作、放大光通信信号并接收和发送监测信号。海底光再生中继器利用远供电源工作、放大光通信信号并接收和发送监测信号。在现代海缆系统中，已基本不再使用海底光再生中继器。通常中继器是一个防水漏、耐高压、抗腐蚀的密封盒，材料为磷青铜或钛合金。所有的光电元器件均装在里边，利用中继器盒内的放大中继器。中继盒具有隔离内部上千伏供电电压的能力，而不受漏电和有害的电器放电的影响，其外形结构如图 2-58a 所示。

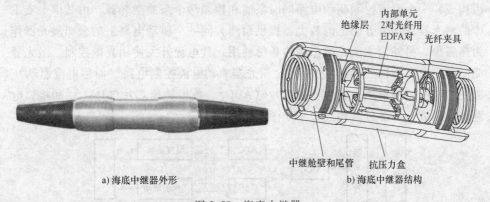

a) 海底中继器外形　　　　　　　　b) 海底中继器结构

图 2-58　海底中继器

海底光中继器设备提供双向光线路放大，每对相向光纤放大的子设备构成一个中继模块，中继放大模块由光放大模块、泵浦激光器驱动控制模块、光监控通道模块、电源模块、密封壳体 5 个主要部分构成，内部功能模块结构如图 2-58b 所示。具体功能分工如下：

1）光放大模块由两个方向的 EDFA 光路构成，分别放大发送和接收的光信号。光放大模块是整个设备的核心部分，由掺铒光纤、WDM、光纤隔离器、光纤耦合器等光纤器件构成。为了支持远程网管，光学模块两端增加了 1510nm 波分上/下复用器；为了支持光缆健康检测故障定位，光路必须支持 COTDR 信号返回，光学模块输出端增加了环形器，输入端增加了 COTDR 使用波长的波分上/下复用器，如图 2-59 所示。

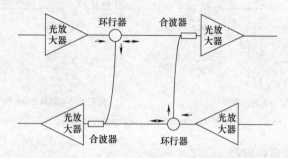

图 2-59　光放大单元支持 COTDR 信号返回的光路连接图

2）泵浦驱动控制模块由泵浦驱动电路和泵浦激光器构成，完成对 EDFA 模块内部泵浦激光器的控制，它控制泵浦激光器的工作状态，并在需要情况下启动备用泵浦源，具有自动重启、自动功率关断等功能。泵浦驱动电路还执行对放大器的输入光功率、输出光功率、泵浦驱动电流、泵浦温度和泵浦背向光功率等性能指标的监视。放大器泵浦单元通常选用半导体激光器，泵浦单元由泵浦激光器组构成，一个泵浦控制驱动电路同时泵浦和控制两个泵浦激光器，由其中一支工作的激光器为两个方向上的放大器提供泵浦，同一个驱动电路上的泵浦激光器作为热备份，另外两支激光器作为冷备份使用，其电源开关使用光耦控制。激光器驱动单元主要由微处理器（MCU）、激光器驱动电流控制电路（简称电流驱动）、激光器温度监测电路、模数转换芯片（ADC）、数模转换芯片（DAC）和接口电路部分组成，各部分的相互关系如图 2-60 所示。

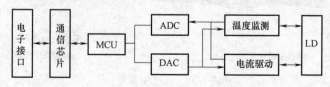

图 2-60　激光器驱动单元电路结构框图

3）线路监视模块提供对设备线路输入信号和输出信号的监视，并对海底光中继设备工作状态进行控制。采用对 EDFA 输入信号和输出信号的监测，控制泵浦激光器和增益均衡器实现理想的增益和增益平坦度。通过线路监视模块将接收到的网管指令转化成激光器驱动单元可以接收的格式，以调整或向网管反馈设备的工作状态。网管信息采用 1510nm 光传输，进入海底中继器之前使用 1510 波分解复用器将网管信息解调下来，分析识别信息地址并判断是否与本地管理模块地址相符，不相符的通过 1510 波分复用器转发出去，相符的根据网管命令调整设备运行状态。

4）电源模块为设备内其他几个单元提供所需的直流电源，由 DC/DC 变换模块组成，其基本功能是将输入的高压 DC 变换为泵浦激光器和其他配套电路模块需要的直流工作电压，并且能适应几十伏到几千伏的电压范围。电源模块具有完善的故障检测诊断与保护功能，内部通过多模块冗余备份方式提高电源转换模块的可靠性。模块运行数据由串行通信接口转换成光信号，通过光纤传输到远端，远程监控系统可以对其进行远距离的监控。

5）密封壳体提供对整个设备的密封和抗水压性能。机械结构是固定各功能单元模块的主体，并具有一定的散热措施和密封性，其对各功能单元模块的固定要满足一定的抗振动性能，提供的散热措施、密封性和对外接口要满足设备的环境工作性能，设备散热利用海水进行热量平衡控制。设备外壳材料可选用钛合金材料或铍青铜合金等材料，通常铍青铜的传热效果优于钛合金。密封壳体由内层光电结构模块、中间层组合密封结构、外层钢丝连接与防腐结构 3 部分组成，如图 2-61a 所示。密封壳体按照功能可划分为弯曲过渡结构、抗拉结构、绝缘密封结构、防腐结构与贮纤结构 5 大部分，如图 2-61b 所示。

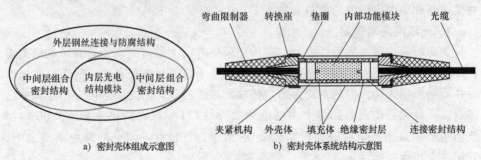

a）密封壳体组成示意图　　　　b）密封壳体系统结构示意图

图 2-61　密封壳体结构

2.2.2.5　海底光均衡器

海底光缆通信系统中，EDFA 增益不平坦，多级串联后使不同波长的光增益相差很大，这种光放大器线路的非一致性频谱响应使长距离传输系统的 SNR 下降。为了补偿这种效应可采用两种技术方式：一是功率预增强技术，根据每个波长在线路中的损耗情况，使进入每个 WDM 信道的光功率不同，从而使终端接收机对所有波长信道接收的 SNR（BER）都几乎相同；其次是保持适当的预均衡，将增益平坦滤波器插入线路中。然而，每个中继器使用增益平坦滤波器（GFF），纠正 EDFA 增益形状和与波长有关的光纤传输损耗引起的输出功率-频谱曲线的畸变，这种方式不能完全解决所有信道级联后的偏差。而且，光纤老化或海缆维修也会引起网络传输特性的变化，进而使功率-频谱特性发生偏差。使用海底光均衡器可确保在信道间信号功率的均等分配，以满足所有信道对最小比特误码率的要求。海底均衡器按它们纠正的目的分类，纠正增益-频谱特性倾斜或斜率的，

称为斜率均衡器（TEG），纠正与残留非线性有关倾斜的，称为形状均衡器（SEQ）。另外，按实现原理分为无源海底光均衡器和有源海底光均衡器。

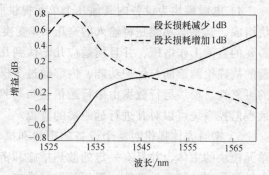

图 2-62 表示段长损耗增加或减小 1dB 时观察到的 EDFA 增益曲线倾斜的变化。在波长 32nm 范围内，段长损耗变化为 1dB，EDFA 增益倾斜典型值为 0.7dB。因此，对于包含 120 个 EDFA 的长

图 2-62　段长损耗变化 1dB 引起
EDFA 增益曲线倾斜变化

6000km 的海底光缆线路，总的增益倾斜是 $0.35 \times 120 = 42$dB，这样的增益倾斜不能被预增强补偿调整，因此，有必要在链路中周期性地插入一个补偿设备，以便在系统寿命期内，从终端站遥控调整它的频谱传输响应，进行增益均衡。这样的补偿设备称为调谐增益均衡器（TGEG）。

1. 无源海底均衡器

无源海底均衡器的特性在出厂前均已调整好。无源海底均衡器有倾斜均衡器（TEQ）和形状均衡器（SEQ），两者的区别在于是否与波长有关，前者与波长有关，而后者则无关。但两者由固定传输滤波器组成，用光纤熔接方法接入中继器盒。一种无源均衡器用多个多层电介质膜（TFF）或布拉格光栅（IFBG）滤波器组成，典型均衡器的构成如图 2-63 所示，在包含 8 对光纤的中继器盒中，只用一个均衡器即可。

通常，每 10～15 个中继器段长插入一个无源海底均衡器，补偿放大器链路中残留非一致性频谱响应，如图 2-64 所示，没有增益均衡时，在 1533～1565nm 范围（32nm）内，增益波动 3dB，当插入增益平坦均衡器后，只有 0.25dB 的波动。通常，均衡器的均衡范围为 1～6dB，插入损耗为 3～7dB。需要均衡的区段增益-频谱特性形状，以及滤波器的传输特性，通常直接测量决定。无源海底均

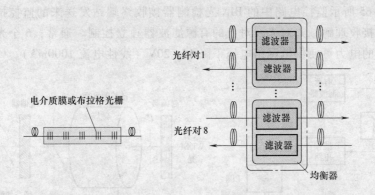

a) 单个滤波器构成　　　　　b) 无源均衡器同时补偿8个光纤对的增益

图 2-63　无源海底均衡器的滤波器

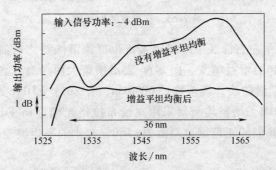

图 2-64　固定增益均衡器对 EDFA 增益频谱响应的影响

衡器直流电阻小于 0.5Ω，不需要供电。

2. 有源海底均衡器

在输出功率自动控制中继器中，输入信号功率的下降将引起短波长信号 EDFA 增益的增加，于是产生了负的斜率，即频带短波长信道将携带更多的功率。使用有源海底均衡器可以均衡这种特性，可以通过发送管理指令，通过光纤传送给中继器监控电路，进行增益倾斜调整。对倾斜均衡的监控与对中继器的类似，不过使用的指令要少得多。光纤对上的每个有源滤波器有唯一的地址，终端站只需通知指定的倾斜均衡器调整线圈偏流，对倾斜实施控制。用于 1 个光纤对的有源倾斜均衡器（TEG）如图 2-65 所示，该均衡器利用法拉第磁光效应使入射光偏振方向发生旋转的效应构成，其磁场由通电线圈产生。波长不同旋转角度也不同，法拉第旋转器输出端对 WDM 波段内不同波长信道信号提供不同的线性衰减特性，即检偏器输出倾斜的增益-频谱特性，可用于对输入 WDM 信道信号增益的纠正。不同的偏流产生不同的倾斜校正，使用监控信号设置一套偏置电流。图 2-65 所示监控电路中的 PIN 光检测器接收终端站发送来的监控指令，被监控电路接收理解，并对光纤对上的有源滤波器独立控制。通常，6 个光纤对均衡器消耗的电力可使供电网络电压下降 15~20V（线性电流 1000mA）。

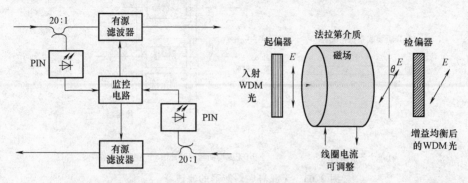

a) 用于一个光纤对的有源倾斜均衡　　　　　b) 调整加在有源滤波器法拉第介质上的电流实施倾斜控制

图 2-65　有源倾斜均衡器

通常，每 10 个左右海底中继器插入一个可调谐倾斜均衡器，补偿因器件老化和海缆维修引起的增益畸变。图 2-66 表示横跨大西洋海底光缆系统增益均衡前后的实测输出频谱曲线，该系统长 6000km，有 80 个 EDFA 光中继器，采用 8 个波长 C 波段 WDM，增益均衡器采用在线布拉格光栅（In-Fiber Bragg Grating, IFBG）滤波器。倾斜纠正范围典型值为 ±4dB，提供的平坦偏差为 0.1~0.4dB。

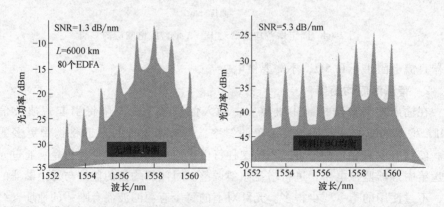

图 2-66　横跨大西洋海底光缆系统增益均衡前后实测（1nm 带宽）输出信号频谱比较

有源均衡器还可以采用其他原理构成，例如可用拉曼泵浦获得正倾斜增益-频谱特性（见图 2-65），用于纠正老化和维修产生的负斜率。单个拉曼波长泵浦就可以获得 40nm 以上的带宽。混合使用 EDFA 和拉曼泵浦，同时可以提供倾斜和增益补偿。另外一种有源均衡技术是使用可变光衰减器，调整输入到 EDFA 的输入功率，EDFA 就产生一个线性倾斜的输出，直接控制 VOA 的设置。但这种方法的系统代价要比固定滤波器或拉曼倾斜均衡器的高。还有一种有源均衡是用光开关从一套无源倾斜滤波器特性中选择所需要的那种特性进行均衡，但这种方法将中断业务运行。

参 考 文 献

［1］ 陈晓燕.无中继海底光缆通信系统概述［J］.光纤与电缆及其应用技术，2002（1）：14-16.

［2］ 原荣.光纤通信网络［M］.2版.北京：电子工业出版社，2012.

［3］ 张仕俊.WDM光网络中路由与波长分配算法的研究［D］.杭州：杭州电子科技大学，2010.

［4］ 缪洪剑.干线网引入OTN分析［J］.电信科学，2010，26（10）：164-166.

［5］ 原荣，邱琪.光子学与光电子学［M］.北京：机械工业出版社，2014.

［6］ 王海鸿，海底光缆传输系统及其应用研究［D］.南京：南京邮电大学，2009.

［7］ 孟祥东.基于OTN设备的组网研究［D］.北京：北京邮电大学，2010.

［8］ 黄红斌，刘伟平，郑力明，等.抑制EDFA瞬态效应方法的研究［J］.激光与光电子学进展，2005，42（7）：31-34.

［9］ 程细海，徐健，殷天峰，等.基于遥泵技术的超长距系统研究与应用［J］.光通信技术，2015，39（6）：26-26.

［10］ 马中秀.多泵浦宽带光纤拉曼放大器增益平坦的优化设计［D］.北京：北京交通大学，2009.

［11］ Islam，M…N Raman amplifiers for telecommunications. 1EEE Journal of Quantum.

［12］ Jose Chesnoy. Undersea Fiber Communication Systems（Second Edition）［M］. Elsevier Science（USA）：Academic Press，2016.

［13］ ITU-T G. 665（01/2005）. Generic characteristics of Raman amplifiers and Raman amplified subsystems［S］.

［14］ 王爱明.海底光缆接续技术［J］.光纤与电缆及其应用技术，2008（3）：43-46.

第 3 章

海底光缆通信系统关键技术

影响海底光缆通信系统传输性能的主要因素有光信噪比、色散和非线性效应等。本章针对这些影响因素，提出了解决这些问题所需采用的关键技术，这些关键技术都是海底光缆通信传输系统的核心、关键技术，是读者深入学习了解海底光缆通信的基础。

3.1 影响海底光缆通信系统性能的主要因素

目前实际运行的海底光缆通信系统多为基于每通道传输速率为 10Gbit/s 的密集波分复用系统（DWDM），随着海底光缆通信系统向更长距离和更高速率的方向演进，限制海缆通信系统传输速率和距离的主要因素是损耗、色散和非线性效应。

损耗是首要的特性，其直接关系到海底光缆通信系统传输距离的长短和中继站间隔距离的选择。随着通信技术的发展特别是 EDFA 的出现基本解决了损耗限制问题，但是放大器引入的自发辐射噪声（ASE）的积累恶化了 OSNR，限制了总的传输距离。

色散会使输入脉冲在传输过程中展宽，产生信道间的干扰，增加误码率，从而限制通信容量。另一方面，在传统的光纤通信系统中，由于入纤总功率较低可以认为光纤是一种线性介质。但随着光功率的增加，同时光纤的损耗又很低，高光强在光纤中能保持很长的距离，光纤中的非线性效应会变得十分强烈，从而影响系统的传输性能。

3.1.1 光信噪比

在 WDM 系统中，光信号以完全透明的方式进行传输，传输质量监测只能借助简单的模拟量，如光功率、OSNR（光信噪比）等，其中 OSNR 能够比较准确地反映信号质量，成为最常用的性能指标。OSNR 的定义如下：

$$OSNR = 10\lg \frac{P_i}{N_i} + 10\lg \frac{B_m}{B_r} \qquad (3\text{-}1)$$

式中，P_i 是第 i 个通路内的信号功率：B_r 是参考光带宽，通常取 0.1nm；B_m 是噪声等效带宽：N_i 是等效噪声带宽 B_m 范围内窜入的噪声功率。而光放大器在补偿信号功率的损失的同时也带来了 OSNR 的问题。放大器引入了自发辐射噪声（ASE）的累计恶化了 OSNR，限制了总的传输距离。但是 OSNR 的下降和级联 EDFA 数目并不是线性关系，因此，对其级联后光信噪比 OSNR 的计算成为一个重要问题。

为了延长无电中继的传输距离，低噪声光放大器技术成为新的研究热点。同时，放大器增益谱的不平坦特性会导致各信道之间的功率差异不断积累，最终导致小功率信道淹没在噪声中。例如，在一个传输 4×110km 距离的 16×2.5Gbit/s 系统中，采用二氧化硅基质的 EDFA 放大器，如果不采用任何增益平坦措施，传输后 25nm 的带宽范围内功率起伏相差达 23dB。因此，对 EDFA 进行增益均衡和控制是需要的。一般来说，整个链路上各信道的功率差应小于 10dB。

3.1.2　色散

采用 EDFA 后，衰减限制的问题得以解决，传输距离大大增加，但色散也将随之增加。原来的衰减限制系统变成了色散限制系统，这就要求人们去解决色散问题。为解决该问题需要开发色散补偿器件对色散进行补偿。但是存在以下几个困难：

1）色散的影响是随着信号速率提高而迅速增加，相同功率代价水平（为实现正常接收，所需增加的接收功率）下的色散容限（容许的色散，单位为 ps/nm）随速率增加而呈二次方率减小，比如对于 2.5Gbit/s 信号 1dB 功率代价下的色散容限大约为 16000ps/nm，对于 10Gbit/s 信号约为 1000ps/nm，这严重地制约了高速率信号传输，并对色散补偿提出了更高的要求。

2）在进行宽带传输时还需要考虑对色散斜率地补偿。

3）色散补偿模块将引入额外的损耗，增加了功率预算的困难。

针对这些困难，一方面是通过精心设计色散补偿光纤（DCF）的参数，使其品质因数（色散斜率与色散的比值）与现有的传输光纤尽量匹配；另一方面采用二次补偿，即对色散斜率和残余色散进行再补偿，以减小残余的色散。除了采用 DCF 外，还可以使用其他的色散补偿技术，如啁啾光纤布拉格光栅（FBG）等。另外，研究表明一定的色散能有效抑制光纤非线性，通过合理地分配色散图谱，不仅能减小色散的影响，还能有效地抑制光纤非线性的影响，这便是色散管理技术的思想。

随着信号速率的提高，偏振模色散（PMD）的影响也凸显出来，成为一道限制系统性能进一步提高的难关。PMD 问题起源于光纤制造过程中产生的不规则的几何尺寸、残留应力导致的折射率分布的各向异性，光缆铺设过程中由于外界的挤压、弯曲、扭转和环境温度发生变化而产生偏振模式耦合效应，以及其他光通信器件自身引入的双折射。它使得光纤中的两个偏振模式之间产生群时延差和能量耦合，导致输出信号脉冲发生展宽和变形。由于这种变化是随机的，所以该问题比确定性的色散补偿要困难得多。为了克服其影响，一方面是改进光纤制造和光缆铺设技术减小光纤的 PMD，另一方面需要对信号 PMD 进行补偿。PMD 补偿可以采用光域补偿和电域均衡，光域补偿的效果比较好，但控制复杂，需要多个控制变量和快速收敛的算法；电域均衡比较简单，但效果有限，而且受电子器件速率限制，只能用于 40Gbit/s 以下信号。

3.1.3　非线性

对于常规光纤通信系统，其光功率不大，光纤呈线性传输特性。在 WDM 光传输系统中，由于在一条光纤同时传播多个波长信号，并采用光放大器增加信号功率，所以光纤中的光强度很高，此时光纤表现出了在低光强条件下未出现非线性效应，如光科尔效应，包括四波混频（FWM）、自相位调制（SFM）和互相位调制（XPM）等，其中最大的问题是 FWM 干扰，即几个波长信号的交调干扰落到通信信道正常的接受频率范围内，严重地影响了信号的接收。

由于 DCF 光纤在 1550nm 窗口的色散很小，很容易满足产生 FWM 所需的相位匹配条件，所以 FWM 在 DCF 中特别严重；另外，信号的强度变化通过光纤非线性影响自身和其他信道的相位，并联合光纤色散分别产生了 SPM 和 XPM 效应，前者主要引起了信号脉冲的展宽，后者引起了相位噪声并引起定时抖动。另一类光纤非线性效应包括受激布里渊散射（SBS）和受激拉曼散射（SRS），产生 SBS 的功率阈值较低，会引起大量的功率损失和不稳定，但可以通过展宽线宽提高阈值功率进行抑制，另外 SBS 的增益频移只有 11GHz 左右，而谱宽只有几十兆赫兹，所以信号间的 SBS 可以忽略；而 SRS 的增益谱宽可达 13THz，在宽带 WDM 传输时，将导致信号间功率从短波长流向长波长信号，并引入信号间 SRS 串扰。为了克服和减小这些影响，人们设计出适合于 WDM 传输的非零色散位移光纤（NZDSF），使得光纤在信号波长处具有非零但适度的色散以抑制非线性光学效应。这是因为一定的色散使得不同波长的光信道在传输中发生走离，从而破坏了产生 FWM 所需的相位匹配的条件，减小了不同信号脉冲之间的相互作用距离。

3.2　前向纠错技术

在海底光缆通信系统中采用前向纠错（FEC）技术，达到改善系统的误码率性能、提高系统通信可靠性、延长光信号的传输距离、降低光发射机发射功率以及降低系统成本的目的。近年来，ITU-T 针对光通信系统的迅速发展而开展了

FEC 码的研究，相继提出了若干与此相关的建议（如 ITU-T G.707、G.975、G.709 和 G.975.1 等）。但随着光通信系统向更长距离、更大容量和更高速率发展，特别是单波速率从 40Gbit/s 向 100Gbit/s 甚至超 100Gbit/s 演进时，光纤中的传输效应（如色散、偏振模色散和非线性效应）就会严重影响传输速率和传输距离的进一步提高。多年的实际应用证明，在 OSNR 受限系统和色散受限系统中 FEC 是非常有效的。随着光纤通信系统向超高速、超长距离、超大容量的方向发展，前向纠错（FEC）技术作为超长距离光传输系统的关键技术之一，正被广泛用于光传输系统中，用以改善系统在光信噪比（OSNR）和信号畸变方面的限制。将前向纠错技术引入色散限制海底光缆通信系统，可取得很好的效果。前向纠错技术是提高光纤通信系统可靠性的重要手段。

前向纠错（FEC）是一种数据编码技术，该技术通过在发送端传输的信息序列中加入一些冗余监督码进行纠错。在发送端，由发送设备按一定算法生成冗余码，插入到要传输的数据流中；在接收端，按同样的算法对接收到的数据流进行译码，根据接收到的码流确定误码的位置，并进行纠错。海底光缆传输技术为实现超长距离传输不排斥采用各种先进的、非标准的 FEC 技术，例如，级联各种基本 FEC 编码算法（BCH、RS、卷积码），所以存在 12Gbit/s、48.0Gbit/s 和 140.0Gbit/s 等多种非标准速率。在 FEC 方式中，传输中检错由接收方进行验证，接收端不但能发现差错，而且能确定二进制码元发生错误的位置，从而加以纠正。FEC 方式必须使用纠错码，发现错误无须通知发送方重发。FEC 技术在光通信中的应用主要是为了获得额外的增益，即净编码增益（Net Coding Gain，NCG）。为此，人们不断研究开发性能更好的 FEC 码型，使其获得更高的净编码增益（NGG）和更好的纠错性能，满足光通信系统高速发展的需要。按照 FEC 编码和 SDH 之间的关系，用于 SDH/DWDM 的实用化 FEC 主要有带内 FEC、带外 FEC 和增强 FEC。

1. 带内 FEC

带内 FEC 方案是 ITU-T 在 2000 年 10 月通过的 G.707 建议中提出的。所谓带内，是指将 FEC 的冗余监督位置于 SDNET/SDH 原有帧格式开销中的未定义位上，无须增加额外的带宽，利用 SDH 帧中的一部分开销字节装载 FEC 码的监督码元。该方案适用于 OC-48/STM-16 或 OC-192/STM-64 信号，速率低于 OC-48/STM-16 时不使用 FEC，高于此速率时须在此方案基础上加上交织技术。带内 FEC 方案采用可纠 3bit 错误的二元（4359，4320）BCH 码（简称为 BCH-3），采用带内 FEC 既不影响原来的 STM-16 帧格式，也不改变线路的传输速率。若经过交织处理，带内 FEC 可纠正单个接收码组中的任意 3bit 错误，同时可纠正 STM-16 帧中长度多达 24bit 的突发错误。因带内 FEC 是在不改变 SONET/SDH 原有帧格式的基础上引入的，并能与不用 FEC 的系统兼容。为了便于接收机区分发送端是否用了 FEC，在开销中加了两比特的 FEC 状态指示器（FSI），若 FSI 为 01，便表明用了 FEC，若为 00，则表示未用 FEC。BCH 码的纠错性能可用数学方法计算。

比如，发送端在 SDH 的 STM-1 信号（155Mbit/s）的开销字节中，插入冗余纠错码，对发射信号进行前向纠错（FEC）编码；在接收端，对传输过程中产生的误码，通过奇偶检验进行监视并纠正，可使比特误码率减小，如图 3-1 所示。由图可见，输入误码率为 10^{-3} 时，经过 FEC 后输出误码率可减小到 10^{-6}；当输入误码率为 10^{-4} 时，输出误码率进一步可减小到 10^{-14}，提高了 10 个数量级。图 3-2 表示 2.5Gbit/s 信号传输 480km 之后，同样误码率的情况下所需接收光功率的差异。

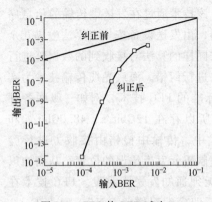

图 3-1　FEC 使 BER 减小

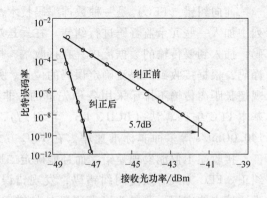

图 3-2　采用 FEC 前后的 BER 与接收光功率对比

2. 带外 FEC

带内 FEC 的优点是不用改变 SONET/SDH 的帧格式、无须提高线路速率，但其纠错能力非常有限，已不能满足更高速率的远程网络的质量要求。因而 IUT-T 在 2001 年制定的 G. 709 标准中便提出了适合 DWDM 光传输网（OTN）2. 5Gbit/s、10Gbit/s、40Gbit/s 速率的带外 FEC 方案，而 G. 975 提出的带外 FEC 方案则主要用于 2.5Gbit/s 以及更高速率的海底光缆传输网络。这两种带外 FEC 方案基本相同，不同点是 G. 975 采用的交织技术未形成各厂家统一标准，G. 709 则有统一的标准。所谓带外，是指 FEC 为了实现纠错所增加的冗余校验位不像带内 FEC 那样插入原有帧格式的空闲位中，而是附加在数据帧之后，需要增加额外的带宽，即使用带外 FEC 后线路速率会提高。以上两种带外 FEC 均采用 Reed-Solomon 码（RS 码）。ITU-T G. 709 标准规定使用 RS（255，239）码，编码冗余度更大，且开销有一定的灵活性。由于各设备厂商的广泛支持和应用，目前带外 FEC 基本上已成为事实上的 FEC 编码标准，也解决了初期由于 FEC 编码不同导致的各厂家设备间不能互通的问题。

带外 FEC 采用数字封装技术，数字封装帧是基本的传输单元，只要提高帧速率，就可以提高线路速率。G. 975 标准的带外 FEC 采用 RS（255，239）码，一个数字封装帧由 4×4080 个字节组成，其中每个 4080 字节包括 16 行，每个子行就是长为 255 字节的一个（255，239）RS 码的码字，每行头部 16 列为开销字节，中间 3808 字节为净荷，尾部 255 字节为 FEC 校验字节。这实际上是采用了一种深度为 16 的字节交织技术，发送时首先由上而下逐个字节地发送第一列中的 16 个字节，接着发送第 2 列中的 16 个字节，依此类推最后发送第 255 列的 16 个字节。数字封装帧中的第 1 列用于系统开销，第 2 列到第239 列用于传送有效负载数据，第 240 列到第 255 列则是用于纠错冗余校验元。采用交织技术后该方案具有很强的纠突发错误的能力，不仅能纠正一个接收码组中发生的不多于 8 个字节的错误，而且能纠正 4080 字节中最多长达 128个字节的突发错误。带外 FEC在理论上的纠错性能曲线如图3-3所示。

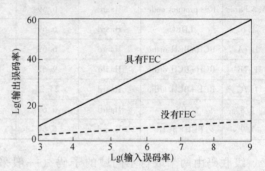

图 3-3　RS（255，239）码在理论上的纠错性能

　　将不同数目的数字封装帧组合起来便构成代表不同传输速率的光传输单元（OTU），即 OTU1、OTU2 和 OTU3，其速率分别为 2.666Gbit/s、10.709Gbit/s 和 43.018Gbit/s。

3. 增强型 FEC（SFEC）

　　随着软硬件技术的发展，光通信系统逐步引入了级联信道编码等大增益编码技术，进行增强型 FEC 的研制，主要应用于时延要求不严、编码增益要求特别高的光通信系统。级联码与迭代译码等技术结合的编译码方案称之为超级 FEC方案，涉及的码型包括 RS 级联码、分组 Turbo 码、Goppa 码等。在该方案中，采用迭代硬判决译码技术的级联码又称为第二代光纤通信 FEC 码，如级联 RS 码等。而采用迭代软判决译码技术的 FEC 码称为第三代光通信 FEC 码，如 LDPC码、分组 Turbo 码等。由于 SFEC 的编译码中采用了交织及迭代译码技术，因而具有较长的延时。

　　2004 年 2 月，ITU-T 为高比特率 WDM 海底光缆系统 FEC 制定了 G.975.1 建议，规定了 8 种级联码型。这是一种比 G.975 建议 RS（255，239）码具有更强纠错能力的超级 FEC（SFEC，Super FEC）码。大部分是用里德-所罗门（Reed-Solomon，RS）编码（内编码）和其他的一些编码方式（外编码）级联而成。RS 编码方式是由 Reed 和 Solomon 提出的一种多进制 BCH 编码。BCH 码是 Bose、

Ray-Chaudhuri、Hocquenghem 的缩写，是编码理论尤其是纠错码中研究较多的一种编码方式。目前 ITU-T G.975.1 标准的 8 种 SFEC 码见表 3-1。

表 3-1　G.975.1 的 8 种 SFEC 码

FEC 类别	码型	译码	开销百分比（%OH）	码率	编码块字节	净编码增益 NCG@ 1E-12/15dB
1.2	RS+CSOC	Haard	24.48	0.803	38080	7.95/8.88
1.3	BCH+BCH	Haard	6.69	0.937	261120	7.98/8.99
1.4	RS+BCH	Haard	6.69	0.937	130560	7.63/8.67
1.5 soft	RS+product code	soft	6.69	0.937	261120	8.4/9.4
1.5 hard	RS+product code	Haard	6.69	0.937	261120	7.5/8.5
1.6	LDPC	Haard	6.69	0.937	32640	7.1/8.02
1.7A	BCH+BCH ortho	Haard	6.69	0.937	32640	7.53/8.09
1.7B	BCH+BCH ortho	Haard	9.62	0.912	33536	8.2/9.19
1.7C	BCH+BCH ortho	Haard	24.27	0.805	38016	9.04/10.06
1.8	RS	Haard	6.69	0.937	32640	7.06/8.00
1.9	BCH×BCH	Haard	6.69	0.937	522240	约 8.3/约 9.3

级联码由两个取自不同域的子码（一般采用分组码）串接而成长码，不需要长码所需的复杂译码设备，且具有极强的纠突发和随机错误能力。理论上，通常采用一个二进制码作内编码，另一个非二进制码作外编码就能组成一个简单的级联码，其原理实现如图 3-4 所示。当信道产生少量的随机错误时，可以通过内码纠正；当产生较大的突发错误或随机错误，以至于超过内码的纠错能力时，而内译码器产生错译，输出的码字有几个错误，但这仅相当于外码的几个错误符号，外译码器能较容易的纠正。因此，级联码用来纠正组合信道错误以及较长的突发性错误非常有效，而且编译码电路实现简单，以及需要较少的代价，所以非常适合在光通信中使用。

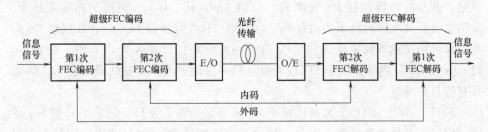

图 3-4　级联码原理实现框图（G.975.1，P3）

SFEC 是一种基于软件判决和循环解码的纠错，其净编码增益可以达到 10 dB 以上，可以使对输入 BER_{in} 的要求从 2×10^{-13} 降低到 2×10^{-2}，此时判决前的眼图即使张开得很小，信号几乎淹没在噪声中，经过 SFEC 纠错后，可以不产生误码。图 3-5 表示 SFEC 的解码特性与纠错能力，图 3-5a 表示输出 BER 与输入 BER 的关系，图 3-5b 表示比特误码率与每比特信息 Q 参数的关系。Q 参数和 BER_{in} 的关系是

$$Q = 20\log\left[\,\mathrm{erfc}^{-1}(2BER_{in})\,\right] \quad 或 \quad BER_{in} = \frac{1}{2}\mathrm{erfc}\left(\frac{Q}{\sqrt{2}}\right) \tag{3-2}$$

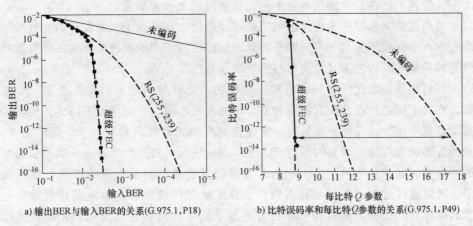

a) 输出 BER 与输入 BER 的关系(G.975.1,P18)　　b) 比特误码率和每比特 Q 参数的关系(G.975.1,P49)

图 3-5　超级前向纠错（SFEC）误码纠错能力

3.3　色散补偿与色散管理技术

3.3.1　单模光纤的色散及对系统的影响

光纤非线性影响通信系统传输的质量，限制通信距离的延长。光纤非线性总是和光纤色散相影而随，所以在考虑光纤的非线性时，必须把光纤色散一起来考虑，因此所有传输方式（包括光孤子传输）都需要管理光纤的非线性。减轻光纤非线性的方法有色散管理、先进的调制方式、超强前向纠错（SFEC）和光信号分布式拉曼放大，以及能够减小非线性影响的大芯径有效面积光纤。

色散是指不同颜色的光信号在传输过程中由于速度不同而产生分离。在光学中，不同颜色就是指不同的频率。光纤色散是由于光纤对传输信号的不同频率或模式成分有不同的群速度，导致传输时产生畸变。由于各个信号的频率成分或模式成分的传输速度不同，当它们在光纤中传输一段距离以后，光脉冲波形将展宽，严重时，前后脉冲将相互重叠，从而形成码间干扰，造成通信质量下降。另一方面，传输距离越长，脉冲展宽越严重，所以色散也能够限制光纤的传输距离。

光纤中的色散主要分为三种，分别为模式色散、色度色散和偏振模色散。在普通单模光纤中，只有偏振模色散和色度色散，而其中主要起作用的是色度色散，偏振模色散主要在高速传输系统中考虑。色度色散又可分为材料色散和波导色散。

1. 模内色散

由于实际光源并非纯单色光，单模光纤折射率会随着耦合的不同波长的光而改变，导致不同波长光的群时延不同，造成输出光脉冲展宽。

模内色散又可以称为色度色散或群速度色散。这是由于光源发出的光脉冲波形包含有不同频率分量，不同频率的脉冲波形将以不同的群速度传输，导致脉冲展宽的现象。模内色散又分为材料色散和波导色散。

材料色散是由光纤材料自身特性造成的。光纤材料的折射率并不是一个常数，它对不同的传输波长有不同的值。光的波长不同，折射率就不同，光传输的速度也就不同。当光脉冲从具有一定光谱宽度的光源发出并射入光纤内传输时，光的传输速度将随光波长的不同而改变，到达终端时将产生时延差，从而引起光脉冲展宽。这种色散的产生由所用光源谱线宽度和材料折射率的波长特性所决定。可以通过解波动方程和利用边界条件来确定传播常数进而求得其色散表达式，单模光纤还利用基模特点和折射率差小的条件对其进行简化。光纤长度越长，输入光脉冲展宽就越大。

波导色散是有一定波谱宽度的光源发出的光脉冲射入光纤后，由于不同波长的光传输路程不完全相同，所以到达终点的时间不相同，从而出现脉冲展宽。波导色散是由于基模群速度与单模光纤的归一化频率 V 有关。即使纤芯和包层的折射率都为常数，V 参数也与光源的波长有关。光源有一定的谱宽，不同波长的光在基模传输时，V 不同，使得群速度也不相同，导致各波长光到达光纤末端的时延不同，引起光脉冲展宽。

2. 模式色散

模式色散又称模间色散，光纤的模式色散只存在于多模光纤中，每一种模式到达光纤终端的时间先后不同，造成了脉冲的展宽，从而出现色散现象。在同一根光纤中，高次模到达终点走的路程长，低次模走的路程短，这就意味着高次模到达终点需要的时间长，低次模到达终点需要的时间短。在同一条长度的光纤上最高次模与最低次模到达终点所用的时间差，就是这段光纤产生的脉冲展宽。

影响光纤时延差的因素有两个，即纤芯-包层相对折射率差和光纤的长度。光纤的时延差与纤芯-包层相对折射率差成正比。纤芯的折射率、包层的折射率越大，时延差就会越大，光脉冲展宽也越大。从减小光纤时延差的观点上看，较小的为最好，这种小的光纤称为弱导光纤。另外，光纤越长，时延差也越大，色散也越大。

在单模光纤中，由于只有一个模式在光纤中传输，因此不存在模式色散。

3. 偏振模色散

偏振模色散又称光的双折射。单模光纤只能传输一种基模的光，理想的单模光纤其折射率分布应该是沿轴均匀分布的，但实际应用中由于应用环境等因素，光纤内部不可避免会出现双折射现象，引起脉冲展宽。

偏振是与光的振动方向有关的光性能，我们知道光在单模光纤中只有基模 HE Ⅱ 传输，由于 HE Ⅱ 模由相互垂直的两个极化模 HE Ⅱ X 和 HE Ⅱ Y 构成，在传输过程中极化模的轴向传播常数 Bx 和 By 往往不等，从而造成光脉冲在输出端展宽现象。因此两极化模经过光纤传输后到达时间就会不一致，这个时间差称为偏振模色散 PMD。PMD 最大特点是随机性，其值是由于光纤所处的环境变化而发生波动。

造成光的偏振态不稳定的原因，有光纤本身的内部因素，也有光纤的外部因素。内部因素主要包括光纤在制造过程中存在着光纤截面非圆、应力分布不均匀、承受侧压和光纤的弯曲等现象，这些因素将造成光纤的双折射。另外，在传输过程中，两个相互正交的线性偏振模式之间会形成传输群速度差，产生偏振模色散。在光纤较长时，由于偏振模随机模耦合对温度、环境条件、光源波长的轻微波动等都很敏感。外部因素有很多，例如光纤在铺设的过程中可能会受到不同程度的外力作用的影响。光纤在外部机械力作用下，会产生光弹性效应；在外磁场的作用下，会产生法拉第效应；在外电场作用下，会产生克尔效应。所有这些效应的总结果，将导致产生外部双折射。

3.3.2　色散补偿技术

色散使光信号展宽，使光脉冲经光纤传输时产生了新的频谱成分。在较低速率时，光纤可以看成是对数据速率无关的传输媒质，但对于高速信道来说却不是这样。色散效应将导致脉冲展宽从而引起误码，这是高速系统长距离传输的主要限制，理论上色散限制定义为理想 WDM 系统承受 1dB 功率代价的距离，对 2.5Gbit/s 的系统来说，这个限制为 1000km，但在实际系统中，接收机时钟恢复系统的非理想性也加剧了色散的影响，因此，通常采用一个保守的 600km 距离作为色散限制。对采用常规光纤的 10Gbit/s 系统来说，色散限制仅为 50km，因而，在长距离光纤段中必须采用某种形式的色散补偿技术。色散补偿，又可称为光均衡，其基本原理是当光脉冲信号经长距离光纤传输后，由于色散效应而产生脉冲展宽或畸变，这时可用一段具有相反色散符号的补偿器来修正，目的是消除脉冲展宽或畸变。所有色散补偿方式都试图恢复原来的输入信号，具体实现时，可以在接收机、发射机或沿光纤线路进行补偿。

如前所述，光纤的色散会引起传输光脉冲展宽，产生码间干扰，严重时会影响传输系统的误码性能。为了降低色散的影响，提出了许多的技术方案，如色散补偿技术、色散管理技术等，取得了很好的效果。

1. 固定色散补偿技术

（1）色散补偿光纤

第一种色散补偿技术是采用特殊的负色散光纤补偿单模光纤的正色散，使时延接近为一固定值，保持光波形不展宽。这种负色散光纤称为色散补偿光纤（DCF）。DCF 具有特殊的折射率特性。图 3-6a 是早期 DCF 的折射率特性，光纤芯外只有一层简单包层，这种光纤只能在 1550nm 得到负色散，无法补偿其他信道。在纤芯和外包层之间增加一个小折射率层，就得到 W 形的折射率，如图 3-6b 所示，这种 DCF 具有负的色散和色散倾斜，能够用于 WDM 系统，但截止波长较小，弯曲时的损耗较高。为此再增加一个大折射率层，如图 3-6c 所示，以改善 DCF 的弯曲特性，同时也能更加灵活的补偿色散和色散倾斜，减小残余色散。

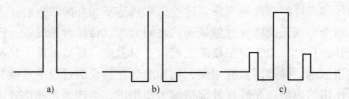

图 3-6 三种典型的色散补偿光纤折射率特性

单模 DCF 在 1550nm 光波长附近有较大的负色散，用这种光纤与常规单模光纤（即 G.652 光纤）串接组成传输线路，可以补偿常规单模光纤在该光波长处的正色散，以延长中继距离。最简单的方式是在具有正色散值的标准单模光纤 L_1 之后接入一段在该波长下具有负色散特性的色散补偿光纤 L_2。为了获得显著的补偿效果，DCF 与常规单模光纤长度的选择应符合下式要求：

$$D_1 L_1 + D_2 L_2 = 0 \qquad (3-3)$$

式中，D_1 和 D_2 分别为常规单模光纤和 DCF 在工作波长λ的色散系数；L_1 和 L_2 分别为常规单模光纤和 DCF 的长度。从实用考虑，L_2 应该尽可能短，所以它的色散值 D_2 应尽可能大。DCF 光纤的纤芯直径通常比标准单模光纤小很多，其色散值一般是标准单模光纤的 5~10 倍。要补偿 80km 的色散需要 16km 左右的色散补偿光纤，但这种光纤比标准单模光纤衰减大，同时会引入 5~8dB 损耗，所以必须附加一些放大器来进行补偿。

DCF 的主要特性是色散特性和传输损耗特性，此外还有 DCF 和常规单模光纤的连接损耗和 DCF 的弯曲损耗。对于色散特性，除了 1550nm 波长外的色散系数外，还包括色散和波长关系曲线的斜率。从色散补偿效果来说，要求 DCF 的色散系数越大越好，同时要求色散斜率满足一定的关系，以便在宽波长范围内，尤其在 1530~1550nm 波长范围内进行有效的色散补偿。对于传输损耗特性，为了使 DCF 获得较大的负色散，需增加纤芯的相对折射率差，这样在纤芯内大量的掺杂会额外地增加散射损耗，因此，DCF 的衰耗系数一般比较大。采用 DCF 进行色散补偿时，由于 DCF 的接入会给传输线路引入较大的附加损耗，也会影响传输质量。可见，在选用 DCF 时，必须兼顾色散系数和衰减系数这两个参数。

色散补偿光纤（DCF）的优势在于其带宽宽，能同时对多个 WDM 信道进行色散补偿，而且是无源全光纤设备。但也有它的缺点，包括：其色散补偿能力是固定的、其有效面积小从而导致更高的非线性、需要的 DCF 光纤的长度长（达要补偿的单模光纤（SMF）长度的 1/5，从而增大了传输损耗，并且体积大、质量大）。

（2）啁啾光纤布拉格光栅

由于光纤布拉格光栅（FBG）损耗低，封装尺寸小和光学非线性效应弱，它正成为一种有力的色散补偿技术。FBG 由逐段的单模光纤组成，各段纤芯的折射率沿光纤长度方向呈现周期性变化。对于在纤芯中传播的特定波长的光信号，由于折射率的空间周期符合了所谓的"布拉格条件"，那么此周期性结构对光信号就起到了镜面反射的作用。按照 FBG 折射率变化周期恒定的还是渐变的可以将其分为均匀光纤布拉格光栅（UFBG）和啁啾光纤布拉格光栅（CFBG），两种 FBG 的差别在于：UFBG 的反射谱较窄，只能反射单一频率的光信号；而 CFBG 的反射谱较宽，可以反射多个频率的光信号，并且各个频率分量的时延差不同。根据两种光栅的不同特性，UFBG 多用于光滤波，而 CFBG 则可用作色散补偿。在啁啾光纤光栅中，不同频率的光在光纤光栅上的不同位置处达到布拉格条件，从而可以通过设计啁啾分布，控制不同的光频分量在光栅中的往返时延，利用光纤光栅中的传输时延抵消传输光纤的群时延。

（3）高阶模色散补偿光纤

设计常规 DCF 的一个主要困难在于，除非把光纤的有效面积做得很小，否则得不到高的负色散，但同时较小的有效面积又会引入高的非线性和高损耗。一种能同时减小非线性和损耗的方法是使用高阶模（HOM）光纤，它在功能上和 DCF 有着很多相似之处，并且在连续波长带宽上工作。在这样的光纤中，光纤波导被设计成能够传输位于截止波长附近的 LP11 或 LP02 模，而不能传输 LP01 模。基本原理是利用高阶模式在截止波长附近的高色散特性，从而能够在一段较短的 HOM 光纤上得到所需数量的色散补偿量。

基于以上思想，人们发明了高阶模色散补偿模块（HOM—DCM），它是一种利用模式变化原理来工作的光纤色散补偿模块。高阶模色散补偿模块由两个模式变换器和一段 HOM 光纤组成。HOM 光纤长度约为数百米，它工作于 LP02 模式，且位于两个模式变换器之间。第一个模式变换器将传输光纤中的 LP01 模转换成 HOM 光纤支持的 LP02 模，然后利用 HOM 光纤大的负色散特性对信号色散进行补偿，在输出端由第二个变换器将该 LP02 模（或 LP11 模）变换成传输光纤支持的 LP01。在该色散补偿模块中，模式转换器的转换效率是一项非常重要的指标，目前模式变换器的转换损耗可以控制在 1dB 之内。

综合起来，高阶模色散补偿技术具有以下优点：

1）对系统完全透明，便于集成到网络基础设备中。

2）适应于不同类型光纤（SMF，NZDSF）传输，且能够满足不同补偿距离的要求。

3）适用于超高速单波长系统也适用于多波长系统。

4）能够提供连续宽带色散补偿，不存在逐一波长通道补偿带来的复杂，代价高昂之类的问题，最多能同时补偿 C 和 L 波段，100 个波长的系统。

5）本身具有插入损耗低、不会引入额外的非线性效应等优点。

2. 色散斜率补偿

仅对单个信道进行补偿时，补偿器的目标只是提供恶化传输光纤中大小相同、符号相反的色散值。然而，多信道色散补偿面临的困难要艰巨得多。因为光纤中的色散随波长的不同而不同，能够补偿单个 WDM 信道并不能确保所有 WDM 信道都被精确补偿。除非补偿器和传输光纤色散曲线的频谱斜率相匹配，否则在其他 WDM 信道上会产生残留色散。传统 DCF 的色散斜率很难和传输光纤的相匹配，如果对中心信道做到了精确补偿，但是在较短波长信道上会产生正的残余色散，而在较长波长信道上将产生负的残余色散。由此看来，对于高速率、大容量的超长传输系统需要色散斜率补偿，在某些情况下甚至需要可调色散斜率补偿。

（1）基于 DCF 的固定斜率补偿

目前已经制造出了色散斜率接近于匹配传统传输光纤的 DCF，在 1550nm 处，其相对色散斜率的取值范围为 0.003~0.02nm。

（2）用于固定斜率补偿的 FBG

由于能对传输光纤的色散进行精确的补偿，宽带光纤布拉格光栅已经被用于斜率补偿。

（3）虚拟成像相位阵列（VIPA）斜率匹配

VIPA 能实现固定色散斜率和可调斜率补偿，这是利用微光学器件来达到色散补偿目的，它让不同波长的光传输的路径长度不同，从而达到符合要求的群时延。该技术通过控制三维反射镜镜面不同位置的凸、凹，使不同波长的光在不同的位置得到反射，得到负的或正的色散，这与光纤光栅原理很相似。VIPA 技术可以进行宽带补偿以及色散斜率补偿，还可以实现对单个信道的调谐，VIPA 的关键是三维反射镜的制作及封装技术。

（4）基于 FBG 的可调斜率补偿

非线性啁啾光纤布拉格光栅（NL-FBG）为不同的波长提供了不同的色散补偿量。宽带 NL—FBG 可对 WDM 系统进行色散补偿。通过仔细的设计啁啾轮廓，还可以对传输光纤实现精确的可调色散斜率匹配。

3. 其他色度色散补偿技术

（1）激光预啁啾技术

激光预啁啾技术是在激光器产生的光脉冲信号之前，利用外调制器使光脉冲信号发生有规律的啁啾，然后再发送信号的一种技术，通过外调制器使光脉冲成为被压缩的负啁啾脉冲，该脉冲在光纤传输过程中，受光纤色散的影响，使原来被压缩的光脉冲在接收之前得到还原，从而扩大了系统的色散容限，延长了系统的传输距离。激光预啁啾技术的色散补偿量有限，只在脉冲传输的初始阶段起到一定的辅助作用，在长距离传输信号放大后则不起作用。此方法的色散补偿能力不高，难于升级，不利于系统扩容发展。特别是对于传输速率超过 10Gbit/s 的系统，预啁啾的色散补偿作用不太明显。

（2）中点光谱反转技术

中点光谱反转技术利用光纤中的非线性效应频谱反转后进行二次传输（在传输链路的中点将频谱共辄反转），从而与第一段光纤中的色散相互抵消，使得信号在第二段光纤传输中得到修正。该方法可部分地补偿光纤的非线性效应，消除光纤中自相位调制引起的失真，并适用于更高速率和更长距离的无中继系统，因此对于单一波长通道高速光纤通信系统的色散补偿十分有效。但对于 WDM 系统，问题却比较突出。虽然传输信号的初始光波长满足 ITU-T 建议的波长标准，但是频谱反转后波长发生了变化，与建议的波长标准不可能完全相符，并且采用该方法无法实现光传输系统中途的上下话路。所以这种方法目前尚未获得实用。

（3）光孤子传输

光孤子传输是利用光纤的非线性特性，使光纤由频率色散引起的脉冲展宽能被光克尔效应产生的自相位调制（SPM）相抵消，有效抑制了传输过程的波形失真，从而使入射脉冲经光纤传输后仍保持形状不变的传输方式。尽管光孤子通信采用的变换极限脉冲在理论上可以传输几万千米而不展宽，但在实际应用中却行不通。

（4）色散支持传输（DST）

DST 技术是一种全新的传输方式，它采用移频键控方式，在常规单模光纤上传输。据文献介绍，从发射端发出一个调频信号，该信号经过光纤传输后由于色散效应转化成一个调幅信号，但是具体中间过程目前无详细报道。在接收端采用积分器或低通滤波器及一个判决电路，即可恢复原始信号。DST 用非常简单的装置和直接调制激光器就可实现长距离普通单模光纤之间的跨接，具有对光纤中的非线性效应不敏感的优点，但是系统的性能强烈依赖于器件的内部特性，很难实用化，并且无法实现信号传输途中的上下话路。该方案在线升级性不好，不利于系统扩容。

4. 偏振模色散补偿技术

如前所述，由于光纤存在偏振模色散（PMD），会导致传输光脉冲波形展宽，在接收端引起码间干扰，严重时会使系统误码性能劣化，影响传输性能，这在高速率传输系统显得尤为突出。因此，对于基础速率较高的（一般指大于10Gbit/s 的速率）系统，其再生段传输距离还必须满足偏振模色散限制条件。由于光纤的 PMD 是一个随机变量，其大小随时间、敷设环境等因素变化，因此在工程计算 PMD 受限最大传输距离时采用较为保守的方法。

在传输系统中由于色散的影响，一般来说，当时延差达到一个比特周期的0.3 倍时，将引起 1dB 的功率损失。而 PMD 的测量值是一个平均值，偏振模的瞬时值有可能达到平均值的 3 倍。这样，为了保证由于 PMI 的瞬时最大值影响造成功率损失也不超过 1dB，那么取定 PMD 平均值造成脉冲展宽必须小于一个比特周期的 0.1 倍来考虑。因此，核算偏振模色散对传输距离的制约时，应根据传输系统的最高传输速率计算。

应该指出，在实际工程中，若为新建线路则可按照光缆厂商提供的光纤链路偏振模色散系数来进行设计或校核，若为系统升级，则由于老线路一般不具有光缆厂商提供的 PMD 资料，且线路路由经改迁、线路故障的修复后其 PMD 系数发生变化，因此在这种情况下，应对光纤链路的偏振模色散进行实地测量，以实测结果来进行设计或校核。

从 PMD 补偿技术的发展来看，大体分为三类，即电补偿、光电补偿和光补偿。电补偿是对光接收机接收的电信号进行电域均衡，电补偿器主要由横向滤波器和判决反馈均衡器两部分构成，其中横向滤波器承担着减小 PMD 代价的任务。光电补偿要求有两个或以上的光电探测器，快主态和慢主态的光经过一个偏振控制器（PC）和偏振分束器（PBS）分成两束，经过光电探测器后变为电域信号，通过调节电的时延线来补偿两路信号的时延。光补偿方案是在光纤链路后面接调整偏振的器件（如 PC）和双折射元件，可以是双折射光纤等等的器件，通过调节 PC 可以完成对 PMD 的补偿。

一般来讲，电补偿器可以补偿传输过程 PMD 的影响，也可以补偿其他效应（例如群速度色散、非线性）的影响，因此这种方案对综合补偿各种不良效应非常有意义，但是由于工作在电域上，不可避免地要受到电速率的瓶颈，因此在高速系统中的应用受到了限制。光电补偿方案中要用到多个光电探测装置，其成本要明显的提高。光补偿从信号取样方式来看可分为反馈补偿和前馈补偿两种。下面的讨论将主要针对光补偿方案。

补偿 PMD 可以依据其补偿目的分为一阶 PMD 补偿或一阶、二阶 PMD 的同时补偿等，也可以依据补偿器控制参量的多少分为多少个自由度的补偿。任何一种在光域补偿 PMD 的技术都难以实现完全补偿，也不可能保证补偿后系统的某种性能指标如误码率在某个范围。补偿的作用是降低系统的损耗概率，或减轻 PMD 对系统的损伤程度。

一阶 PMD 补偿的方案主要有两种：一种是 PSP 传输法；另一种称为后补偿法。调节入射到光纤的偏振态，使其沿光纤的偏振主态方向传输，光信号沿光纤传输时不受一阶 PMD 的影响，称为 PSP 传输法。一阶 PMD 补偿另外一种方法是在传输光纤之后，光接收机之前级联双折射光纤，称之为后补偿，这是现在较为常用的方法。方法中时延线产生的 DGD 可以是固定的，也可以是变化的，依据具体情况而定。与一阶段 PMD 补偿器相比，二阶段补偿器要补偿的量至少多出一个，要求补偿器的自由度相应的增多，它能补偿一阶 PMD 和部分二阶 PMD。

3.3.3　色散管理技术

海底光缆通信系统使用海底光中继放大器进行级联放大实现长距离传输，需要进行色散补偿。色散补偿分为完全色散补偿、欠补偿和过补偿。对整个系统进行色散补偿方案设计，叫作色散管理。群速度色散（GVD）和沿色散补偿光纤（DCF）线路功率的变化与 DCF 和光放大器的相对位置有关，为此，需要进行色散管理。所谓色散管理就是在光纤线路上混合使用正负 GVD 光纤，这样不仅减少了所有信道的总色散，而且非线性影响也最小。发射机使用差分相移键控（DPSK）技术可使接收机灵敏度改善 3dB，可容忍更大的色散累积。适当的色散管理，可减轻非线性噪声和交叉相位调制的影响。

1. 完全色散补偿

对于一个传输线路使用 G.655 非零色散移位光纤（NZ-DSF）的高比特率系统来说，光纤色散为负值，虽然很小，但当传输光纤很长时，色散在传输路径上的累积也很大，将使信号光脉冲发生畸变。为了补偿（抵消）这种光纤非线性畸变的累积，周期性地插入一段正色散光纤（如 G.652 标准光纤），这段光纤的正色散值正好与线路光纤的负色散值相等，从而达到补偿的目的。图 3-7 所示为理想的色散补偿图，传输线路使用色散移位光纤，平均色散为 $D = -0.2 \text{ps/nm} \cdot \text{km}$，每 1000km 插入 10km 的标准光纤（$+20 \text{ps/nm} \cdot \text{km}$）进行补偿。

理论研究表明，当系统中 G.652 光纤和 DCF 的色散系数和长度满足完全补偿条件时，可取得最佳的色散补偿效果。对单信道系统而言，采用 DCF 色散补偿时，在忽略非线性效应的条件下，只需使信道工作波长上 DCF 和 G.652 光纤的总色散绝对值相等。即完全补偿条件为

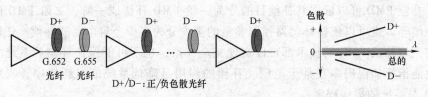

图 3-7　色散管理图

$$DL + D_C L_C = 0 \tag{3-4}$$

式中，D_C，L_C 分别为 DCF 的色散系数和长度，其单位分别为 ps/nm·km 和 km；D，L 分别为 G.652 光纤的色散系数和长度，其单位分别为 ps/nm·km 和 km。当工作波长上 DCF 总色散绝对值小于 G.652 光纤的总色散值时系统处于色散欠补偿状态；当工作波长上 DCF 总色散绝对值大于 G.652 光纤的总色散值时系统处于色散过补偿状态。

对于 WDM 系统而言，由于 G.652 光纤和 DCF 的色散系数均为波长的函数，因此若要使系统中各信道都满足完全补偿条件的话，除了要使其中某一信道满足式（3-4）的条件外，还需满足色散斜率匹配条件，即

$$SL + S_C L_C = 0 \tag{3-5}$$

式中，S_C 和 S 分别为 DCF 和 G.652 光纤在某一波长上的色散斜率 ps/nm^2·km。

2. 欠补偿和过补偿

在满足完全补偿条件的 DCF 长度附近的一定范围内，都能取得较好的色散补偿效果；当 DCF 长度小于或大于某一值时，DCF 长度的变化，光功率代价急剧增加，色散补偿效果变差。由于 DCF 长度小于完全色散补偿时对应的系统总色散为正，为欠补偿状态；而大于完全色散补偿时对应的系统总色散为负，为过补偿状态，因此在较大的欠补偿状态或过补偿状态下，色散补偿效果较差。此外，可以看出，相对于欠补偿，过补偿时系统光功率代价略大，但这种变化是细微的。

为了减少累积色散，分别在发送端和接收端进行预色散补偿和后色散补偿。利用这种技术，最大累积色散减小了一半。尽管如此，即使已进行了前色散补偿和后色散补偿，累积色散也不能忽略，对于使用宽带光放大器的超长距离系统，复用波段两端信道波长的色散损伤也是显著的。

为了解决这一问题，光纤供应商已经开发了新型光纤，称为反色散光纤（Reverse Dispersion Fiber，RDF），其二阶和三阶色散值与 G.652 非零色散移位光纤（NDSF）的色散值相反。在每个中继段，混合使用反色散光纤（RDF）和非色散移位光纤（NDSF），就可以同时抵消所有波长的累积色散。这种混合使用的光纤，称为色散管理光纤（Dispersion Managed Fiber，DMF）。

3.4　光调制技术

通常有三种方法来提升高速光传输系统的通信容量：一是采用包含更多光纤的光缆来传输信号，但这种方法因为需要更多的光源和光接收机导致系统成本造价很高；二是采用 DWDM 技术来并行传输信号，但实际上，可用的波长范围常受到限制，并且系统的成本造价也相对较高且系统进行维护相对困难；三是采用高速先进码型调制格式技术来提高单纤单波长中信号的传输容量，这种方法因为耗费系统成本相对较低且易于解决信号光频谱效率的问题，而被广泛采用并受到重视。许多新型调制码被引入到高速传输系统中来，其中大部分研究和商用的都是外调制码。

3.4.1　光调制技术基础

在光纤通信系统中，光载波可以表示为

$$E(t) = \bar{e}A\cos(2\pi f_0 t + \phi) \tag{3-6}$$

式中，$E(t)$ 是电场矢量；$\bar{e}$ 是极化方向上的单位矢量；A 是振幅；f_0 是载波频率；ϕ 是相位。光调制过程本质上就是对 $\bar{e}$、A、f_0、ϕ 中的一种或多种参量进行调制。

在所有调制格式中，非归零键控调制（NRZ）是其中最简单的一种方式。由于调制和解调设备都很简单，具有传输性能和频谱效率较优等优点，所以在光通信系统中被广泛采用。但从通信理论的角度来考察，NRZ 可以说是一种最"原始"的载波数字调制方式，与其他调制方式相比其抗噪声性能最差。高速大容量 WDM 系统中，NRZ 调制格式也不能有效地抵抗色散、非线性和噪声的影响，有其固有的缺陷，因此各种新型光调制格式应运而生。这些新的光调制格式能够有效地减小信道间隔，增加频谱利用率，增强光信号在传输过程中抵抗各类干扰的能力，使整个光通信系统的传输距离和容量得到有效提高。

光纤通信中的调制方式分为直接调制和外调制。直接调制是利用输入的电信号直接驱动激光器产生已调制的输出光信号，实现方法简单方便，但容易产生啁啾，尤其在高速率的情况下将会降低信号的抗色散性能，从而限制系统的传输距离。外调制采用的光调制器件一般都是通过电信号使半导体或电介质的折射率和吸收系数发生变化，外调制技术产生的啁啾几乎为零，特别适合长距离高速光调制，因此在单波长 10Gbit/s 以上的系统中都采用外调制方法。外调制把激光产生和调制过程分开，以避免这些有害的影响，用电信号通过电光晶体对 LD 发射的连续光进行调制。

高速光传输系统要求外调制器具有足够的调制带宽、低驱动电压和高饱和的功率。此外，高消光比、低啁啾、低插入损耗和低偏振相关性也是重要因素。适合 40Gbit/s 等超高速光纤通信系统使用的外调制器有马赫-曾德尔调制器（MZM）和电吸收型调制器（EAM）两种类型。电吸收调制器虽然易于和激光器集成形成体积较小的单片组件，但是它的频率啁啾比马赫-曾德尔调制器大，不适合于高速率光信号的长距离传输。而马赫-曾德尔调制器组合具有很好的消啁啾特性，适合高速率（10Gbit/s 及更高速率）光信号的长距离传输。

　　MZM 调制器可以用半导体材料制作，也可用电光材料（如 $LiNbO_3$）制作，通过合理设置 MZM 调制器的偏置电压可以使产生的已调制光信号具有非常好的消啁啾特性，以其高可靠性，低插拔损耗，高消光比等优良特性在高速光调制中得到广泛应用。MZM 是一种电光调制器，其工作原理是当把电压加到电光晶体上的时候，晶体的折射率和折射率主轴会发生变化，引起通过该晶体的光波特性发生变化。如图 3-8 所示的 $LiNbO_3$ 制作的 NZN 调制器中，使用两个频率相同但相位不同的偏振光波，进行干涉，外加电压引入相位的变化可以转换为幅度的变化。

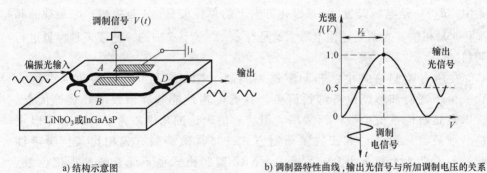

a) 结构示意图　　　　　　　　　b) 调制器特性曲线，输出光信号与所加调制电压的关系

图 3-8　马赫-曾德尔调制器

　　电吸收调制器（EAM）的基本原理是：改变调制器上的偏压，使多量子阱（MQW）的吸收边界波长发生变化，进而改变光束的通断，实现调制功能。当调制器无偏压时，光束处于通状态，输出功率最大；当调制器上的偏压逐渐增加时，MQW 的吸收边将移向长波长，原光束波长吸收系数变大，调制器成为断状态，输出功率最小。EAM 体积小、驱动电压低，便于与激光器、放大器和光检测器等其他光器件集成在一起。随着高速率长距离通信系统的发展，对 EAM 的研究受到了广泛的重视，从而迅速发展起来。然而，EANI 存在动态啁啾的问题，它的啁啾和偏置电压有一定的依赖关系，不能够用于产生相位调制码型，极大地限制了其在高速光通信系统中应用。因此，在新型光调制格式中 EAM 并不多见。

3.4.2　光调制技术分类

不同的调制格式，由于产生方式不同，其时域和频域特性也相应不同，因此能适合于不同需求的海缆通信系统。在低速率（10Gbit/s 和 10Gbit/s 以下）海底光缆通信系统中，由于非线性效应和偏振模色散影响并不是很严重，因此使用 NRZ 信号能满足目前的 WDM 海底光缆通信系统的需要。当速率提高到单波长 40Gbit/s，非线性效应和偏振模色散将变得很严重，在色散完全补偿的情况下，非线性效应成为最主要的限制系统容量和距离的因素，抗非线性能力差的 NRZ 信号已不能满足需要，于是各种新型调制格式应运而生。新型的调制格式技术只需要在发射端和接收端更换相应的设备，不需要对现有的传输线路进行很大的改动就可以有效地提高系统的性能，降低了系统的升级成本。所以，适合于高速光纤通信系统的新型调制技术成为高速光传输技术研究的热点。

外调制技术因为具有诸多优点而在光传输系统中被广泛采用，而实现外调制技术的调制码型，就是外调制码。外调制码按照承载信息的光载波参量分为调制振幅得到的强度调制（ASK）码，ASK 码主要是开关键控码（OOK），调制频率得到的频率调制（FSK）码，调制相位得到的相位调制（PSK）码，调制偏振方向得到的偏振调制（POLSK）码。另外，上述每类码型按照比特率与符号率的组合关系，还可以分为二进制、多二进制和多电平的码型。而在此基础上衍生出的混合调制码型是以上两种或几种调制码型的有机结合产生的。值得一提的是，反传统的调制方式（包括 DPSK，FSK，POLSK 等）的第一次兴起是相干光通信方面的科学研究。相干光通信的最初提出，也是为了解决系统的速率容量提高问题和接收机灵敏度问题。大量的科研工作集中在几种调制方式的接收机灵敏度的比较方面。尽管 DPSK 等调制方式在一定条件下比强度调制的信号接收机灵敏度高，但是这些调制方式的发射机相对复杂，低速的调相方式对激光器线宽要求很高，几种方式的接收机都比较复杂，和直接检测无法比拟。经历了 WDM 系统的大发展后，强度调制光通信系统的速率和带宽利用率取得了很大提高，系统容量和传输距离的记录不断被打破。然而当系统信道速率上升到 40Git/s 以上时，带宽利用率越高，传输距离越长，光纤非线性效应引起的传输损伤越大。对强度调制的信号来说，光纤的非线性效应成为制约系统带宽提高和传输距离的致命因素。因为通过传统强度调制方式的劣势凸显出来，所以相位调制等新型调制方式开始显示出高速传输的优越性[8]。

调制编码方式将直接影响系统的光信噪比（OSNR）、色度色散（CD）、偏振模色散（PMD）容限以及非线性效应等性能。通常，衡量一种调制码的优劣除了主要看它的抵抗色散、抵抗偏振模色散和抵抗非线性负面效应的能力之外，还要看它的频带利用率和抗噪声能力。一般来说，几乎所有的调制方式都有基于

NRZ 和 RZ 的两种格式。目前常用的基本调制格式包括 NRZ、RZ、CSRZ 以及它们对应的 DPSK 格式。NRZ-OOK 码型是最简单的一种调制方式，其产生只需要用到一级调制器；RZ 和 CSRZ 相对复杂，需要用到两个调制器。NRZ-DPSK、RZ-DPSK、CSRZ-DPSK 格式所需要的调制器和 NRZ、RZ 和 CSRZ 相同。另外，在实际应用中，用得较多的还有 DB、AMI 和 DQPSK 格式，这三种格式的产生相对于上述 6 种格式更为复杂，但在某些应用中却具有更优的特性。在 100bit/s 及其以下速率传输系统中归零码（RZ）更加紧凑。在 10Gbit/s 及其以下比特速率的光传输系统中，NRZ 码能更好地满足需求。随着传输速率的提高，目前研究较多的调制码型主要有光双二进制码（Optical Duo-Binary，ODB）、差分相移键控（DPSK）、差分正交相移键控（DQPSK）和偏振复用差分正交相移键控（PM-DQPSK）/相干接收等。使用这些调制编码的外调制技术可将现有的 10Gbit/s 系统提升到 40Gbit/s 甚至 100Gbit/s 系统。

开关键控码通过控制光的有无来对数据进行编码，它包括非归零码（NRZ）、归零码（RZ）、光双二进制码（ODB）和符号交替翻转码（AMI）。对于归零码而言，又有许多类型，包括载波抑制归零码（CSRZ），啁啾归零码（CRZ）等。PSK 包括 NRZ-DPSK、RZ-DPSK、CSRZ-DPSK 和差分四相移键控码（DQPSK）。FSK 还包括连续相位频移键控码（CPFSK），最小频移键控码（MSK）。下面对其中最为重要的几种码型作——介绍。

3.4.3　调制编码方式

1. 非归零（NRZ）码

NRZ 是占空比为 100% 的开关键控码型，NRZ 码的产生方法是所有码型中最为直接的。它能够通过对一个半导体激光器的外调制或直接调制产生。它的带宽受到器件特性的限制，包括寄生效应，这使它很难工作在 40Gbit/s 的环境下；频率啁啾问题使它不能够适应长途传输。但是，这种装置非常经济简单，所需要的驱动电压也比较低，而且预滤波使它能胜任几百千米的传输。对于外调制，连续光（CW）和外调制器是必不可少的，外调制器可以是电吸收调制器（EAM）或马赫曾德调制器（MZM）。与 MZM 相比，EAM 的插入损耗较大但能够更加灵活地调节占空比。非归零码由于其简单经济在现有的光通信系统中被广泛使用。NRZ 频谱效率高，比较适合 WDM 系统。NRZ 是当前应用得最多的调制格式，因为它的应用简单、成本低，技术成熟，而且光谱宽度较窄，因而广泛应用于目前的 WDM 低速传输系统中。

2. 归零（RZ）码

RZ 是指占空比小于 100% 的开关键控码型，与 NRZ 相比，RZ 有更大的非线性容忍度，目前主要有两种方法可产生 RZ 信号。通过对归零脉冲源与信号的同步产生 RZ 信号，脉冲源可以通过分布反馈式布拉格激光器（DFB-LD）来得到。对于一个 N 路信号的 WDM 系统而言，由于需要 N 个脉冲源和 N 个调制器来产生 N 路信号，这增加了系统的代价。另一种方法是先产生 N 路的 NRZ 信号，然后再对信号进行切割，这样就能降低成本。这种方法能够产生不同占空比的归零信号，但是必须做到 N 路非归零信号与用来切割的马赫-曾德尔调制器的同步。对于这种方法，如果要发射 N 路信号，那么我们需要 N 个 CW 源和 $N+1$ 个马赫-曾德尔调制器。这种方法更加经济，并且被广泛地使用。另外，由于 RZ 信号占空比小，脉宽窄，在高速时分复用（TDM）系统中有很大优势。与 NRZ 码相比，RZ 码高于 40Gbit/s 的传输表现出如下优点：①RZ 码比 NRZ 码的峰值功率高，检测 RZ 码接收机灵敏度将有所改善，因此降低了系统对光信噪的要求并且延伸了光信号的传输距离；②RZ 码将脉冲能量集中在码元中心更窄的区域，所以需要比作用在 NRZ 码上更大的差分群时延才能引起码间干扰现象，因此 RZ 码在抑制 PMD 方面具有更优的性能；③在 SPM 受限的光通信系统中，RZ 码传输允许具有更大的入纤功率，或者在相同的入纤功率下，RZ 码可以实现更远的光信号传输。除以上分析外，从应用的实际结果来看，40Gbit/s 及其以上的光信号传输系统除了必须采用调制码之外，而且沿用多年的 NRZ 码必须转向性能更好的 RZ 码，或者转向调制效率更高的其他码型。

3. 载波抑制归零（CSRZ）码

占空比为 66% 的 RZ 码为 CSRZ 码，从眼图上看与 RZ 相似，但 CSRZ 码在两个相邻的比特位引入了 π 的相位反转。正因如此，CSRZ 较 RZ 码有更窄的频谱宽度和更好的非线性容忍能力。产生载波抑制归零码的方法是使用一个公共的马赫-曾德尔调制器（MZM）来引入相位的反转。通过把偏置点定在 MZM 调制器的最低点，能够实现载波抑制归零信号的产生。这种产生方法共用了 $N+1$ 个调制器和 N 路光源来产生 N 路 WDM 的 CSRZ 信号。

4. 光双二进制（ODB）编码

ODB 本质上还是一种二进制编码。在实际中，为了应用方便，使 "1" 对应 "+1" 和 "-1"，"0" 对应 "0"。这种技术与一般的幅度调制技术比较，信号谱宽几乎是 NRZ 信号的一半，这就使得相邻信道的波长间距可以减小，从而可扩大信道容量。ODB 比 NRZ 信号具有更大的色散容差，从而使其在无色散补偿的情况下能传输更长的距离。载频处也没有像 NRZ 一样的线型谱，此特性放宽了 SBS 限制的入纤光功率。在接收端，ODB 信号可以用一般的强度探测器直接探测，因此，普通的非归零（NRZ）码的光接收机就可以接收 ODB 信号，而不需要像 DPSK 那样相干解码，成本较低。

5. 传号交替反转码 AMI

与 Duobinary 相似，符号交替翻转码（AMI），除了幅度上携带信息外，在相位上还有相关编码。信号"1"上的相位是不断反转的，每个"1"的相位都与它前面的"1"相差 π。AMI 格式也属于部分响应调制格式，其产生和 DB 格式的产生类似，不同点在于预编码部分。AMI 的产生中把电的延时相加部分改为延时相减电路（等价于高通滤波器），另外一种方法就是直接在光域对强度或相位调制的信号进行延时相消干涉而得到，因此 AMI 的表现形式一般为 RZ 格式，又称为光双二进制载波抑制 RZ（DCSRZ）或改进的光双二进制 RZ（MDRZ）信号。

6. 相位变化的归零（AP-RZ）码

在色散管理 40G 系统中，RZ 脉冲会由于色散而展宽，然后用色散补偿将其恢复。在这个过程中，脉冲会相互发生非线性作用，产生的非线性是一个相位敏感过程，其混合效应非常依赖于光脉冲的相位，所以，改变光脉冲的相位能够影响这两个过程，AP-RZ 就是通过改变相邻光脉冲的相位实现的。

7. 差分相移键控（DPSK）

相移键控（PSK）码是把二进制信息加载到光波的相位上的一种调制方法，而 DPSK 则首先要对二进制数据信号进行差分编码，即把绝对码变为相对码，再对光波的相位进行调制。DPSK 的主要优点就是高的接收灵敏度。和通断键控（OOK）相比，DPSK 信号在得到相同的误码率的时候所需的光信噪比（OSNR）要少 3dB。因为高的接收灵敏度意味着高的噪声容限，所以灵敏度的提高可以用来增加传输长度，也可以让系统变得更加稳定。DPSK 的另一个优点就是对非线性的容限很高。特别是在通信速率高于 20Gbit/s 的系统中，DPSK 在抑制这些信道内非线性效应的能力比 OOK 系统要强。DPSK 在全光网络里也有优势，全光网的两大主要损伤光滤波效应和相干光串扰，有研究表明 DPSK 格式对这两种损伤的适应力很强。例如，DPSK 比传统的 OOK 格式在相干光串扰的容限要高出 6dB。DPSK 与其他编码方式组合，可产生 NRZ-DPSK、RZ-DPSK、CSRZ-DPSK 等编码方式。

8. 差分正交相移键控（DQPSK）

DQPSK 又叫四差分相移键控（4DPSK）码。4DPSK 格式的每个码元有四个相位状态（DPSK 只有两种）。DQPSK 的优点在于每个码元可以传输两个比特的信息。与开关键控（OOK）、差分相移键控（DPSK）等二进制调制格式相比，光 DQPSK 调制具有非常窄的频谱宽度和较高的频谱利用率；作为四相位调制格式，在相同的信息速率下，DQPSK 的码元速率仅为二进制信号的 1/2，减少了对光电器件速度的要求，即 20Gbit/s 的码元速率就可实现 40Gbit/s 的信息传输速率。在 40Gbit/s 的系统中，4DPSK 格式的码元速率只有 20Gbit/s。所以降低了信号的光谱宽度，增加了色散（偏振模色散、色度色散）和非线性容限，在 WDM 系统中可以容许有更小的信道间隔和很高的光谱效率。同时，DQPSK 还具有与 DPSK 调制相同的使用平衡接收，相比 OOK 调制能提高 3dB 的接收灵敏度。

DQPSK 与其他编码方式组合，可产生 NRZ-DQPSK、RZ-DQPSK、PM-DQPSK 等编码方式。

9. 频移键控（FSK）

基带数字信号只控制光载波的频率，称为频移键控（FSK）。FSK 相当于两个波长不同、携带信息相反的 NRZ 的合集。FSK 的调制主要有两种方法：一种方法是调制两个不同波长的激光器产生 FSK；另一种方法是日本提出的基于集成 FSK 调制器产生的，只需要一个激光器。FSK 的解调也有两种方法：一种方法是利用滤波器滤出某个波长，然后由 NRZ 接收机接收；另一种方法是利用 FSK 平衡接收机，平衡接收机的灵敏度与前一种接收机相比可以提高 3dB。

速率和调制编码方式不同，对系统性能的影响也不同，表 3-2 对常用的几种调制编码方式进行比较，并给出了它们的较好应用场合。

表 3-2　几种调制码型的基本性能及应用场合

调制码型	优　点	缺　点	应用场合
NRZ	产生简单，较高色散容忍度较高频谱效率	低非线性容忍度，传输距离短	短距离 WDM、DWDM 系统
RZ	高非线性容忍度	产生较复杂，低色散容忍度，窄带滤波敏感	长距离 WDM 系统
CSRZ	较高非线性容忍度，较高色散容忍度，高频谱效率	产生较复杂，窄带滤波敏感	长距离 WDM 系统
ODB	高色散容忍度，高频谱效率	低非线性容忍度，发送信号需经过电上预编码	短距离 DWDM 系统
DPSK	高色散容忍度，高非线性容忍度，高频谱效率	产生和接收较复杂，相位扰动敏感	长距离 WDM 系统
RZ-DPSK	较高色散容忍度，高非线性容忍度	产生和接收较复杂，相位扰动敏感	长距离 WDM 系统
DQPSK	高色散容忍度，高非线性容忍度，高频谱效率	产生和接收较复杂，相位扰动敏感	长距离 WDM、DWDM 系统

3.4.4　超高速系统其他调制方式

正交调幅（QAM）可以看成以载波的幅度和相位两个参量同时载荷一个比特或一个多元符号的信息，是一种幅度调制与相位调制联合调制的技术。产生一个光 QAM 信号有几种方法，一种是在电域中使用数模转换器（DAC）产生多电平信号，如图 3-9 所示。在被两个多电平电信号驱动的单 I/Q 调制器中，光载波信号的同向和正交相位成分分别被调制。这种结构对各种 QAM 格式简单而灵

活，但是符号率被 DAC 的工作速度和精度所限制。8-QAM 和 32-QAM 的调制方式也常被使用。

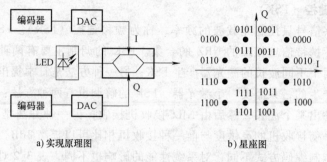

a) 实现原理图   b) 星座图

图 3-9　用数模转换器（DAC）实现 16 QAM 信号

另外一种方法是基于光合成技术。在这种技术中，使用几种并联结构的 I/Q 调制器，每个调制器被二进制电信号驱动，这种方式的 16-QAM 信号调制器如图 3-10 所示，这里两个 QPSK 信号耦合进入 I/Q 调制器，而两个信号的幅度是 2∶1。这种技术适合高速工作，使用 n 个并行 I/Q 调制器，可产生 2^{2n}-QAM 信号（n 为整数）。随着调制器数量的增加，这种调制器的复杂性也会增加。

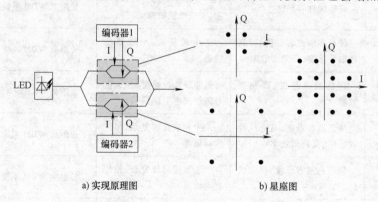

a) 实现原理图   b) 星座图

图 3-10　用两个并行 I/Q 调制器实现 16-QAM 信号

级联多个光调制器也可以实现多电平 QAM 调制。在这种情况下，每个调制器被二进制电信号驱动。在这种光合成技术中，每个调制器只要求两个电平驱动信号，从而避免了高速工作时对 DAC 精度的限制。因为是串联结构，没有并行比特流间的同步问题。使用一个模数转换器（ADC）和一个数字信号处理器（DSP）解调出发送端输入的电信号。因为使用了 DSP，这种接收机可以补偿色度色散和偏振模色散引起的损伤。使用偏振复用技术，可以产生偏振分割复用 QAM 信号，从而使比特率加倍，或者减少符号率，增加光谱利用率。

在前边介绍的 QPSK、8QAM、16QAM 等调制系统中，输入带通信号通常被分开送入两个信道。如果采用偏振复用 QPSK 调制（PM-QPSK），两个偏振光信号同时携带编码的数据光信号，即 x 偏振携带 I_x 信号和 Q_x 信号，y 偏振携带 I_y 信号和 Q_y 信号，即有 I_x、Q_x、I_y、和 Q_y 4 个维度（4D）的光信号。两个偏振光分别携带 8QAM 的 3bit 编码，则有 6 个可能的状态，表 3-3 给出其他调制方式每符号携带的比特数即传输容量（bit/s/Hz），如图 3-11 所示。

表 3-3　偏振复用后不同调制方式每符号携带的比特数

	BPSK	QPSK	8QAM	16QAM	64QAM
每符号携带的比特数	1	2	3	4	6
偏振复用后每符号携带的状态数〔频谱效率/(bit/s/Hz)〕	2	4	6	8	12

图 3-11 表示香浓限制和不同调制方式的星座容量极限与 SNR 的关系。由图中可见，QAM 调制比 QPSK 调制和 BPSK 调制更容易接近香浓限制。所以下一代海底光缆通信系统采用 QAM 调制。

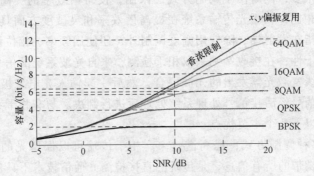

图 3-11　不同调制方式的极限容量与 SNR 的关系

3.5　偏振复用/相干接收技术

光纤通信复用技术在业界被认为是发掘利用光纤潜在带宽，提高传输速率的最有效的技术方案。多路复用技术是指在一根光纤上同时传输多路信号，目前发展比较成熟的复用方式有时分复用、频分复用、波分复用、码分复用、空分复用、统计复用、偏振复用等。但是在光传输领域，普遍使用和广泛研究的复用技术主要还是时分复用和波分复用，以及目前开始在光传输领域应用的光频分复用。由于对超高速长距离大容量的海缆通信系统的需要愈发迫切，对其稳定性的需要也是越来越高，为此，偏振复用系统应运而生。基于偏振复用技术可以平滑的将原有系统速率提高一倍，且结构简单，人们越来越多地将偏振复用技术与其他技术结合使用，这也是目前偏振复用技术使用的主流。在国内外均有不少报道，综合使用偏振复用技术和其他复用技术来实现高速、超高速光传输。

偏振复用技术最早是在无线通信、卫星通信中使用的一种复用技术，称为极化波复用。系统的接收端同时接收两种不同极化方式的电磁波束，如垂直极化和水平极化，左旋圆极化和右旋圆极化。随着光纤通信技术的发展，各种复用方式的不断涌现，在快速提高系统容量的要求下，人们根据光纤中光的传输原理，将极化波复用这种复用方式从无线通信中引入到光纤通信中，并根据光纤中光的传输原理，将其称为偏振复用技术。偏振复用技术在同一个波长上利用相互正交的两个偏振态同时传输两路信号，使得光通信系统的带宽效率加倍。在实际的光纤传输系统中，由于偏振复用信号的偏振态随着时间进行随机变化，因此在系统的接收端对两路信号的解复用过程必须是动态的，以适应信号偏振态的持续变化。解复用可基于两种平台实现，即在电域上的相干检测模式和光域上的直接检测模式。相干检测模式结合高速的数字信号处理电路可以带来一系列优势。

在常规的非相干传输系统中，由于接收机和放大器噪声的影响，灵敏度往往比量子极限低很多，同时由于调制方式的限制，使得谱效率的提高也很难实现。与非相干系统相比，相干光传输系统在提高谱效率和灵敏度方面具有很大优势。相干光通信是指在发射端，除使用幅度调制外，还使用频率、相位调制等充分利用光载波的相干性；在接收端则采取相干检测，来自光波系统的信号光与另一个称为本振的窄线宽激光器发出的光波混合，然后一起输入光电二极管相干混频，混频后的差频信号经后接信号处理系统处理后进行判决。与非相干系统相比，相干光通信具有以下几个主要优点：

1）支持多种调制方式，提高谱效率。相干传输可以保留光的振幅、频率、位相、偏振态携带的所有信息，是传统的直接检测光通信技术不具备的。因此在相干光通信中，除了可以对光进行幅度调制外，还可以使用多种多进制调制格式，以及 OFDM 和副载波复用等高光谱效率的复用方式，能够大大提升了系统的光谱效率。

2）灵敏度高，中继距离长。由于热噪声、暗电流等因素的影响，IM/DD 系统的灵敏度通常比量子极限灵敏度低 20dB。而在相干通信系统中，在同等热噪声和暗电流作用下，通过提高本振光功率可以使灵敏度充分接近量子极限。灵敏度的提高增加了光信号的无中继传输距离，对于一些不能进行中继传输的应用如卫星光通信、跨海光通信等具有重要意义。

3）波长选择性好，通信容量大。在直接探测的波分复用系统中，受到光滤波器特性的限制，与传输的信号带宽相比，信道间隔较大，限制了系统的总容量。在相干外差探测中，探测的是信号光和本振光的混频光，因此只有在中频频带内的噪声才可以进入系统，而其他噪声均被带宽较窄的微波中频放大器滤除。因此，相干探测具有很好的波长选择性，可以减小传统光波分复用技术的大频率间隔，实现信道间隔小到 1~10GHz 的光频分复用技术，有效利用光纤带宽，实现更大的传输容量。

4）色散和非线性容限大。与 IM/DD 和非相干检测的差分 PSK 系统相比，相干接收的电信号与光信号的电场矢量成正比，即相干接收系统是线性的，在理论上，相干传输系统的所有线性失真（色度色散和偏振摸色散）都能够被完全无损补偿，甚至非线性影响也能被有效平衡。而色散和偏振模色散正是 IM/DD 系统进行长距离传输的最大限制因素。

3.5.1 偏振复用/相干接收技术在 100Gbit/s 海底光缆通信系统中的应用

基于相干接收技术的偏振复用传输系统成为了业界研究单波 100Gbit/s 传输的主流方案，尤其是在近几年的 OFC 会议及 OECC 会议上，来自各国的学者报道了大量有关的理论和实验工作。相干光检测技术具有高灵敏度、高谱效率的优点，因此，40G 及以上系统接收机普遍采用相干检测技术。采用相干检测可以完全改变光纤通信系统的结构。传统海缆系统试图管理光纤线路的色散，通常保持光纤线路累积色散相对较低，使系统性能最佳；新系统却允许光纤线路具有大的色散，低的衰减（提高 OSNR）、大的有效面积（减小非线性畸变）和适当的光纤色散（缩小非线性畸变影响）。纯硅芯光纤已使光纤衰减系数减小到 0.16dB/km，有效面积也达到 $150\mu m^2$（标准光纤仅有 $80\mu m^2$），色度色散也仅比 20ps/nm·km 大一点。于是，对于超长距离海底光缆系统，累积色散可以超过 200000ps/nm，与以前的海底光缆系统相比，面对如此高的色度色散，相干接收机用数字信号处理器（DSP）进行了补偿。

3.5.2 偏振复用技术

在光波中，光矢量的振动方向在传播过程中保持不变，仅仅是大小随相位和时间变化的偏振光，称为线偏振光。当振动方向沿着传播方向均匀转动，光矢量端点的轨迹是一个圆偏振光。它可以看作是由同频率、等振幅且相位差为两个正交的线偏振光合成。若光矢量的大小和方向在传播过程中均为有规律变化，且光矢量端点沿着一个椭圆轨迹转动，则为椭圆偏振光。它同样可以分解为相互正交的两个线偏振光的合成，只是它们的振幅不相等。实际上，线偏振光和圆偏振光都是椭圆偏振光的特例。

自然光（非偏振光）在晶体中的振动方向受到限制，它只允许在某一特定方向上振动的光通过，这就是线偏振光。光的偏振（也称极化）描述当它通过晶体介质传输时其电场的特性。线性偏振光是它的电场振荡方向和传播方向总在一个平面内（振荡平面），如图 3-12 所示，因此线性偏振光是平面偏振波，图

3-12a、图 3-12b、图 3-12c 分别表示线性偏振光波电场振荡方向限定在沿垂直于传输 z 方向的线路、场振荡包含在偏振平面内、在任一瞬间的线性偏振光可用包含幅度和相位的 E_x 和 E_y 合成。如果把一束非偏振光波（自然光）通过一个偏振片就可以使它变成线性偏振光。

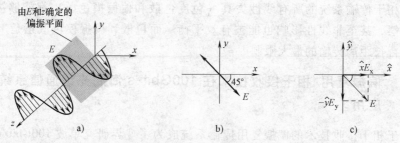

图 3-12　线性偏振光

　　偏振复用利用了光的 4 个基本参数（振幅、波长、相位、偏振）之一的偏振参数，在同一波长信道中，利用两个相互正交的光的偏振态独立地同时传输两路数据信号以加倍系统的总数据流量。由于偏振复用系统可以使每个信道的数据传输速率提高一倍，因而成为波分复用系统提高容量的新选择。偏振复用是光纤通信中一种比较新的复用方式，在这种复用方式中，两束相同或不同波长的光可以同时在一根光纤中相互独立地传输，从而使光纤的信息传输能力提高一倍。系统中一般使用保偏光纤作为传输媒介，单模光纤传输外加一定的动态偏振控制也能实现偏振复用。使用保偏光纤时，入射的两束光均为线偏振光，其偏振面分别与光纤的两个主光轴平行线偏振光在光纤中分别沿着两个主光轴独立传输，在接收端解复器再将两束光分离，传送至相应的接收机。

　　在标准单模光纤中，基模 LP01 是由两个相互垂直的线性偏振模 TE 模（x 偏振光）和 TM 模（y 偏振光）组成的。在折射率为理想圆对称光纤中，两个偏振模的群速度延迟相同，因而并为单一模式。我们利用偏振片也可以把它们分开，变为 TE 模（x 偏振光）和 TM 模（y 偏振光）。我们可以把调制的数据分别去调制 x 偏振光（TE 模）和 y 偏振光（TM 模），调制后的 x 偏振光和 y 偏振光经偏振合波器合波，就得到偏振复用光信号，如图 3-13c 所示。为比较起见，图 3-13a 也画出了 2 波分复用的原理图，如同时采用波分复用和偏振复用，如图 3-13b 所示。

3.5.3　相干检测技术

　　光检测接收的任务是把发送端通过光纤传来的微弱光信号检测出来，然后放大再生成原来的电信号。对光检测接收的基本要求是：应具有较高的灵敏度，以适应长距离通信的要求；应具有较大的动态范围，以适应各种通信距离的要求。

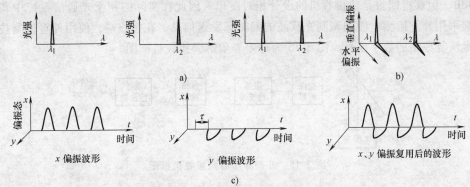

a)

b)

c)

图 3-13 偏振复用与波分复用的比较

　　根据检测方式的不同，光检测接收大致分为两类，即直接检测接收和相干接收。因为直接检测光接收结构简单、成本低，所以得到普遍采用，但是它灵敏度不高，频带利用率低，不能充分发挥光纤通信的优越性。但相干接收具有灵敏度高，中继距离长，选择性好，通信容量大，具有多种调制方式等众多优点，因此在海缆系统中有很好的应用前景。

　　相干检测系统，用调制光载波的频率、相位或偏振态发送信息。相干接收机与直接检测接收机相比，最主要差别是增加了本地振荡光源。相干接收机的组成框图如图 3-14 所示。本振光与接收的信号光经光耦合器混合在一起，这时信号从光载频下变频到微波载频，随后经光检测器探测到信号的中心频率对应于中频，它是信号光与本振光的频率差。然后中频信号经中频放大器放大后再进行解调，就可以得到基带信号输出。

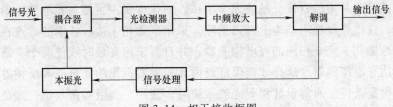

图 3-14 相干接收框图

　　如果信号光与本振光的频率相等，那么这种检测称为"零差检测"。若信号光与本振光的频率不同，则称为"外差检测"。不管是零差检测还是外差检测，它们的检测电流不仅与被测信号强度和功率有关，还与光载波的相位或频率有关。因此在相干光通信中，不仅可以通过光信号的强度来传递信息，还可以通过调制光载波的相位和频率来传递信息。在直接检测中，所有有关信号相位和频率的信息都丢失了。零差检测与外差检测相比，具有灵敏度高的优点，但是它对相位的敏感性极高，这无疑加大了相干接收机设计的难度。外差检测虽然灵敏度较零差检测低了

135

3dB，但获得回报是使接收机的设计相对简单。因此在实际的相干光通信系统中普遍采用外差检测。使用调制光载波的偏振态发送信息，在接收端，使用外差检测技术恢复原始的数字信号。图 3-15 为外差异步解调接收机框图。

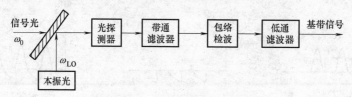

图 3-15　外差异步解调接收机框图

在多数实际情况下，强度噪声对直接检测接收机性能的影响可被忽略。不过，相干接收机比直接检测接收机更容易受到强度噪声的影响。因为在相干接收机中，本振光的相对强度噪声可以对系统产生较大的影响，随着本振光功率的增大，相对强度噪声也会增加，信噪比会下降，除非增加信号光功率可以补偿接收机噪声的增加。为降低强度噪声对系统的影响，可采用平衡接收的方法，即使用平衡混频接收机，如图 3-16 所示。

图 3-16　平衡混频相干接收机

从耦合器输出的两个支路光信号强度相等，相位相反。当两个探测器上的光电流相减时，其中的直流分量被完全消掉，而强度噪声主要与光电流中的直流分量有关，这样强度噪声基本上可以消除。采用平衡相干接收技术的难点在于要选取两只性能几乎完全相同的光电探测器，并且要采用光延时线使两个支路光信号同时到达光电探测器，这样才能保证经两光检测器探测的光电流大小相等，相位相反的前提条件。通常设计相干光波系统时，使用平衡混频接收机，这是因为它具有两个优点：一是强度噪声几乎被消去；二是有效地利用了信号功率和本振功率，因为 2×2 耦合器的输出都得到了利用。

3.6　数字信号处理（DSP）技术

3.6.1　DSP 在高比特率光纤通信系统中的作用

海底光缆通信系统的最终目标在于实现高速率、长距离的数据传输。如 3.5

节中所述，相干光通信系统具有许多优点，特别是偏振复用相干光检测系统有着更高的频谱利用率和传输速率。基于相干接收技术的偏振复用传输系统为业界研究高速率传输的主流方案。相干光检测技术具有高灵敏度、高谱效率的优点，因此，40Gbit/s 及以上系统接收机普遍采用相干检测技术。但该系统也面临着许多新的挑战，随着系统传输速率的进一步提高，光信号的损伤，如光纤非线性和色散效应、激光器频率偏移及相位噪声等，将变得更加严重，需要对光信号进行有效的补偿。有些效应（如色散）可以通过相关的光器件在光域进行补偿；而有的效应 [如偏振模色散（PMD）、光纤非线性和光频漂移] 很难通过光器件在光域补偿。当本振激光与接收到的光信号拍频提取调制相位信息时，还会产生载波相位噪声。相位噪声来源于激光器，它将引起功率代价，降低接收机灵敏度。

目前在补偿长距离光纤传输损伤方面，研究最多的是基于数字信号处理（DSP）的线性损伤补偿技术，利用简单高效的 DSP 算法提高 CD 和 PMD 的补偿能力将成为 100 Gbit/s 高速相干光传输系统研究的热点。相干光探测结合 DSP 技术是现代高速相干光通信系统接收机的关键。数字相干接收机的应用，使得利用数字信号处理（DSP）模块实现传输信号的动态偏振控制、补偿传输过程中引入的线性和部分非线性损伤成为现实。随着基于 DSP 的相干检测技术的兴起，借助于 DSP 强大的信号处理能力，在相干检测系统中用置于接收机后的 EDC 模块取代链路中的 DCF 进行完全的色散补偿，配置方便、动态可调，具有显著优势。

图 3-17 所示为现代相干光通信系统结构示意图，由发射机、光纤链路与接收机三部分组成。发射机中输入信号经过算法预处理（预编码或预补偿等）与数模（D-A）转换后调制于光载波，经过偏振复用后光信号被送入光纤传输链路，在接收机经过偏振与相位分集接收并完成光电探测与模数（A-D）转换后，数据被输入到单元完成信号处理与恢复。现代相干光通信系统信号处理功能几乎全部集中于发射机与接收机单元完成，这极大地简化了系统结构：利用技术完成色度色散、偏振模色散的补偿，省去了链路中色散补偿模块并提高了系统对非线性效应的容忍度，利用算法实现偏振解复用省去了复杂的偏振控制模块；利用算法实现载波的频率与相位恢复省去了锁频锁相装置并降低了系统对激光器的要求。

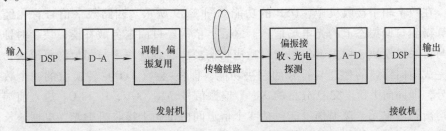

图 3-17　现代相干光通信系统结构

发射机 DSP 单元可以实现单载波高阶信号与多载波信号的产生，完成预编码以及对传输链路中色散、非线性效应等损伤的预补偿。接收机 DSP 单元主要功能为信号均衡与恢复，包括偏振解复用、色散补偿、偏振模色散补偿、非线性效应补偿、时钟恢复、载波频率与相位恢复、处理等。在模式复用系统中，接收机中 DSP 单元还要依据原理完成不同模式信号的恢复。DSP 功能集中于发射机与接收机中的单元，使系统的硬件向着透明化发展。信号经过算法预处理后加载到光载波上，完成传输、相干探测功能后，仍采用算法实现信号的恢复。对不同速率或调制格式的信号，无须改变系统硬件结构，仅通过改变发射机或接收机单元中软件算法就可以完成自适应的光传输功能。

3.6.2　DSP 技术的实现

在 100Gbit/s 光传输系统中，相干检测和数字信号处理（DSP）是可用的关键技术。开发 400Gbit/s 系统，DSP 也将继续扮演重要的角色，不但接收机采用，甚至奈奎斯特脉冲整形发射机也采用 DSP。虽然同一个过程有各种实现途径，具体算法每个过程可能互不相同，但对所有主流产品，结构功能上通常是类似的。图 3-18 表示发射机 DSP 的功能，包括符号映射、信号定时偏移调整、色散和非线性预补偿（可选），以及支持多种调制格式和编码制式的软件编程能力等。发射机 DSP 也允许补偿电驱动器和光调制器引入的非线性。另外，DSP 还完成脉冲整形，调整奈奎斯特 WDM 信道要求的信号频谱。总之，发射机 DSP 不仅用于信道损伤预补偿，而且可使智能光网络软件配置更为灵活。

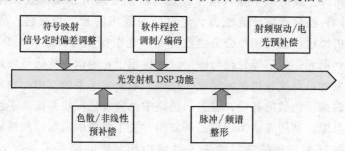

图 3-18　400Gbit/s 光发射机 DSP 功能

在数字相干接收机中，DSP 的功能如图 3-19 所示。四路数字信号首先经过运算得到与偏振态上的光电场信息。之后，依次经过固定色散补偿模块、时钟恢复与再采样模块、偏振解复用与自适应均衡模块、载波频率与相位恢复模块，最终完成前向纠错的处理与符号的判决功能，即模-数（A-D）转换后的 4 个数字信号，即同向 I 和正交 Q 分量的 X、Y 偏振信号，I_X、Q_X、I_Y 和 Q_Y 送入前端损伤均衡补偿单元。该损伤可能包括 4 个信道间由于相干接收机中光、电通道长度不等产生的定时偏差。其他前端损伤可能还来自 4 个信道具有不同的输出功率，这是因为光混频时 I、Q 分量并不完全成 90°造成的。其次，通过数字滤波器，补偿静态和动态信道传输损伤，特别要分别补偿 CD 和 PMD。然后，处理用于符号同步的时钟恢复，以便跟踪输入取样值的定时信息。需指出的是，时钟恢复、偏振解复用或均衡所有损伤，实现符号同步是同时完成的。通过蝶状滤波器和随机梯度算法，对两个偏振同时进行快速适配均衡。此时，估计并去除信号激光器和本振激光器间的光频偏差，以防止星座以相干内差频率旋转。最后，从调制信号中，预测并补偿载波相位噪声，恢复出载波信号 I_X、Q_X、I_Y 和 Q_Y。相干光通信系统接收机中几项关键算法包括色散补偿算法、偏振解复用与自适应均衡算法、载波频率与相位恢复算法。

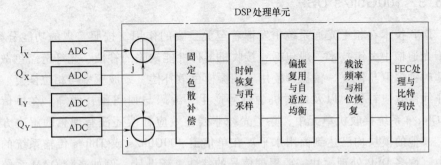

图 3-19　PDM-QPSK 相干系统中接收机 DSP 基本功能

为了有效补偿光信号的传输损伤，相干光通信接收机单元将信号均衡分为两部分实现：第一部分处理与偏振无关的传输损伤，例如对光纤色散的补偿；第二部分处理偏振相关的传输损伤，例如由于偏振旋转造成的、偏振态信号间的串扰与偏振模色散引入的损伤等，这需要采用偏振解复用技术，从偏振串扰的信号中恢复出与偏振态的信息，还要完成的补偿。由于与偏振相关的效应通常具有随机性，而且容易受环境因素影响，因此需要根据光纤信道的特性采用自适应的方式实现偏振解复用与信号均衡。另一方面，固定系数滤波器仅对固定色散进行补偿，而在光通信网络中由于环境与路由等因素改变会引起累积色散量的改变，固定色散补偿后仍然存在的残余色散也可以通过自适应均衡器来补偿。总之，偏振解复用与自适应均衡模块的作用就是完成偏振解复用、补偿以及残余色散的补偿。

相干检测系统采用 DSP，用于解调、线路均衡和前向纠错（FEC）。在如图 3-20 所示的相干检测系统中，载波相位跟踪、偏振校准和色散补偿均在数字领域完成。对线性传输损伤，如色度色散（CD）、偏振模色散（PMD）可以提供稳定可靠的性能，也使系统安装、监视和维修更容易，所以得到了前所未有的关注。

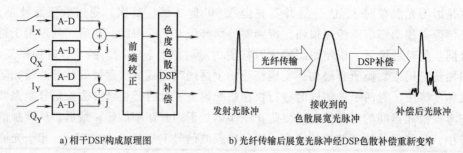

a) 相干DSP构成原理图 b) 光纤传输后展宽光脉冲经DSP色散补偿重新变窄

图 3-20　相干 DSP 对信号损伤的补偿作用

3.6.3　100Gbit/s DSP

DSP 技术在相干光通系统中发挥着至关重要的作用，按照实现的功能分类，相干光通信中关键技术一般包括：接收机器件性能缺陷的补偿、光纤链路色散补偿、时钟提取与恢复、偏振解复用、偏振模色散补偿、载波频率与相位恢复、光纤非线性效应补偿，以及发射机中信号产生、编码与损伤预补偿等。在单信道 112Gbit/s 系统接收机单元中，除了光纤非线性效应补偿还没有理想的解决方法外，其他的模块均已达到商用水平。在单信道 400Gbit/s 或 Tbit/s 传输系统的研发中，许多 DSP 处理模块需要根据信号的特性重新设计，例如高阶 QAM 系统中偏振解复用以及载波频率与相位恢复等关键技术。数字后向传输（DBP）算法是目前效果较好的光纤非线性补偿方法之一。DBP 算法的基本原理是以接收机得到的光载波电场信息作为输入，逆向求解矢量光信号在光纤中的非线性传输方程，从而得到发射机的信息，恢复原始数据。然而，这种功能的实现需要 DSP 极高的计算复杂度。国内外对采用 DSP 技术实现光纤非线性补偿方面的研究，除了对 DBP 算法做改进，也在探索其他的方案。利用技术实现的相位共轭或频谱反转方法被提出用于非线性补偿，这种方法的本质是在电域实现光相位共轭技术，从而对色散与非线性效应同时进行补偿。

100G PM-QPSK 光纤通信系统收发模块和相干检测 ASIC 接收机通道［含数字信号处理（DSP）］已开发出来，分别如图 3-21a 和图 3-21b 所示，该收发模块与光互联网论坛（OIF）发布的指标一致。相干检测接收通道（ASIC）的主要功能包括模-数转换（ADC）、CD 补偿、适配均衡、载波相位恢复和 FEC 解码。这种 DSP 和 ASIC 设计用于长距离应用。

模数转换器（ADC）取样率约为 1.3 倍符号率或更高，模拟带宽超过 1/2 符号率的奈奎斯特频率。相干光通信系统中，接收机可以获得光载波的电场信息，色散导致的信号失真可以通过算法实现补偿，即所谓的电色散补偿（EDC）。可以省去传统光纤链路中的色散补偿模块这种不使用色散补偿模块的光纤链路也使

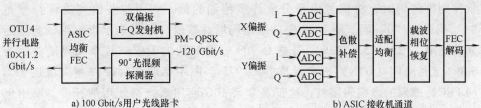

图 3-21　100G PM-QPSK 收发模块及相干 ASIC

系统具有更高的抵抗光纤非线性损伤能力。适配均衡完成偏振解复用，同时对 PMD、PDL 和残留 CD 进行补偿。它有 2 个输入和 2 个输出，分别用于每个偏振。适配均衡器使用有限冲击响应滤波器（FIR）和恒定模量算法（CMA）进行均衡补偿，同时对使用器件和工厂制造偏差进行补偿。在相干光传输系统中，激光器线宽会引入相位噪声，载波相位估计模块就是为了去除相位噪声与残留频偏的影响。在两个正交偏振态后分别进行处理，处理完成后即进入数据恢复模块进行误码率计算。

3.7　超高速传输技术

　　海量信息的产生引发了"数字洪流"的到来。超高速、超大容量也成为海缆系统信息传送追求的目标。增加信道数量依靠 DWDM 技术，传输容量已经达到 Tbit/s，然而可利用的通信带宽是有限的，可复用的波长数量不是无限制的，这样提高单信道速率显得尤为重要。另外，使用单一光源可以使放大器的管理简单化；可与 DWDM 技术相结合，达到更高通信容量。但是，依靠 WDM 技术再继续扩容的空间有限，会产生很多限制因素：首先继续增加波长通道数，会使得通道间隔越窄，从而使光纤呈线性效应的抑制变得更加困难；其次目前波长已应用了 C 和 L 波段，继续扩容将会向 S、XL 波段发展，但相应波段的光放大器还不成熟。因此必须提高单信道传输速率，即将单信道速率提高至 100Gbit/s 甚至更高，产生 Tbit/s 单信道超高速的光传输系统。

3.7.1　100Gbit/s 系统对 OSNR 的要求

　　与 10Gbit/s 线路速率系统相比，100Gbit/s 系统要求光信噪比（OSNR）提高10 倍，为此，除采用偏振复用相干检测、QPSK 调制技术外，还要采用更为先进的前向纠错（FEC）技术。目前 10G 系统使用提供 8.5dB 增益的 FEC，而 100G 系统则需要能提供更高增益的超级 FEC（SFEC）技术。图 3-22 表示净编码增益与开销占比的关系，两条实线分别表示硬件判决解码和软件判决解码的香农限制。硬件判决解码时，选择一个信号电平，作为分辨"1"码和"0"的门限。

软件判决解码时，将信号电平分成许多精细的值，利用这些值判决该符号是"1"码还是"0"码。图 3-22 中的净编码增益数值分散点表示指定编码实际达到的结果 。RS（255，239）码是 G.709 标准默认的编码，其净编码增益约为 6dB。光传输网（OTN）FEC 标准是 G.975 。图中标明几种硬件判决增强 FEC（EFEC）编码的净编码增益，这正是今天 10G 商用系统都使用的标准。图中也标明几种 G.975.1 标准达到的净编码增益，由图中可知，在相同开销占比情况下，G.975.1 推荐的几种 SFEC 码的净编码增益要比 G.709 码的提高 2dB 以上。软件判决 FEC 与硬件的相比，能提供较高的净编码增益，但同时需要传送更高的数据速率。

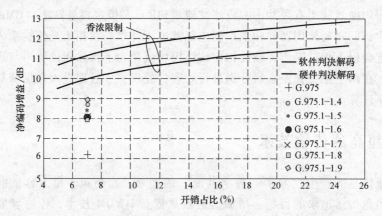

图 3-22　几种前向纠错编码的理论限制和实际达到的性能

不同的调制方式，理论上对 OSNR 的要求是不同的，见表 3-4。

表 3-4　100G 系统不同调制方式理论上对 OSNR 的要求

调制格式	净比特率/（Gbit/s）	符号率/G 波特	脉冲整形	带宽/GHz	光栅间距/GHz	频谱效率/（bit/s/Hz）	OSNR（BER = 10^{-3}）	OSNR（BER = 10^{-2}）
PM-QPSK	100	28	NRZ	56	50	2	12	9.8
	100	32	奈奎斯特	35	50	2	12.6	10.4
PM-8QAM	100	18.7	NRZ	37.5	50	3	13.10	11.4
	100	21.3	奈奎斯特	23.4	25	3	14.3	12
PM-6QAM	100	16	奈奎斯特	17.6	25	4	16.2	13.10

3.7.2　超高速技术实现方式

光传输中的复用技术是指在一条传输路径（光纤）上实现多通道的信息传输。根据复用维度的不同，有 FDM（频分复用）、TDM（时分复用）、CDM（码分复用）和 SDM（空分复用）等。早期的光通信仅利用 TDM，在 EDFA（掺铒光纤放大器）成熟后，引入了 WDM（波分复用）以大幅提升传输容量。WDM 实质上亦属 FDM，根据载波间信号堆集的疏密，可以将这类频域复用技术分成信道间和信道内两种。用 Δf 表示载波间隔，R_s 表示符号率，则 $\Delta f/R_s$ 可以表征密集程度。当 $\Delta f/R_s > 1.2$ 时，属于信道间复用技术；当 $\Delta f/R_s \leqslant 1.2$ 时，堆集紧密，称为信道内复用技术。信道内复用实现超过大于 100Gbit/s，可认为实现超高速传输。业界报道的最高 R_s 约为 80Gband/s，但成熟商用器件所允许的 R_s 则不超过 35Gband/s，已接近极限的电子"瓶颈"。由于各载波信号堆集越密，对器件要求越高，实现难度越大，所以信道内复用技术是在单信道速率上升到一定阶段后才被引入光传输的。

　　根据业界开展的超高速光传输实验可发现，超高速光传输涉及到的技术有很多，图 3-23 中将其相应分成 8 个维度，虚线所围区域是学术界 Tbit/s 研究范围。商用 100Gbit/s 采用相干接收的单载波 PDM-QPSK 技术，如图 3-23 中细实线框区域所示。需强调的是，受制于器件性能和可实现性等，只有对学术界的技术方案进行较大程度裁减，才能得到可商用的 Tbit/s 技术解决方案（图中粗实线区域）。

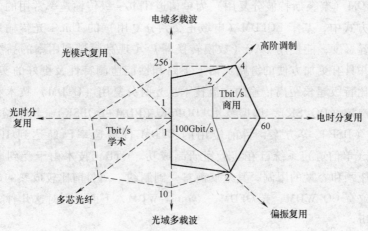

图 3-23　高速光传输技术解决方案

　　可见，超高速光传输技术是以 100Gbit/s 技术为基础，进行提升、创新得到的。考虑 FEC（前向纠错）、灵活栅格等其他辅助技术，可根据其与 100Gbit/s 技术的关系，从以下三个部分来描述超高速全面的商用技术解决方案：

　　1）继承或改善：相干光接收、PDM、链路技术（光纤、光放大）和 FEC 技术。

　　2）提升：调制阶数增加（QPSK 和 16QAM），信号波特率翻倍或更高。

　　3）创新：信道内复用（MB-eOFDM 和 Nyquist-WDM）、灵活栅格和非线性均衡。

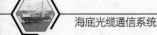

进行继承改善和提升方面，高速传输技术可采用的调制以及接收方式如图 3-24 所示，具体内容见 3.4 节、3.5 节。

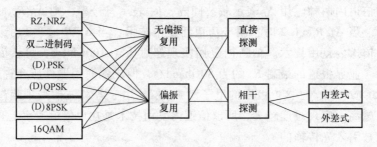

图 3-24　现有高速传输可选调制技术及接收方式

进行创新性方面，采用信道内复用技术，近年来研究者们提出了许多方案来实现超高速单信道光传输，目前主要有 CO-WDM、OFDM（SCFDM）、Nyquist-WDM（奈奎斯特波分复用）、光时分复用（OTDM）等。OFDM 利用多光载波复用技术来实现 Tbit/s 级的超高速传输速率，实验表明 OFDM（正交频分复用）和 Nyquist-WDM（奈奎斯特波分复用）为单信道 Tbit/s 级传输速率常用的方式。而在 OFDM 方式中，基于 EOFDM（电域正交频分复用）的 Tbit/s 光传输系统则具备高色散容忍度，能使用 DAC（数模转换器）实现高频谱利用率的高级调制格式信号，并具有更加方便的链路灵活上下路和性能监测特性及更好的实时性能，已成为 T 比特级超长距离传输的主流技术。光时分复用（OTDM）技术利用差分四相移相键控（DQPSK）、偏振复用+DQPSK（PDM+DQPSK）、相干检测+数字信号处理（DSP）等方案，目前应用的 OTDM 传输速率已经达到 100Gbit/s，160Gbit/s（单信道）系统已在实验室研制成功。OTDM 技术由于受到电子器件关键技术瓶颈和容量的限制，其发展前景受到制约。而目前比较成熟的超高速传输方式大致有 CO-WDM、光 OFDM、Nyquist-WDM，下面分别对这几种方案的特点进行分析。

3.7.3　基于 CO-WDM 技术的超高速传输技术

虽然 WDM 技术发展比较成熟，但是对光源、光放大器、光学滤波器、复用/解复用器等的要求较高，同时，传统的密集波分复用技术（DWDM）需要多个独立的激光器，这些激光器的特性很难做到十分一致，因此系统的稳定性不高；设计的成本比较大，所以可以考虑对其进行改进；随着容量和传输速率的需求，超高速的传输方式不断被提出，其中常用的方式是使用 CO-WDM 技术，它利用相干光的特性，用一个激光器产生多个载波来实现多信道传输。其中使用比较成熟的改进方法是 CO-WDM 技术，现在报道的 Tbit/s 级传输实验大多数采用该方式，如图 3-25、

图 3-26 所示。

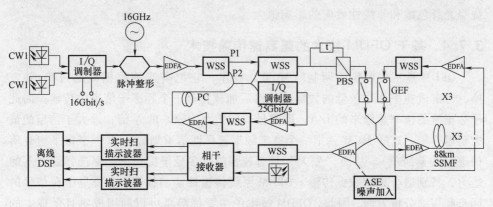

图 3-25　基于多载波的 16QAM CO-WDM 传输系统框图

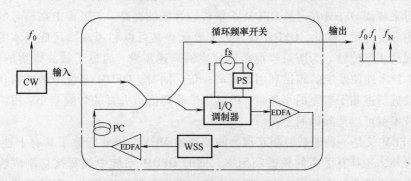

图 3-26　基于 RFS 的多载波光源产生装置图

CO-WDM 技术的特点是只需要一个激光器，就可以实现多信道的信号传输，并且不同信道之间频谱正交，间隔相等，性能稳定。实现多载波光源的几种方式中基于循环频移器（RFS）产生多载波的方案由于载波数目较多以及具有高稳定性和高平坦度因而成为首选方案，已经有 24 个载波、36 个载波及 50 个载波产生的报道。但是由于产生的多载波光源载噪比不高（小于 20dB），一般只能用于差分正交相移键控（DQPSK）传输系统，频谱利用率也只能达到 4bit/(s·Hz)。因此，产生高载噪比、高平坦度及高稳定度的多载波光源，使其能够应用于十六进制正交幅度调制（16QAM）及偏分复用（PDM）16QAM（PDM-16QAM）等更高阶调制格式的传输系统并研究其传输性能非常必要。

CO-WDM 系统不仅继承了 WDM 的成熟技术，还只需利用一个激光器，同时利用多载波光源技术就可以实现多信道的信号传输，并且不同信道之间频谱正交、间隔相等、性能稳定。但是，CO-WDM 也有其缺点，譬如对光源、光放大器、光学滤波器、复用/解复用器的要求高，需要高选择性的滤波器或精确的相干检测技术来分辨每一个信道，并且由于多个波长的同时存在使得 CO-WDM 系统受光纤色散和非线性效应的影响很大。

3.7.4 基于 OFDM 技术的超高速传输技术

OFDM 是一种多载波调制（MCM）技术，它把高速的数据流通过串/并变换，分解成速率相对较低的数据流，然后加载在若干个频率子信道中传输。因此子数据流的速率是原来的 $1/N$，即符号周期扩大为原来的 N 倍，远大于信道的最大延迟扩展，这样 MCM 就把一个宽带频率选择性信道划分为 N 个窄带平坦衰落信道（均衡简单），从而"先天"具有较强的抗多径干扰和抗频率选择性衰落的能力，特别适合高速数据传输。OFDM 系统传输性能的提高，主要集中在信号的同步和探测分析方面，因此，OFDM 技术的主要优势是可以利用成熟且低成本的器件来实现高速率传输。它的各个子信道是相互正交的，接收端就可以利用这种正交行来解调 OFDM 信号。OFDM 系统传输性能的提高，主要集中在信号的同步和探测分析方面，因此，OFDM 技术的主要优势是可以利用成熟且低成本的器件来实现高速率传输。为应对当前传输速率的高速需求，通过子载波频谱的交叠，OFDM 技术能使系统的频谱利用率提高一倍。同时，OFDM 系统中频宽被切割成数个接近信道相干带宽的小频带，所以信号受到信道失真的影响变小，用简单的均衡技术就可以消除码间干扰。

OFDM 又是一种子载波相互混叠的特殊的 MCM，因此它除了具有上述 MCM 的优势外，还具有更高的频谱利用率。同时 OFDM 系统中频宽被切割成数个接近信道相干带宽的小频带，所以信号受到信道失真的影响变小，用简单的均衡技术就可以消除码间干扰。因此在接收端要用分辨率更高的技术来选取各个光载波。正交频分复用在接收端采取两种不同的调谐方法来实现密集频分多路：一是利用相干光纤通信的外差检测方法，用本振激光器调谐；二是利用直接检测与调谐光纤滤波器，即直接检测和相干检测，两者在 RF 信号的处理部分基本相同。OFDM 系统的原理结构如图 3-27 所示。

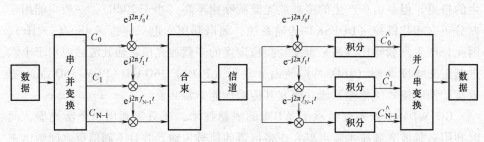

图 3-27　OFDM 系统的原理结构图

OFDM 调制方式在实际应用中能够方便地利用 DSP 技术，这使得它成为未来高速传输方式的有力竞争者。OFDM 调制属于多载波传输技术，其接收算法流程如下：时间同步—频率估计—FFT（快速傅里叶变换）—信道估计—相位噪声估计。每一步骤的具体内容见表 3-5。

表 3-5　OFDM 调制方式接收算法具体内容

步骤	主要内容说明
时间同步	主要靠同步码元的自相关运算来实现。因此与 OFDM 信号内子载波上有效信息数据采用何种调制格式无关
频率估计	利用自相关卷积运算估计载波相位。因此与 OFDM 信号内子载波上有效信息数据采用何种调制格式无关
FFT	进行 FFT。因此也与 OFDM 信号内子载波上有效信息数据采用何种调制格式无关
信道估计	利用 OFDM 信息数据之前的数十个训练码元求得信道响应矩阵。因此也与 OFDM 有效信息数据采用的调制格式无关
相位噪声估计	利用 OFDM 信息帧中的导频子载波来实现。因此与 OFDM 信号内子载波上有效信息数据采用的调制格式无关

　　光 OFDM 系统融合了无线 OFDM 技术和光通信的优点，具有高传输速率、高抗色散能力和高谱效率等优势，是目前高速光传输领域的研究热点之一。由于 OFDM 系统传输性能的提高，主要集中在信号的同步和探测分析方面，所以光 OFDM 系统相比于 CO-WDM 系统而言，可以利用成熟且成本更低的器件来实现高速传输，系统的计算复杂度更低，同时由于将子载波的频谱进行交叠，使得光 OFDM 系统的频谱利用率得到极大提高，而且 OFDM 系统中频宽被切割成数个接近信道相干带宽的小频带，所以信号受到信道失真的影响变小，用简单的均衡技术就可以消除码间干扰。特别是在高色散的信道传输信号时，光 OFDM 系统可以有效解决无线信道中多径衰落和加性噪声等问题，极大地提高了其传输能力。同时，从商业运用角度看，光 OFDM 系统与原来的 WDM 系统有很好的兼容性，可以充分利用 WDM 系统在原有网络基础设施方面的巨大投资，只需要在发射端和接收端进行适当的改造即能够很好地完成升级，具有很强的信道容量可扩展性，扩容方便，这些优点使得光 OFDM 技术逐渐成为未来高速、远程主干光纤传输系统最重要的发展方向之一。

　　同时，光 OFDM 技术也面临一个困难，那就是它的研究还处于实验性阶段，并没有像 WDM 技术那样成熟，所以离商业化还有一段距离。在技术层面，光 OFDM 系统也受到其他方面的影响，如光纤非线性损伤对光 OFDM 系统的影响、高峰均功率比（PAPR）将引入高非线性效应和相位噪声影响、数模变换器/模数变换器（DAC/ADC）等电设备处理速率瓶颈的限制、同步问题。

OFDM 的子载波调制格式改变不影响 DSP 算法，灵活性强，易于根据链路参数、组网等来动态改变各子信道、甚至各电子载波的调制阶数，这对于促进光网络动态化和 SDN（软件定义网络）化很有意义。随着硬件进步实现难度有所缓解，OFDM 将具有独特优势。OFDM 调制方式的这项技术优势有利于降低接收端成本，为 OFDM 系统向实时化迈进提供了有力支持。虽然 OFDM 在光纤通信中的应用较晚，但是 OFDM 技术在光纤通信系统中起着决定性的作用，是未来光纤通信技术的发展方向。

3.7.5　基于奈奎斯特技术的超高速传输技术

奈奎斯特（Nyquist）脉冲整形，就是把时域脉冲形状整形为辛格函数 ［sinc (x)］形状。奈奎斯特脉冲整形使信号频谱局限在一个最小可能的频谱带宽内，从而避免信道间的干扰，减轻使用专门信号处理的需要，允许信道间距接近符号率，它是光纤通信系统提高频谱效率的有效工具，用于构成最密集的 WDM 系统。有人用它已实现单个激光器编码速率达到 32 Tbit/s。奈奎斯特相对于 OFDM 信号的多载波调制来说，通常的单载波调制信号想要实现密集频谱的超级信道，需要在每个光子载波产生后，利用一个奈奎斯特滤波器来对频谱进行整形。整形后的子波带频谱接近一个矩形，能够极大地减小带外的能量泄漏，从而减小子波带间的串扰，其频谱带宽等于光子载波信号传输波特率。信道间隔最小化是提高谱效率的另一种途径，但这样会引起 ICI（信道间串扰）。若对信道光谱进行整形，就能避免信道重叠以及因重叠导致的 ICI。如果采用升余弦滤波器使信道谱宽最小化，在极限上，当升余弦滤波器的滚降系数为 0 时，信道中信号光谱会变成理想的矩形谱。这样就可以使信道间隔与信道的码元速率相等，这种信号被称为 Nyquist-WDM 信号，其时域脉冲形状具有 sinc 函数状，如图 3-28b 所示。这时该系统达到无 ISI 传输的 Nyquist 极限，谱效率可达每偏振 1symbol/s/Hz。若每信道采用 PM-QPSK 调制格式，则系统可实现的谱效率为 4bit/s/Hz。采用 Nyquist-WDM 技术的信号光谱与时域波形如图 3-28 所示。Nyquist-WDM 基于 Nyquist 第一准则，满足时域正交性，在时域是 sinc 型，频域是矩形，与 OFDM 正好相反。

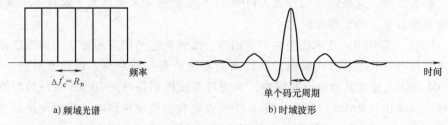

a) 频域光谱　　　　　　　　b) 时域波形

图 3-28　Nyquist-WDM 光谱与时域波形

Nyquist-WDM 的关键是子信道复用前的脉冲/谱成形，有光域（光滤波）和电域（DSP+DAC）两种方法，如图 3-29 所示。光域方法易实现，子信道带宽约为 1.1（其中为符号率），易于实现高速率。光域滤波器可使用基于 MEMS（微电子机械系统）技术的 WaveShaper（波形整形器）或使用两个间插复用器级联口的方式实现。虽然目前光域滤波无法实现理想的矩形谱滤波，但已可准确地形成有陡峭截止的光谱塑形，其边缘处产生的形变群时延可通过接收机中的 DSP 来解决。在可预见的未来，随着 MEMS 技术的改进或其他更好技术的产生，具有矩形谱的光滤波器件将会逐渐成熟，成本将会降低，以光滤波方式实现 Nyquist-WDM 系统亦具有一定的实用性。电域滤波器除了在发送端将基带数据经 DSP 内的升余弦函数滤波器进行电域光谱整形外，还可使用如 RRC-FIR（根升余弦有限脉冲响应）滤波器或 FIR 与预均衡器结合等方式实现；电域方法子信道带宽可以更接近，但受制于电器件性能而难实现高速率。在高速光传输领域，基于光域成形法的 Nyquist-WDM 更被看好，它无须正交光子载波发生器，易于实现，只是频谱效率稍低于 OFDM。与此同时，Nyquist-WDM 技术适用于时域信号，与均衡技术无关。因此在接收端可以采用传统的时域均衡方法，也可以采用频域均衡的方法来实现超级通道传输。

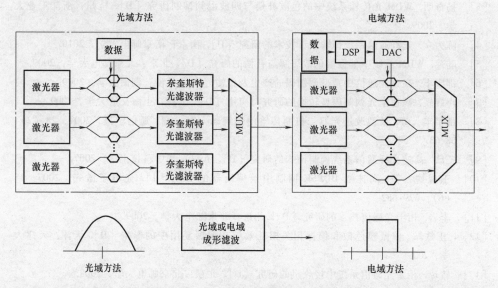

图 3-29　Nyquist-WDM 的谱成形方法

Nyquist-WDM 充分利用了奈奎斯特准则的特点，对信道光谱进行整形，避免了信道重叠以及因重叠导致的信道间串扰（ICI），同时使得信道间隔最小化，提高了谱效率。与光 OFDM 技术相比，Nyquist-WDM 方式在对抗码间干扰

（ISI）具有优势，对接收端器件的要求更低，但是传输距离方面不如光 OFDM 技术。Nyquist-WDM 自身的主要难度在于光滤波器无法实现理想的矩形谱滤波，成本较大，其他器件要求与同等速率（指子信道速率）单载波技术一致，峰均比低。

基于 PDM-QPSK（偏分复用正交相移键控）的 Nyquist-WDM 已成功进行跨太平洋传输实验。更高阶的调制格式也适合 Nyquist-WDM，在 OFC 2012 上已有采用 PDM-64QAM（偏分复用 64 正交幅度调制）的报道。

另一种基于乃奎斯特的技术是 Super-Nyquist，Super-Nyquist 的发送端实现与 Nyquist-WDM 类似，但接收机难度大大增加。接收机越复杂，性能越好。虽然在信道内复用技术中 Super-Nyquist 的频谱效率最高，且无须正交光子载波发生器，发端易实现，但其接收技术过于复杂，在高速率场景下很难实现，因此短期内没有应用的可能。

参 考 文 献

［1］ 王海鸿. 海底光缆传输系统及其应用研究 ［D］. 南京：南京邮电大学，2009.

［2］ 徐荣，沙慧军，陆庆杭，等. 100G 超宽带技术与测试 ［M］. 北京：人民邮电出版社，2013.

［3］ 杨奇明. WDM 光传输系统中的色散补偿与四波混频抑制研究 ［D］. 杭州：浙江工业大学，2009.

［4］ 陈为众. 光纤通信系统传输设计技术的研究 ［D］. 南京：南京邮电大学，2010.

［5］ 陆萍. WDM 系统中偏振模色散缓解与补偿的研究 ［D］. 北京：北京邮电大学，2009.

［6］ 邵宇丰. 高速光通信中新型调制码的产生及传输 ［D］. 长沙：湖南大学，2009.

［7］ 卢媛媛. 高速全光调制码型转换的研究与应用 ［D］. 上海：上海交通大学，2009.

［8］ 邵宇丰，等. 新型改进光双二机制传输的编解码方案 ［J］. 通信学报，2007，28（2）：58-63.

［9］ 王欣. 高速光纤通信系统调制格式的研究 ［D］. 武汉：华中科技大学，2007.

［10］ 王成巍，等. 高速光 DQPSK 调制中预编码器的实现 ［J］. 光电子激光，2007，18（6）：679-682.

［11］ 李岩. 相干光通信技术的研究 ［D］. 北京：北京邮电大学，2009.

［12］ 王铁城. 偏振模色散和偏振相关损耗效应在偏振复用中的影响 ［D］. 天津：天津大学，2008.

［13］ 曾琼. 相干光通信系统中接收机的研究 ［D］. 北京：北京邮电大学，2008.

［14］ 张方正. 高速光通信系统中数字信号处理（DSP）与波形产生技术研究 ［D］. 北京：北京邮电大学，2013.

［15］ Greg Raybon. High symbol rate transmission systems for data rates from 400Gb/s to 1 Tb/s ［C］. OFC 2015，M3G. 1.

［16］ C. Rasmussen，Y. Pan，Aydinlik，et al. Real-time DSP for 100 + Gb/s ［C］. OFC 2013，

OW1E. 1.

［17］　OIF. 100G ultra long haul DWDM framework document. OIF-FD-100G-DWDM-01. 0. www. oiforum. com.

［18］　David Gesbert, Mansoor Shaft, Da-shan Shin, From Theory to Practice：An overview of MI-MO Space-Time Coded wireless systems ［C］. IEEE Journal on selected areas in communications, Vol, 21, No. 3, Aprial 2003.

［19］　Winzer P J, Essiambre R J. Advanced optical modulation formats ［J］. Proceedings of the IEEE, 2006, 94 (5)：952-985.

［20］　Jose Chesnoy. Undersea Fiber Communication Systems (Second Edition) ［M］. Elsevier Science (USA)：Academic Press, 2016.

第 4 章

海底光缆通信系统设计

本章主要介绍海底光缆通信系统设计基本原则和设计要求，着重介绍了系统规模容量确定原则、技术方案选择（包括无中继系统技术方案和有中继系统技术方案）、终端设备选型、海底设备选型、海底光缆选型、海缆监测系统设计、远供电源系统设计、网管系统设计、系统可靠性设计、系统维护余量设计和系统工程设计等内容。

4.1　系统设计基本原则

4.1.1　概述

海底光缆通信系统具有通信容量大、传输距离长、通信质量高、不受电磁干扰等优点，是海岛之间、海岛与陆地之间大容量通信的主要手段。目前，基于SDH、WDM、OTN 技术的海底光缆通信系统在世界上已经得到了广泛的应用，囊括了全球 95% 的互联网通信，其技术发展十分迅速。

海底光缆通信系统按有无海底光中继器分为有中继和无中继两种类型。有中继海底光缆通信系统线路中包含海底光中继器，需要海底光缆内的供电导体向海底光中继器进行远程供电；无中继海底光缆通信系统线路中无任何有源设备，不需利用海底光缆进行水下供电。

有中继海底光缆通信系统通信距离可达数千千米，一般用在国际之间建立超长距离、大容量可靠通信连接。无中继海底光缆通信系统通信距离可达数百千米，主要用于跨海或岛屿之间的通信，系统结构简单、便于快速敷设，具有建设周期短、开通速度快、维护使用方便、可靠性高和成本低的特点。

海底光缆通信系统设计基本原则如下：

1）海底光缆通信系统设计寿命达到 25 年。海底光缆通信系统在海底这个特殊环境下的应用，海底部分不但维修费用相当高，而且维修周期时间长，因此要求海底光缆线路及其设备具有极高的可靠性。当海底光缆通信系统采用陆地光缆终端设备时，系统设计寿命可参照陆地光缆传输系统的要求，但是海底光缆线路的设计寿命一般为 25 年。

2）海底光缆通信系统设计综合考虑设计容量和成本因素，实现系统最优化设计。选择无中继海底光缆通信系统可简化系统组成，降低建设维护成本。因此，在技术条件允许的情况下，可优先选择无中继系统，对于采用无中继方式无法实现的通信距离，则需要采用有中继系统。

3）海底光缆通信系统设计必须保证整体通信质量，技术先进、经济合理、切合实际。设计中进行多方案比较，努力提高经济效益，尽量降低工程造价。

4）对于 SDH 海底光缆通信系统，其系统中的 SDH 部分参照 YD 5095—2010《同步数字体系（SDH）光纤传输系统工程设计规范》中相关条款的规定；对于 WDM 海底光缆通信系统，其系统中的 WDM 部分参照 YD/T 5092—2010《波分复用（WDM）光纤传输系统工程设计规范》中相关条款的规定；对于 OTN 海底光缆通信系统，其系统中的 OTN 部分参照 YD/T 5208—2014《光传送网（OTN）工程设计暂行规定》中相关条款的规定。

4.1.2 总体设计要求

海底光缆通信系统的线路光通道设计，应结合系统拟采用的传输速率和通信容量进行考虑，必须同时满足系统所允许的光纤损耗、色散及接收端光信噪比等因素。光传输终端、光放大器和海底光缆中光纤芯数的设置应满足系统中远期业务量的需要，同时考虑海底光中继设备、远供电源设备的限制以及在海底光缆船只上进行海底光缆维护抢修的要求。海底光缆通信系统的总体设计应考虑以下几个方面：

1）系统规模容量：结合技术现状、近期业务需求和中远期业务量发展需要，确定系统传输速率、波道数目、光纤芯数等。

2）系统技术体制：根据系统工作速率和实际通信距离，按照衰减受限距离、色散受限距离、光信噪比受限距离的分析结果，确定系统是采用无中继还是有中继技术，选择合理的系统配置方案和放大段（中继段）长度。

3）终端设备选型：根据系统通信容量和通信距离要求，确定光传输终端、光放大器的配置和性能指标，以及前向纠错配置和色散补偿方式，保证系统整体传输性能（误码性能、抖动和漂移性能、光接口参数等）符合要求。

4）海底设备选型：根据系统采用技术体制和海缆路由环境情况，确定海缆接头盒、海底分支器和海底光中继器的配置和性能指标，保证设备在海洋使用环境中稳定可靠的工作。

5）海底光缆选型：根据系统采用技术体制和海缆路由环境情况，合理选配轻型海缆、轻型保护海缆、单层铠装海缆、双层铠装海缆和岩石铠装海缆，提供稳定可靠的海底传输通道。

6）监测系统配置：选择海缆线路监测方式，确定海缆监测设备功能性能，实现海底设备状态监测以及海缆线路故障定位。

7）远供系统配置：进行系统远供馈电电压预算，确定远供电源设备的配置和性能指标，实现向所有海底有源设备馈电。

8）网管系统配置：通过对海底光缆通信系统中各设备的集中式管控，提高海底光缆通信系统的运行、管理和维护工作效率，提供配置管理、性能管理、故障管理、安全管理和网管系统自管理等功能。

9）系统可靠性：通过系统冗余设计、器件材料筛选等措施，保证系统在全寿命周期内可靠运行。

10）系统维护余量：根据系统使用寿命和海缆路由环境情况，确定海底光缆敷设施工余量、海底光缆修理余量等。

11）系统工程设计：通过海底光缆路由桌面预选、现场勘察，确定海缆线路最佳登陆点和路由，保障海缆工程实施安全可靠、经济合理、技术可行；根据登陆点和路由环境情况，确定海底光缆铺设安装、海底光缆登陆站具体要求等。

4.2 规模容量的确定

4.2.1 规模容量确定原则

海底光缆通信系统传输速率、通信容量的设计应满足中远期业务量的发展需要，便于系统今后的升级扩容；终端设备制式的选择及容量配置应考虑现有设备的商用化水平，可以按照近期业务量需要确定。业务预测时应综合考虑原有通信网的使用情况、各种业务对传输网的需求以及网络冗余的要求。相比有中继海底光缆通信系统，无中继海底光缆通信系统中无远供电源设备和海底光中继器，不受远供电源系统能力和海底光中继器体积的限制，可以通过适当增加光纤芯数提高总体容量。海底光缆通信系统规模容量确定原则如下：

1）无中继海底光缆通信系统的线路传输速率应根据登陆站间距离取定，光纤的芯数应结合中远期容量需求（一般按 10～15 年考虑）通过技术经济比较确定。

2）无中继海底光缆通信系统可通过降低线路传输速率提高传输距离，可通过增加光纤芯数提高总体容量，但芯数一般不大于 48 芯。

3）有中继海底光缆通信系统的光纤芯数应结合中远期容量需求、海底光中继器体积和远供电源容量等方面综合考虑确定，一般不多于 10 纤对。

4）有中继海底光缆通信系统宜采用业界先进的终端技术（包括最先进的前向纠错、编码调制和接收技术等），结合光纤类型和海底光中继器的间距等确定设计容量，使系统单位设计容量的成本最小。

4.2.2 海底光缆通信系统制式

根据当前传输技术发展和应用需求情况，海底光缆通信系统按照终端设备制式可分成 SDH 系统、OTN 系统和 WDM 系统。在系统设计时，结合技术现状、应用场景、近期业务需求和中远期业务量发展需要，选择合适的传输容量、传输速率、波道数量等。

1. SDH 海底光缆通信系统

SDH 海底光缆通信系统为单波系统，传输速率包括 STM-1、STM-4、STM-16、STM-64 和 STM-256 5 个等级，传输容量分别对应 155520kbit/s、622080kbit/s、2488320kbit/s、9953280kbit/s、39813120kbit/s，支持的最大等效话路为 483840 路。SDH 海底光缆通信系统速率和标称容量见表 4-1。

表 4-1 SDH 系统信号比特率和容量

SDH 等级	比特率/(kbit/s)	最大通道容量(等效话路)
STM-1	155520	1890
STM-4	622080	7560
STM-16	2488320	30240
STM-64	9953280	120960
STM-256	39813120	483840

2. OTN 海底光缆通信系统

OTN 海底光缆通信系统为多波系统，波道数量 N 可选用 16 波、32 波、40 波、80 波等。单波传输速率包括 OTU1、OTU2、OTU3 和 OTU4 几个等级，传输容量分别对应 $N \times 2666057.143$kbit/s、$N \times 10709225.316$kbit/s、$N \times 43018413.559$kbit/s、$N \times 111809973.568$kbit/s。OTN 海底光缆通信系统比特速率和容量见表 4-2。

表 4-2 OTN 系统 OTUk 信号比特率和容量

OTU 类型	OTU 标称比特速率	OTU 比特速率容差
OTU1	255/238×2488320kbit/s	
OTU2	255/237×9953280kbit/s	$\pm 20 \times 10^{-6}$
OTU3	255/236×39813120kbit/s	
OTU4	255/227×99532800kbit/s	

注：标称 OTUk 速率近似为：2666057.143kbit/s（OTU1）、10709225.316kbit/s（OTU2）、43018413.559kbit/s（OTU3）和 111809973.568kbit/s（OTU4）。

3. WDM 海底光缆通信系统

WDM 海底光缆通信系统的可分为 16 波、32 波、40 波、80 波和 160 波系统，系统所支持的业务接口类型可选用 SDH 或者 OTN 等制式，具体见表 4-3。系统通路类型包括 $N×2.5G$（STM-16 或 OTU1）、$N×10G$（STM-64 或 OTU2 或 OTU2e）、$N×40G$（STM-256 或 OTU3）、$N×100G$（OTU4）等。

表 4-3　WDM 系统所支持的业务接口类型

业务接口类型	信号类型
SDH 接口	STM-N($N=1$、4、16、64 和 256)
以太网接口	GE、10GE、100GE 等
OTN 接口	OTU1、OTU2、OTU2e(可选)、OTU3、OTU4 等
其他	FC、ESCON、FICON、数字视频等(可选)

4.3　技术方案的确定

进行海底光缆通信系统技术方案设计时，为了保障系统开通并长期运行，应综合考虑通信容量、传输距离、老化维修裕量等相关因素，选择合理的系统制式和组成配置，确保系统同时满足衰减、色散和光信噪比等方面的要求。基于现有技术水平，500km 以内海底光缆通信系统可采用无中继传输方式，超过 500km 的海底光缆通信系统需采用有中继传输方式。

4.3.1　无中继系统技术方案

无中继海底光缆通信系统主要由岸上端站设备和水下传输线路构成，传输线路中无有源设备。岸上端站设备主要包括光传输终端设备、光放大器和海缆监控设备，提供端到端业务传输、信号放大和线路监测功能；水下线路设备主要包括海底光缆、海缆接头盒和海底分支器，为系统提供稳定可靠的信号传输通道。系统中通过使用光放大器来延长无中继传输距离，一般在光发射端机之后使用 EDFA 功率放大器（OBA）提高发送光功率，在光接收端机之前使用 EDFA 前置放大器（OPA）提高信号接收灵敏度，还可使用拉曼光纤放大器（RFA）和遥泵光放大器（ROPA）进一步延长系统无中继传输距离。可根据系统登陆站间距离和设计容量，参照图 4-1 中的示例进行无中继海底光缆通信系统配置。

如图 4-1 所示，按照传输链路上光放大器的配置方式，无中继海底光缆通信系统可分为以下几类：

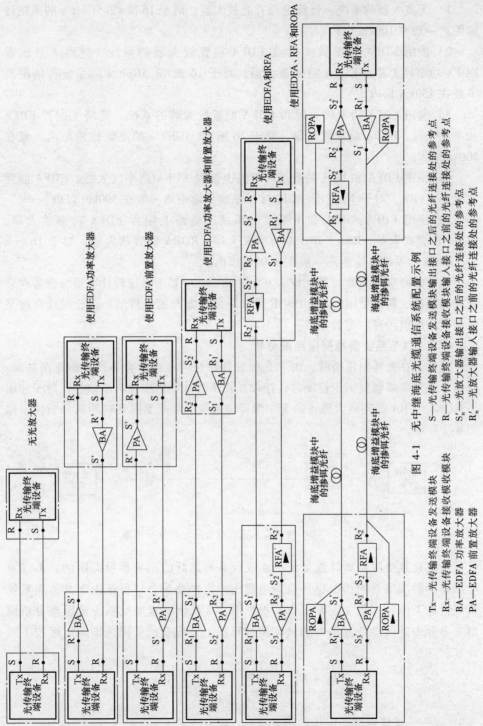

图 4-1 无中继海底光缆通信系统配置示例

Tx—光传输终端设备发送模块
Rx—光传输终端设备接收模块
BA—EDFA 功率放大器
PA—EDFA 前置放大器

S—光传输终端设备发送模块输出接口之后的光纤连接处的参考点
R—光传输终端设备接收模块输入接口之前的光纤连接处的参考点
S_n'—光放大器输出接口之后的光纤连接处的参考点
R_n'—光放大器输入接口之前的光纤连接处的参考点

1）无放大器的系统。链路上没有光放大器，对于 16 波×2.5Gbit/s 的系统传输距离一般在 100km 以内。

2）使用 EDFA 功率放大器或 EDFA 前置放大器的系统。链路上只配置 EDFA 功率放大器或 EDFA 前置放大器，对于 16 波×2.5Gbit/s 的系统传输距离一般在 150km 以内。

3）使用 EDFA 功率放大器和 EDFA 前置放大器的系统。链路上配置 EDFA 功率放大器、EDFA 前置放大器，对于 16 波×2.5Gbit/s 的系统传输距离一般在 200km 以内。

4）使用 EDFA 和 RFA 的系统。链路上配置 EDFA 功率放大器、EDFA 前置放大器、FRA，对于 16 波×2.5Gbit/s 的系统传输距离一般在 300km 以内。

5）使用 EDFA、RFA 和 ROPA 的系统。链路上配置 EDFA 功率放大器、EDFA 前置放大器、RFA、ROPA 功率放大器、ROPA 前置放大器，对于 16 波×2.5Gbit/s 的系统传输距离一般在 400km 以内。

无中继海底光缆通信系统技术方案的确定，应基于系统设计容量综合考虑衰减受限距离、色散受限距离、OSNR 受限距离等方面的分析结果，合理选择满足系统实际通信距离的配置方案。

4.3.1.1 系统衰减受限距离分析

信号光在光纤中传播时，由于光纤衰耗特性的存在，会导致功率逐渐减弱，当信号光功率减弱到一定程度时，接收端将不能从噪声中检测出信号。对于使用了 EDFA、FRA 等光放大设备的无中继传输系统，衰减受限传输距离分析模型如图 4-2 所示。

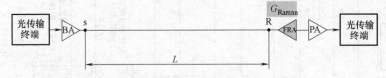

图 4-2　无中继传输系统衰减受限距离分析模型

系统衰减受限距离计算是依据系统设备和光纤的相关参数而定的，不仅要考虑实际的功率衰减情况，还应考虑留出一定的余量，以保证由于其他因素使系统性能下降时，仍能正常工作。根据图 4-2 给出的衰减受限传输距离分析模型，参照中继段设计方法中的最坏值计算法，系统衰减受限传输距离可按下式计算：

$$L = \frac{P_s + G_{Raman} - P_r - P_p - \sum A_c - M_c}{A_f + A_s} \tag{4-1}$$

式中　L——系统衰减受限传输距离（km）；

P_s——系统寿命终了时 S 点的发送光功率（dBm）；

G_{Raman}——系统寿命终了时光纤拉曼放大器增益，（dB）；

P_r——系统寿命终了时 R 点的接收灵敏度，（dBm）；

P_p——光通道功率代价（dB）；

$\sum A_c$——S 点和 R 点间连接器衰减之和（dB）；

M_c——光缆余度（dB）；

A_f——传输光纤平均衰减系数（dB/km）；

A_s——平均到每千米的光纤接头损耗（dB/km）。

4.3.1.2 系统色散受限距离分析

光纤传输线路中，除了有衰减的影响外，还有色散的影响。色散是因为光脉冲中的不同频率或模式在光纤中的传播速度不同，使得这些频率成分或模式到达终端有先有后，从而产生信号传播过程中光脉冲的展宽。色散引起的脉冲展宽会使得脉冲的部分能量逸出到比特时间以外形成码间干扰，导致比特时间内光脉冲的能量减少造成接收功率下降。无中继系统色散受限传输距离可按下式估算：

$$L = 10^6 \times \varepsilon / BD\delta\lambda \tag{4-2}$$

式中 L——系统色散受限传输距离（km）；

ε——当光源为多纵模激光器时取 0.115，当光源为单纵模激光器时取 0.306；

B——线路信号比特率（Mbit/s）；

D——系统寿命终了时传输光纤色散系数（ps/nm·km）；

$\delta\lambda$——系统寿命终了时光源的均方根谱宽（nm）。

亦可采用下式估算：

$$L = \frac{D_{max}}{|D|}$$

式中 L——系统色散受限传输距离（km）；

D_{max}——S、R 点之间允许的最大色散值（ps/nm）；

D——系统寿命终了时传输光纤色散系数（ps/nm·km）。

4.3.1.3 系统光信噪比受限距离分析

光信噪比定义为光信号功率与光噪声功率之比。无中继系统光纤线路较长，导致信号衰减较大，经过多级放大器放大后，噪声可能会同信号能量相当，造成接收端无法正确辨别信号，即所谓的光信噪比受限。系统接收端光信噪比的最低要求与系统通信速率相关，不同通信速率的系统对接收端信噪比的要求可参见各相关标准。通常而言，在终端设备不带前向纠错功能的情况下，2.5Gbit/s 系统信噪比要求在 20dB 以上，10Gbit/s 系统信噪比要求在 26dB 以上。单跨距无中继系统接收端光信噪比可按下式计算：

$$OSNR = P_{in} - 10\lg(h\nu\Delta\nu_o) - 10\lg F_{sys} \tag{4-3}$$

式中 P_{in}——信号输入功率，即光传输终端设备输出功率（dBm）；

h——普朗克常量；

ν——信号光频率；

$\Delta\nu_o$——光谱带宽，对于 1550nm 的信号光，在 0.1nm 光谱带宽下，$10\lg$ $(h\nu\Delta\nu_o) = -58$dBm；

F_{sys}——系统噪声指数，计算公式为

$$F_{sys} = \sum_{j=1}^{N} \frac{F_j - L_{j-1}}{\prod_{\mu=1}^{j-1} \Delta\mu} \tag{4-4}$$

式中 F_j——系统中采用的第 j 个光放大器噪声指数（dB）；

L_j——系统中第 j 站光纤对信号衰减值（dB）；

$\Delta\mu = G_j L_j$，为系统中第 j 站光放大器增益与光纤衰减值的乘积。

综合以上，分别计算出衰减受限距离、色散受限距离和光信噪比受限距离，选取其中的最小值，如果系统实际要求的传输距离比该值小，则可选用无中继传输技术方案，并根据分析结果进行传输系统配置。

4.3.2 有中继系统技术方案

有中继海底光缆系统主要分为岸上端站设备和水下线路设备两大部分，其组成配置如图 4-3 所示。岸上端站设备主要包括光传输终端设备、线路监控设备、网络管理设备、远供电源设备等，提供端到端业务传输、远程供电和线路监测功能。水下线路设备主要包括海底光中继器、有中继海底光缆和海缆接头盒，为系统提供稳定可靠的信号传输通道和远供电源导体。

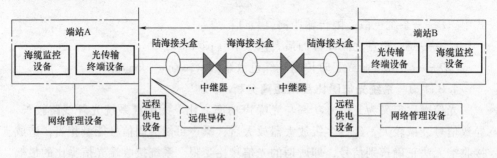

图 4-3 有中继海底光缆系统组成配置

有中继海底光缆通信系统的通信距离，与海底光中继器的个数和中继器之间的中继段长相关。有中继海底光缆通信系统技术方案的确定，应基于系统设计容

量，综合考虑衰减受限中继段长、色散受限中继段长、OSNR 受限距离等方面的分析结果，合理选择满足系统实际通信距离的配置方案。

4.3.2.1　系统衰减受限中继段长分析

采用了海底光中继器的有中继海底光缆通信系统，光缆中继段的信号衰减可以通过海底光中继器的增益得到补偿。对于由多个等间距的光纤中继段组成的有中继系统，系统中各光中继器性能指标一致，衰减受限传输距离分析模型如图 4-4 所示。

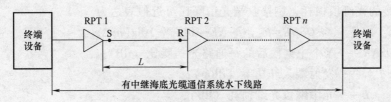

图 4-4　有中继传输系统衰减受限距离分析模型

根据图 4-4 给出的衰减受限传输距离分析模型，参照中继段设计方法中的最坏值计算法，系统衰减受限中继段长可按下式计算：

$$L = \frac{P_s - P_r - P_p - \sum A_c - M_c}{A_f + A_s} \tag{4-5}$$

式中　L——衰减受限中继段长度（km）；

$\quad\quad P_s$——系统寿命终了时海底光中继器的发送光功率（dBm）；

$\quad\quad P_r$——系统寿命终了时海底光中继器的接收灵敏度（dBm）；

$\quad\quad P_p$——光通道功率代价（dB）；

$\quad\sum A_c$——海底光中继器间连接器衰减之和（dB）；

$\quad\quad M_c$——光缆余度（dB）；

$\quad\quad A_f$——传输光纤平均衰减系数（dB/km）；

$\quad\quad A_s$——平均到每千米的光纤接头损耗（dB/km）。

4.3.2.2　系统色散受限中继段长分析

色散对系统性能的影响主要表现在引起脉冲展宽，导致两个相邻的脉冲发生串扰，产生判决错误，影响系统的误码率提高。当光信号传输距离超过某段距离之后，必须进行色散补偿，该段距离就是色散受限距离。有中继系统色散受限中继段长可按下式估算：

$$L = \frac{D_{max}}{|D|} \tag{4-6}$$

式中　L——色散受限中继段长（km）；

$\quad D_{max}$——S、R 点之间允许的最大色散值（ps/nm）；

D——系统寿命终了时传输光纤色散系数（ps/nm·km）。

4.3.2.3 系统光信噪比受限距离分析

有中继系统线路很长，线路中级联了许多海底光中继器，由于每个光中继器自发辐射噪声（ASE）的累积，光信噪比通过每个光中继器或后均下降，最后造成接收端无法正确辨别信号。对于有中继海底光缆通信系统，假定链路中所有光中继器具有相同的噪声指数，两个光中继器间的光纤长度相等，每段损耗均相同，每个光中继器的增益也相等，且每个光中继器的增益正好补偿与前一个光中继器连接的光纤段损耗，则接收端光信噪比可近似表达为

$$OSNR = P_{\text{out}} - L - NF - 10\lg N - 10\lg(h\nu\Delta\nu_\text{o}) \qquad (4\text{-}7)$$

式中　$OSNR$——N 个中继段后的每通路光信噪比（dB）；

$\qquad P_{\text{out}}$——发射端入纤功率（dBm）；

$\qquad L$——光中继段光纤损耗（dB）；

$\qquad NF$——光中继器的噪声指数（dB）；

$\qquad N$——链路中的中继段数；

$\qquad h$——普朗克常量；

$\qquad \nu$——信号光频率；

$\qquad \Delta\nu_\text{o}$——光谱带宽，对于 1550nm 的信号光，在 0.1nm 光谱带宽下，$10\lg(h\nu\Delta\nu_\text{o}) = -58\text{dBm}$。

综合以上，分别计算出衰减受限中继段长、色散受限中继段长、光信噪比受限距离，如果系统中继段长设计能够同时满足衰减受限中继段长、色散受限中继段长、光信噪比受限距离等方面的要求，则可根据分析结果进行有中继传输系统配置。

4.4　终端设备的选型

海底光缆通信系统终端设备包含光传输终端和光放大器，实现端到端业务汇聚传送和信号放大传输功能。其中，光放大器可与光传输终端可集成在一个机箱中作为放大功能板卡使用，也可自带机箱作为单一设备独立使用。由于终端设备在沿海或海岛机房内运行，设备工作环境比普通环境更为苛刻，应具备良好的环境适应性，从而保障设备稳定可靠的工作。

4.4.1　基本要求

海底光缆通信系统终端设备选型应符合下列基本要求：

1）终端设备应符合技术先进、安全可靠、经济实用、便于维护的原则。

2）终端设备应具有灵活的、较少品种的硬件配置，并易于系统扩容及

升级。

3）终端设备应符合有关 SDH、WDM、OTN 系统相关的技术要求，宜采用最先进的前向纠错、编码调制和接收技术。

4）终端设备的总体机械结构应便于安装、维护以及扩容或调整，设备硬件应为模块化设计，同时具有足够的机械强度和刚度。

5）终端设备中的光放大器由于有较大光功率输出，在输出光口上应具有明显的安全标志。

6）对于非相干接收海底光缆通信系统，可在终端设备发送端预补偿色散和接收端后补偿色散，也可在海底光缆线路中均匀间插色散补偿、光放大在线补偿，以保证海底光缆段光通道的残余色散满足终端设备的色散容限要求；对于相干接收海底光缆通信系统，其终端设备的色散容限和极化色散容限宜分别大于光缆线路累积色散和差分群时延，在接收端采用高速数字信号处理（DSP）芯片，完成色散和偏振模色散补偿、相位恢复、数字判决等工作。

4.4.2 光传输终端

光传输终端提供端到端业务的接入处理和传送功能，包括 SDH 设备、OTN 设备和 WDM 设备。

（1）SDH 设备

SDH 设备传输速率为 155Mbit/s～40Gbit/s，采用块状的帧结构来承载信息，帧结构中安排了丰富的开销比特用于网络运行、管理和维护。SDH 设备主要面向语音业务，可以兼容准同步数字体系（PDH）的各种速率，同时还能容纳其他各种业务信号，如 ATM 信元、IP 数据包等。SDH 设备可以通过引入控制平面实现光链路连接自动建立和资源动态配置，即采用自动交换光网络（ASON）技术，实现网络资源自动发现、端到端业务快速配置、业务按需提供和网络动态恢复。SDH 设备主要由业务接口处理模块、SDH 业务映射模块、SDH 交叉连接模块、SDH 线路接口模块、时钟单元及主控单元组成，如图 4-5 所示。

SDH 设备选型时，应满足系统通信容量和通信距离要求，保证设备的接口类型、可承载信号种类、光接口参数、误码性能、抖动和漂移性能等符合 SDH 光缆线路系统进网要求。

1）接口类型。

SDH 设备可提供以下接口，并可以是它们的任意组合形式，不同类型的应用可以根据要求增加接口类型。

① STM-256 光接口；

② STM-64 光接口；

③ STM-16 光接口；

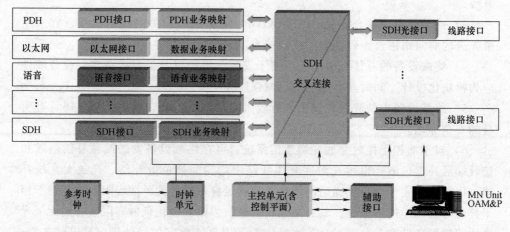

图 4-5　SDH 设备组成

④ STM-4 光接口；

⑤ STM-1 光接口；STM-1 电接口；

⑥ STM-0 光接口；

⑦ 10GE 光接口；

⑧ GE 光接口；

⑨ FE 光接口、FE 电接口；

⑩ PDH 电接口。

2）可承载信号种类。

SDH 可承载的信号种类包括 SDH 信号、PDH 信号、ATM 信号和以太网信号等，具体如下：

①SDH 信号：包括 STM-N（N=0, 1, 4, 16, 64, 256）系列信号；

②PDH 信号：包括 2048kbit/s、34368kbit/s、44736kbit/s 和 139264kbit/s 速率的信号；

③ATM 信号：包括 2Mbit/s、25Mbit/s、155Mbit/s 和 633Mbit/s 等速率的信号；

④以太网信号：包括 FE、GE、10GE 的信号。

3）光接口参数。

SDH 设备光接口类型及参数根据海底光缆通信系统具体情况以及设备性能合理选用。光接口类型的选用不宜过多，同一网络中同一等级光接口的类型宜尽量统一，以便于管理和维护以及备品备件的配置。长距离传输应选用 L 接口，超长距离传输应选用 V 或 U 接口。STM-1、STM-4、STM-16、STM-64 和 STM-256 详细的光接口参数，可参照表 4-4～表 4-8。

表4-4　STM-1 光接口参数规范

项目	单位	数　值					
标称比特率	kbit/s	STM-1　155520					
应用分类代码		L-1.1		L-1.2	L-1.3		
工作波长范围	nm	1280~1335		1480~1580	1534~1566	1523~1577	1480~1580
光源类型		MLM	SLM	SLM	MLM	MLM	SLM
发送机在 S 点特性　最大(rms)谱宽(σ)	nm	4	—	—	3	2.5	—
最大-20dB谱宽	nm	—	1	1	—	—	1
最小边模抑制比	dB	—	30	30	—	—	30
最大平均发送功率	dBm	0	0	0	0	0	0
最小平均发送功率	dBm	-5	-5	-5	-5	-5	-5
最小消光比	dB	10	10	10	10	10	10
SR点光通道特性　衰减范围	dB	10~28	10~28	10~28	10~28	10~28	10~28
最大色散	ps/nm	185	NA	NA	246	296	NA
光缆在 S 点的最小回波损耗(含有任何活接头)	dB	NA	NA	20	NA	NA	NA
接收机在 R 点的特性　SR 点间最大离散反射系数	dB	NA	NA	-25	NA	NA	NA
最小灵敏度(BER=10^{-12})	dBm	-34	-34	-34	-34	-34	-34
最小过载点	dBm	-10	-10	-10	-10	-10	-10
最大光通道代价	dB	1	1	1	1	1	1
接收机在 R 点的最大反射系数	dB	NA	NA	-25	NA	NA	NA

注：NA 表示不作要求。

165

表 4-5　STM-4 光接口参数规范

标称比特率（kbit/s）：STM-4　622080

项目	单位	L-4.1	L-4.1	L-4.1	L-4.1(JE)	L-4.2	L-4.3	V-4.1	V-4.2	V-4.3	U-4.2	U-4.3
工作波长范围	nm	1300~1325	1296~1330	1280~1335	1302~1318	1480~1580	1480~1580	1290~1330	1530~1565	1530~1565	1530~1565	1530~1565
光源类型		MLM	SLM	SLM	MLM	SLM	SLM	SLM	SLM	SLM	SLM	SLM
发送机在S点特性												
最大（rms）谱宽（σ）	nm	2	—	—	<1.7	—	—	—	—	—	—	—
最大-20dB谱宽	nm	—	1	1	—	<1*	1	*	*	*	*	*
最大边模抑制比	dB	—	30	30	—	30	30	*	*	*	*	*
最大平均发送功率	dBm	2	2	2	2	2	2	4	4	4	15	15
最小平均发送功率	dBm	-3	-3	-3	-2	-3	-3	0	0	0	12	12
最小消光比	dB	10	10	10	10	10	10	10	10	10	10	10
SR点光通道特性												
衰减范围	dB	10~24	10~24	10~24	10~24	10~24	10~24	22~33	22~33	22~33	33~44	33~44
最大色散	ps/nm	92	NA	NA	109	*	NA	200	2400	400	3200	530
光缆在S点的最小回波损耗（含有活接头）任何活接头	dB	20	20	20	24	24	20	24	24	24	24	24
SR点间最大离散反射系数	dB	-25	-25	-25	-25	-27	-25	-27	-27	-27	-27	-27
接收机在R点的特性												
最小灵敏度（BER=10^{-12}）	dBm	-28	-28	-28	-30	-28	-28	-34	-34	-34	-34	-33
最小过载点	dBm	-8	-8	-8	-8	-8	-8	-18	-18	-18	-18	-18
最大光通道代价	dB	1	1	1	1	1	1	1	1	1	2	1
接收机在R点的最大反射系数	dB	-14	-14	-14	-14	-27	-14	-27	-27	-27	-27	-27

注：表中 NA 表示不作要求，* 表示待定。

表 4-6　STM-16 光接口参数规范

项目	单位	数　值 STM-16　2488320								
应用分类代码		L-16.1	L-16.1(JE)	L-16.2	L-16.2(JE)	L-16.3	V-16.2	V-16.3	U-16.2	U-16.3
工作波长范围	nm	1280~1335	1280~1335	1500~1580	1530~1560	1500~1580	1530~1565	1530~1565	1530~1565	1530~1565
光源类型		SLM	SLM	SLM	MLM(MQW)	SLM	SLM	SLM	SLM	SLM
发送机在S点特性　最大(rms)谱宽(σ)	nm	—	—	—	2.5	—	—	—	—	—
最大-20dB谱宽	nm	1	1	<1*	<0.6	<1*	*	*	*	*
最小边模抑制比	dB	30	30	30	30	30	*	*	*	*
最大平均发送功率	dBm	3	3	3	5	3	13	13	15	15
最小平均发送功率	dBm	-2	-0.5	-2	2	-2	10	10	12	12
最小消光比	dB	8.2	8.2	8.2	8.2	8.2	8.2	8.2	10	10
SR点　衰减范围	dB	0~24	26.5	10~24	28	10~24	22~33	22~33	33~44	33~44
最大色散	ps/nm	NA	216	1200~1600	1600	*	2400	400	3200	530
光缆在S点的最小回波损耗(含有任何活接头)	dB	24	24	24	24	24	24	24	24	24
SR点间最大离散反射系数	dB	-27	-27	-27	-27	-27	-27	-27	-27	-27
接收机在R点的特性　最小灵敏度(BER=10^{-12})	dBm	-27	-28	-28	-28	-27	-25	-24	-34	-33
最小过载点	dBm	-9	-9	-9	-9	-9	-9	-9	-18	-18
最大光通道代价	dB	1	1	2	2	1	2	1	2	1
接收机在R点的最大反射系数	dB	-27	-27	-27	-27	-27	-27	-27	-27	-27

注：表中 NA 表示不作要求，* 表示待定。

167

表 4-7　STM-64 光接口参数规范

项目	单位	数值							
标称比特率	kbit/s	STM-64（9953280）							
应用分类代码		L-64.1	L-64.2a	L-64.2b	L-64.2c	L-64.3	V-64.2a	V-64.2b	V-64.3
工作波长范围	nm	1290~1330	1530~1565	1530~1565	1530~1565	1530~1565	1530~1565	1530~1565	1530~1565
发送机在 MPI-S 点特性									
光源类型		SLM	SLM	SLM	SLM	SLM	SLM	SLM	SLM
最大平均发送功率	dBm	7	2	13	2	13	13	15	13
最小平均发送功率	dBm	4	-2	10	-2	10	10	12	10
最大 -20dB 谱宽	nm	*	*	*	*	*	*	*	*
光源啁啾	rad	NA	*	*	*	*	*	*	*
最大谱功率密度	mW/MHz	*	*	*	*	*	*	*	*
最小边模抑制比	dB	30	30	30	30	30	30	30	30
最小消光比	dB	6	10	8.2	10	8.2	10	8.2	8.2
最大衰减范围	dB	22	22	22	22	22	33	33	33
最小衰减范围	dB	17	11	16	11	16	22	22	22
最大色度色散	ps/nm	130	1600	1600	1600	260	2400	2400	400
最小色度色散	ps/nm	NA	*	*	*	NA	*	*	NA
最大无源色散补偿	ps/nm	NA	NA	NA	NA	NA	*	*	NA
最小无源色散补偿	ps/nm	NA	NA	NA	NA	NA	*	*	NA
最大差分群时延	ps	30	30	30	30	30	30	30	30
MPI-S 与 MPI-R 点主光通道特性									
光缆在 MPI-S 点的最小回波损耗（含有任何活接头）	dB	24	24	24	24	24	24	24	24
MPI-S 与 MPI-R 点间的最大离散反射系数	dB	-27	-27	-27	-27	-27	-27	-27	-27
接收机在 MPI-R 点特性									
最小灵敏度（BER＝10^{-12}）	dBm	-19	-26	-14	-26	-13	-25	-23	-24
最小过载点	dBm	-10	-9	-3	-9	-3	-9	-7	-9
最大光通道代价	dB	1	2	2	2	1	2	2	1
接收机在 MPI-R 点的最大反射系数	dB	-27	-27	-27	-27	-27	-27	-27	-27

注：表中 NA 表示不作要求，* 表示待定。

表 4-8 STM-256 光接口参数规范

项 目		单位	数值
标称比特率		kbit/s	STM-256 39813120
应用分类代码			L-256.2
工作波长范围		nm	1530~1565
发送机在 MPI-S 点特性	光源类型		SLM
	最大平均发送功率	dBm	8
	最小平均发送功率	dBm	5
	最大 −20dB 谱宽	nm	*
	最小边模抑制比	dB	35
	最小消光比	dB	10
MPI-S 与 MPI-R 点间主光通道特性	最大衰减范围	dB	22
	最小衰减范围	dB	11
	最大色度色散	ps/nm	1600
	最小色度色散	ps/nm	NA
	最大差分群时延	ps	7.5
	光缆在 MPI-S 点的最小回波损耗（含有任何活接头）	dB	24
	MPI-S 与 MPI-R 点间的最大离散反射系数	dB	−27
接收机在 MPI-R 点特性	最小灵敏度（BER = 10^{-12}）	dBm	−20
	最小过载点	dBm	−3
	最大光通道代价	dB	3
	接收机在 MPI-R 点的最大反射系数	dB	−27

注：表中 NA 表示不作要求，* 表示待定。

4）误码性能。

SDH 设备物理层的差错（误码）性能是决定传输质量的重要因素，是用来检测物理层链路的性能指标。

误码性能的事件包括误块秒（ES）、严重误块秒（SES）、背景误块（BBE）等。

① ES：1s 时间间隔内有 1 个或多个误块，或至少有 1 个缺陷；

② SES：1s 时间间隔内有不少于 30% 的误块，或至少有 1 个缺陷，SES 是 ES 的子集；

③ BBE：SES 以外的误块。

误码性能的度量参数有误块秒比（ESR）、严重误块秒比（SESR）和背景误块比（BBER）等。

① ESR：在一个确定的测试期间，在可用的时间内 ES 和总秒数之比；

② SESR：在一个确定的测试期间，在可用的时间内 SES 和总秒数之比；

③ BBER：在一个确定的测试期间，在可用的时间内，BBE 与总块数扣除 SES 中所有块后剩余块数之比。

对于 SDH 设备，在正常工作条件下，短期误码性能指标要求连续测试 24h 无误码。SDH 海底光缆通信系统工程设计中，420km 假设参考数字段的长期误码指标应不劣于表 4-9 中指标的要求（测试时间不少于 1 个月），实际长度为 L 的海缆系统误码性能与距离成正比，即用表 4-9 中指标值乘以 $L/420$ 得到。

表 4-9　420km 假设参考数字段的长期误码指标

速率/(kbit/s)	2048	34368/44736	139264/155520	622080	2488320	9953280	39813120
ESR	2.02E-5	3.78E-5	8.06E-5	待定	待定	待定	待定
SESR	1.01E-6	1.01E-6	1.01E-6	1.01E-6	1.01E-6	待定	待定
BBER	1.01E-7	1.01E-7	1.01E-7	5.04E-8	5.04E-8	待定	待定

5）抖动和漂移性能。

抖动是指数字信号的特定时刻（例如最佳抽样时刻）相对其理想时间位置的短时间偏离，所谓短时间偏离是指变化频率高于 10Hz 的相位变化。漂移指数字信号的特定时刻相对其理想时间位置的长时间的偏离，所谓长时间是指变化频率低于 10Hz 的相位变化。

在 SDH 系统中，抖动和漂移是按互连的各个设备的抖动和漂移的发生和传送特性积累的，过量的抖动和漂移会对数字信号（例如产生误差、滑码和其他异常）产生不利影响，使收端出现信号溢出或取空，从而导致信号滑动损伤。因此，必须对 SDH 网络接口输出抖动和漂移的网络限值、SDH 设备输入抖动和漂移容限等作出规定，以保证传输信号的质量。SDH 设备的抖动和漂移性能应符合相关规范要求，具体可参照 ITU-T G.825《基于同步数字体系（SDH）的数字网内抖动和漂移控制》、YD/T 1299—2004《同步数字体系（SDH）网络性能技术要求—抖动和漂移》、YD 5095—2010《同步数字体系（SDH）光纤传输系统工程设计规范》、YD/T 2273—2011《同步数字体系（SDH）STM-256 总体技术要求》等标准中的相关要求执行。

（2）OTN 设备

OTN 设备单波传输速率可从 2.5~100Gbit/s，综合了 SDH 和 WDM 的优点，包括光层和电层的完整体系结构，可在光层及电层实现波长和子波长业务的交叉调度。OTN 设备可以支持多种客户信号的封装和透明传输，可以实现大颗粒的业务调度和保护恢复，可以提供强大的开销和维护管理能力，适合电信综合业务承载，并能为数据、大粒度 IP 信号的承载提供充足的带宽和接口资源。OTN 设备在光层采用光交叉技术（ROADM）实现波长级业务调度疏导、光层组网、端到端波长级业务提供；在电层采用电交叉技术（GSS）实现子波长级业务调度疏导，充分利用波长资源降低成本，提供电层保护功能提高系统可靠性，功能模型如图 4-6 所示。

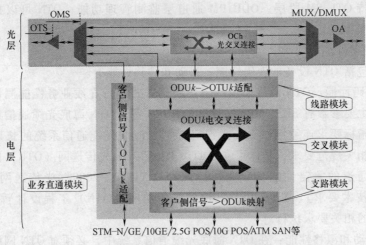

图 4-6　OTN 设备功能模型图

OTN 设备选型时，要重点关注设备功能性能和光接口参数的情况，符合 OTN 光缆线路系统进网要求。

1）设备功能。

主要包括 OTN 设备接口适配功能、线路接口处理功能、ODUk 调度功能、OCh 调度功能、光复用段和传输段处理功能和 OTN 开销处理功能。

① 业务接口适配功能：支持 STM-16/64/256 SDH 业务，OTU1/2/3/4 业务，GE/10GE/100GE 以太网业务，以及 1G/2G/4G/10G FC、FICON/FICON EXPRESS 等客户业务接入，经过映射复用处理后产生 ODUk（k=0，1，2，2e，3，4）通道信号。可选择支持 STM-1/4、FE、ESCON 等低速客户业务的接入，经过映射复用处理后产生 ODUk（k=0，1，2，2e）通道信号。

② 线路接口处理功能：包括 ODUk 时分复用、ODUk 映射到 OTUk 功能。

③ ODUk 调度功能：支持一个或多个级别的 ODUk（k=0，1，2，2e，3，4）交叉连接，可根据网络层次要求选择单个或多个调度颗粒；交叉连接调度单元提供硬件冗余保护能力，ODUk 主备交叉倒换时间应小于 50ms；通过系统交叉配置，支持线路保护和业务广播的功能。

④ OCh 调度功能：支持光通道波长信号的分插复用功能；光通道波长信号环内调度能力，支持 OCh 通道上下和穿通；支持光通道波长信号跨环调度能力；通过系统交叉连接配置，支持波长业务的组播和广播功能。

⑤ 光复用段和传输段处理功能：在 OTN 设备中通过传统的 WDM 设备中的波分复用器件提供光复用段路径的物理载体，通过传统的 WDM 设备中的光放大

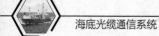

器件提供光传输段路径的物理载体。

⑥ OTN 开销处理功能：OTN 设备应具有 OPU/ODU/OTU 层的开销处理监测功能，支持 OTU SM 段层、ODU PM 通道层监测管理功能；OTN 可以提供 6 级 TCM 连接监视功能。

2）设备性能。

主要包括 OTN 设备的误码性能、抖动和漂移性能等。

① 误码性能：OTN 网络采用基于误块码方式进行在线业务性能测量，误码性能评估主要参数有 SES、BBE、SESR、BBER 等。OTN 海底光缆通信系统短期误码性能指标要求连续测试 24h 无误码。OTN 海底光缆通信系统的长期误码性能应符合相关规范要求，具体可参照 ITU-TG.8201《光传送网（OTN）内的多运营商国际通道的差错性能参数和指标》、YD/T1990—2009《光传送网（OTN）网络总体技术要求》、YD 5208—2014《光传送网（OTN）工程设计暂行规定》等标准中的相关要求执行。

② 抖动和漂移性能：在 OTN 海底光缆通信系统中，必须对 OTN 网络接口输出抖动和漂移、OTN 网络接口抖动和漂移容限、ODUk 时钟要求等作出规定，以保证传输信号的质量。OTN 设备的抖动和漂移性能应符合相关规范要求，具体可参照 ITU-T G.8251《光传送网（OTN）内的信号抖动和漂移控制》、YD/T 1990—2009《光传送网（OTN）网络总体技术要求》、YD 5208—2014《光传送网（OTN）工程设计暂行规定》等标准中的相关要求执行。

3）设备光接口参数。

OTN 设备光接口类型及参数应根据海底光缆通信系统具体情况以及设备性能合理选用。光接口类型的选用不宜过多，同一网络中同一等级光接口的类型宜尽量统一，以便于管理和维护以及备品备件的配置。光支路信号 2.5G、10G、40G 单通路/多通路域间光接口参数可参照 ITU-T G.959.1《光传送网物理层接口》、YD 5208—2014《光传送网（OTN）工程设计暂行规定》等标准中的相关要求执行。

（3）WDM 设备

WDM 设备在一根光纤中同时传输 16 波、32 波、40 波、80 波或上百个光载波信号，其工作波长应符合 ITU-T G.692 中标称中心频率的规定。WDM 设备由光转发单元（OTU）、波分复用/解复用器（MUX/DMUX）、光监控单元（OSC）、功放单元（BA）、前放单元（PA）、主控单元（OWU）和网管单元（EMU）等组成，如图 4-7 所示。WDM 系统在波分复用器前加入波长转换器（OTU），将输入的非规范波长转换为标准波长，以满足系统的波长兼容性。

WDM 设备选型时，要重点关注系统中心波长分配、主光通道接口参数、波长转换器、波分复用器件、光监控通路、色散补偿、前向纠错、增益均衡的情况，相关功能性能应符合相关规范要求，具体可参照 YD/T 5092—2010《波分复

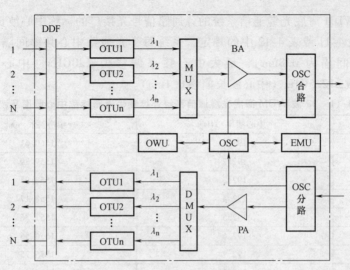

图 4-7 WDM 设备组成

用（WDM）光纤传输系统工程设计规范》、YD/T 2485—2013《N×100Gbit/s 光波分复用（WDM）系统技术要求》等标准中的相关要求执行。

16 波 WDM 海底光缆通信系统的各通路信号光接口的标称中心波长和中心频率应符合表 4-10 中的规定，系统每个光通路中心频率间隔为 100GHz（中心波长间隔为 0.8nm），最大中心频率偏移为±20GHz（中心波长偏移 0.16nm）。

表 4-10　16 波 WDM 海底光缆通信系统通路标称中心波长及频率

序号	中心频率/THz	中心波长/nm
1	192.1	1560.61
2	192.2	1559.79
3	192.3	1558.98
4	192.4	1558.17
5	192.5	1557.36
6	192.6	1556.55
7	192.7	1555.75
8	192.8	1554.94
9	192.9	1554.13
10	193.0	1553.33
11	193.1	1552.52
12	193.2	1551.72
13	193.3	1550.92
14	193.4	1550.12
15	193.5	1549.32
16	193.6	1548.51

32 波 WDM 海底光缆通信系统的各通路信号光接口的标称中心波长和中心频率应符合表 4-11 或表 4-12 中的规定，系统每个光通路中心频率间隔为 100GHz（中心波长间隔为 0.8nm），最大中心频率偏移为 ±20GHz（中心波长偏移 0.16nm）或 ±12.5GHz（中心波长偏移 0.1nm）。

表 4-11　32 波 WDM 海底光缆通信系统连续频带通路标称中心频率及波长

序号	中心频率/THz	中心波长/nm
1	192.1	1560.61
2	192.2	1559.79
3	192.3	1558.98
4	192.4	1558.17
5	192.5	1557.36
6	192.6	1556.55
7	192.7	1555.75
8	192.8	1554.94
9	192.9	1554.13
10	193.0	1553.33
11	193.1	1552.52
12	193.2	1551.72
13	193.3	1550.92
14	193.4	1550.12
15	193.5	1549.32
16	193.6	1548.51
17	193.7	1547.72
18	193.8	1546.92
19	193.9	1546.12
20	194.0	1545.32
21	194.1	1544.53
22	194.2	1543.73
23	194.3	1542.94
24	194.4	1542.14
25	194.5	1541.35
26	194.6	1540.56
27	194.7	1539.77
28	194.8	1538.98
29	194.9	1538.19
30	195.0	1537.40
31	195.1	1536.61
32	195.2	1535.82

表 4-12　32 波 WDM 海底光缆通信系统分离频带通路标称中心频率及波长

序号	频带	中心频率/THz	中心波长/nm
1		192.1	1560.61
2		192.2	1559.79
3		192.3	1558.98
4		192.4	1558.17
5		192.5	1557.36
6		192.6	1556.55
7		192.7	1555.75
8	红带	192.8	1554.94
9		192.9	1554.13
10		193.0	1553.33
11		193.1	1552.52
12		193.2	1551.72
13		193.3	1550.92
14		193.4	1550.12
15		193.5	1549.32
16		193.6	1548.51
17		194.5	1541.35
18		194.6	1540.56
19		194.7	1539.77
20		194.8	1538.98
21		194.9	1538.19
22		195.0	1537.40
23		195.1	1536.61
24		195.2	1535.82
25	蓝带	195.3	1535.04
26		195.4	1534.25
27		195.5	1533.47
28		195.6	1532.68
29		195.7	1531.90
30		195.8	1531.12
31		195.9	1530.33
32		196.0	1529.55

40 波 WDM 海底光缆通信系统的各通路信号光接口的标称中心波长和中心频率应符合表 4-13 中的规定，系统每个光通路中心频率间隔为 100GHz（中心波长间隔为 0.8nm），最大中心频率偏移为 ±20GHz（中心波长偏移 0.16nm）或 ±12.5GHz（中心波长偏移 0.1nm）。

表 4-13　40 波 WDM 海底光缆通信系统通路标称中心频率及波长

序号	中心频率/THz	波长/nm
1	192.1	1560.61
2	192.2	1559.79
3	192.3	1558.98
4	192.4	1558.17
5	192.5	1557.36
6	192.6	1556.55
7	192.7	1555.75
8	192.8	1554.94
9	192.9	1554.13
10	193.0	1553.33
11	193.1	1552.52
12	193.2	1551.72
13	193.3	1550.92
14	193.4	1550.12
15	193.5	1549.32
16	193.6	1548.51
17	193.7	1547.72
18	193.8	1546.92
19	193.9	1546.12
20	194.0	1545.32
21	194.1	1544.53
22	194.2	1543.73
23	194.3	1542.94
24	194.4	1542.14
25	194.5	1541.35
26	194.6	1540.56
27	194.7	1539.77
28	194.8	1538.98
29	194.9	1538.19

（续）

序号	中心频率/THz	波长/nm
30	195.0	1537.40
31	195.1	1536.61
32	195.2	1535.82
33	195.3	1535.04
34	195.4	1534.25
35	195.5	1533.47
36	195.6	1532.68
37	195.7	1531.90
38	195.8	1531.12
39	195.9	1530.33
40	196.0	1529.55

　　80 波 WDM 海底光缆通信系统宜采用基于 C 波段 80 通路，各通路信号光接口的标称中心波长和中心频率应符合表 4-14 中的规定，也可采用基于 C+L 波段 80 通路的 WDM 系统，分别采用 C 波段的 40 个波长和 L 波段的 40 个波长。C 波段 40 个波长为 192.10 ~ 196.05THz，波长间隔为 100GHz；L 波段 40 波长为 186.95 ~ 190.90THz，波长间隔为 100GHz。基于 C 波段的 80 通路系统，每个光通路中心频率间隔为 50GHz（中心波长间隔为 0.4nm），最大中心频率偏移为 ±5GHz（中心波长偏移 0.04nm）；基于 C+L 波段的 80 通路系统，每个光通路中心频率间隔为 100GHz（中心波长间隔为 0.8nm），最大中心频率偏移为 ±5GHz（中心波长偏移 0.04nm）。

　　160 波 WDM 海底光缆通信系统的各通路信号光接口的标称中心波长和中心频率应符合表 4-14 中的规定，系统每个光通路中心频率间隔为 50GHz（中心波长间隔为 0.4nm），最大中心频率偏移为 ±5GHz（中心波长偏移 0.04nm）。

4.4.3　光放大器

　　在海底光缆通信系统中，光放大器实现信号全光放大，用来补偿信号光功率在光缆链路传输损耗，以延长系统通信距离。根据光放大器增益介质和结构的不同，海底光缆通信系统中使用的光放大器可分为 EDFA、RFA 和 ROPA。各种光放大器选型要求如下：

　　（1）EDFA

　　海底光缆通信系统中，EDFA 设备采用本地泵浦激励掺铒光纤进行信号放大。根据在系统中的应用位置和功能，EDFA 可分为功率放大器和前置放大器。

表 4-14　80/160 波 WDM 海底光缆通信系统通路标称中心频率及波长

序号	中心频率/THz	波长/nm	序号	中心频率/THz	波长/nm	序号	中心频率/THz	波长/nm	序号	中心频率/THz	波长/nm
C 波段											
1	196.05	1529.16	21	195.05	1537.00	41	194.05	1544.92	61	193.05	1552.93
2	196.00	1529.55	22	195.00	1537.40	42	194.00	1545.32	62	193.00	1553.33
3	195.95	1529.94	23	194.95	1537.79	43	193.95	1545.72	63	192.95	1553.73
4	195.90	1530.33	24	194.90	1538.19	44	193.90	1546.12	64	192.90	1554.13
5	195.85	1530.72	25	194.85	1538.58	45	193.85	1546.52	65	192.85	1554.54
6	195.80	1531.12	26	194.80	1538.98	46	193.80	1546.92	66	192.80	1554.94
7	195.75	1531.51	27	194.75	1539.37	47	193.75	1547.32	67	192.75	1555.34
8	195.70	1531.90	28	194.70	1539.77	48	193.70	1547.72	68	192.70	1555.75
9	195.65	1532.29	29	194.65	1540.16	49	193.65	1548.11	69	192.65	1556.15
10	195.60	1532.68	30	194.60	1540.56	50	193.60	1548.51	70	192.60	1556.55
11	195.55	1533.07	31	194.55	1540.95	51	193.55	1548.91	71	192.55	1556.96
12	195.50	1533.47	32	194.50	1541.35	52	193.50	1549.32	72	192.50	1557.36
13	195.45	1533.86	33	194.45	1541.75	53	193.45	1549.72	73	192.45	1557.77
14	195.40	1534.25	34	194.40	1542.14	54	193.40	1550.12	74	192.40	1558.17
15	195.35	1534.64	35	194.35	1542.54	55	193.35	1550.52	75	192.35	1558.58
16	195.30	1535.04	36	194.30	1542.94	56	193.30	1550.92	76	192.30	1558.98
17	195.25	1535.43	37	194.25	1543.33	57	193.25	1551.32	77	192.25	1559.39
18	195.20	1535.82	38	194.20	1543.73	58	193.20	1551.72	78	192.20	1559.79
19	195.15	1536.22	39	194.15	1544.13	59	193.15	1552.12	79	192.15	1560.20
20	195.10	1536.61	40	194.10	1544.53	60	193.10	1552.52	80	192.10	1560.61
L 波段											
1	190.90	1570.42	21	189.90	1578.69	41	188.90	1587.04	61	187.90	1595.49
2	190.85	1570.83	22	189.85	1579.10	42	188.85	1587.46	62	187.85	1595.91
3	190.80	1571.24	23	189.80	1579.52	43	188.80	1587.88	63	187.80	1596.34
4	190.75	1571.65	24	189.75	1579.93	44	188.75	1588.30	64	187.75	1596.76
5	190.70	1572.06	25	189.70	1580.35	45	188.70	1588.73	65	187.70	1597.19
6	190.65	1572.48	26	189.65	1580.77	46	188.65	1589.15	66	187.65	1597.62
7	190.60	1572.89	27	189.60	1581.18	47	188.60	1589.57	67	187.60	1598.04
8	190.55	1573.30	28	189.55	1581.60	48	188.55	1589.99	68	187.55	1598.47
9	190.50	1573.71	29	189.50	1582.02	49	188.50	1590.41	69	187.50	1598.89
10	190.45	1574.13	30	189.45	1582.44	50	188.45	1590.83	70	187.45	1599.32
11	190.40	1574.54	31	189.40	1582.85	51	188.40	1591.26	71	187.40	1599.75
12	190.35	1574.95	32	189.35	1583.27	52	188.35	1591.68	72	187.35	1600.17
13	190.30	1575.37	33	189.30	1583.69	53	188.30	1592.10	73	187.30	1600.60
14	190.25	1575.78	34	189.25	1584.11	54	188.25	1592.52	74	187.25	1601.03
15	190.20	1576.20	35	189.20	1584.53	55	188.20	1592.95	75	187.20	1601.46
16	190.15	1576.61	36	189.15	1584.95	56	188.15	1593.37	76	187.15	1601.88
17	190.10	1577.03	37	189.10	1585.36	57	188.10	1593.79	77	187.10	1602.31
18	190.05	1577.44	38	189.05	1585.78	58	188.05	1594.22	78	187.05	1602.74
19	190.00	1577.86	39	189.00	1586.20	59	188.00	1594.64	79	187.00	1603.17
20	189.95	1578.27	40	188.95	1586.62	60	187.95	1595.06	80	186.95	1603.57

EDFA 功率放大器用在光发射机之后以提高其信号功率电平，主要技术要求如下：

1) 工作波长范围：1528~1565nm；

2) 噪声系数：小于 7dB；

3) 输入反射系数：小于-40dB；

4) 输出反射系数：小于-40dB；

5) 最大总输出功率：17dBm（单波）/20dBm（40 波）/23dBm（80 波）；

6) 增益平坦度：小于 2dB；

7) 多通路增益斜度：小于 2dB/dB；

8) 最大差分群时延：小于 0.5ps；

9) 偏振相关损耗：小于 0.5dB。

EDFA 前置放大器用在光接收机之前以改善其接收灵敏度，主要技术要求如下：

1) 工作波长范围：1528~1565nm；

2) 噪声系数：小于 5.5dB；

3) 输入反射系数：小于-40dB；

4) 输出反射系数：小于-40dB；

5) 信号增益：大于 20dB；

6) 增益平坦度：小于 2dB；

7) 多通路增益斜度：小于 2dB/dB；

8) 最大差分群时延：小于 0.5ps；

9) 偏振相关损耗：小于 0.5dB。

（2）RFA

海底光缆通信系统中，RFA 设备基于传输光纤中的受激拉曼散射效应，以传输光纤本身作为增益介质，在拉曼泵浦源的作用下，使得信号在整个传输线路上得到放大。RFA 的主要技术要求如下：

1) 增益介质：传输光纤；

2) 泵浦波长：1400~1500nm；

3) 信号波长：1528~1565nm；

4) 开关增益：大于 10dB；

5) 信号光插入损耗：小于 1.2dB；

6) 等效噪声指数：小于 0.5dB；

（3）ROPA

海底光缆通信系统中，ROPA 设备采用远地泵浦激励海底传输光缆线路中的增益介质单元进行信号放大，由远程泵浦源和海底增益模块两部分组成。根据在系统中的应用位置和功能，ROPA 可分为功率放大器和前置放大器。

ROPA 功率放大器的主要技术要求如下：

1）远程泵浦源波长：1370～1500nm；

2）远程泵浦源输出端回损：大于 40dB；

3）海底增益模块工作波长范围：1528～1565nm；

4）海底增益模块噪声系数：小于 7dB；

5）海底增益模块最大总输出功率：14dBm；

6）海底增益模块增益平坦度：小于 2dB。

ROPA 前置放大器主要技术要求如下：

1）远程泵浦源波长：1370～1500nm；

2）远程泵浦源输出端回损：大于 40dB；

3）海底增益模块工作波长范围：1528～1565nm；

4）海底增益模块噪声系数：小于 6dB；

5）海底增益模块信号增益：大于 15dB；

6）海底增益模块增益平坦度：小于 2dB。

RFA 具有低噪声、宽带平坦增益等优良特性，RFA 与 EDFA、ROPA 配合使用可以改善传输 OSNR 性能，抑制光纤非线性效应，提升传输距离。RFA 的性能如增益效率、有效噪声指数取决于系统结构、泵浦波长和所用光纤的特性，需根据具体应用环境进行优化。

4.5 海底设备的选型

无中继海底光缆通信系统的水下设备包括海缆接头盒和海底分支器，有中继海底光缆通信系统的水下设备包括海缆接头盒、海底分支器、海底光中继器和海底光均衡器等。海底设备的外形尺寸应适配现有海底光缆布放设备，以便连接有海底设备的海底光缆可以顺利布放。

4.5.1 海缆接头盒

海缆接头盒主要用于接续海底光缆，可完成海底光缆的机械、光电传输及密封绝缘的连接。海缆接头盒可分为海-海接头盒、海-陆接头盒和光放大器接头盒等，其中海-海接头盒用于连接海底光缆（包括连接浅海光缆的浅海光缆接头盒、连接深海光缆的深海光缆接头盒）；海-陆接头盒用于连接浅海光缆和陆地光缆；光放大器接头盒用于连接带增益放大模块的海底光缆（适用于无中继海底光缆通信系统）。海底光缆通信系统设计过程中，应根据场合选择合适的海缆接头盒。海缆接头盒选型要求如下：

（1）结构

海缆接头盒由限弯器、铠装终端、密封元件、光纤接头组件、壳体等部分组成。

1）限弯器是由橡胶材料模铸的圆锥筒体，内包含若干金属加强件，安装在接头盒两端。

2）铠装终端分为内、外铠装两部分，可以夹持内层铠装钢丝，或外层铠装钢丝或可能有的内、外两层铠装钢丝。

3）密封元件由塑性材料构成，与海缆绝缘层或护套可以结合成完整的密封保护层，阻止水分渗入接头盒。

4）光纤接头组件由安置光纤接头、预留光纤的盘纤筒和保护筒体等零件组成。

5）壳体为钛合金或不锈钢构件，内放置接头盒的密封元件，起机械保护作用。

（2）外形尺寸

海缆接头盒外形尺寸应满足布缆船敷设和打捞的作业要求，其长度一般不大于1800mm，直径不大于185mm。光纤接头组件内有顺序地存放光纤接头和足够长的预留光纤，预留光纤盘放的曲率半径一般不小于30mm。

（3）接续损耗

在测试波长1550nm条件下，海底光缆接头盒内的同类光纤接续点双向平均接头损耗不大于0.07dB。

（4）电气性能

1）绝缘电阻：海缆接头盒密封层绝缘电阻不小于10000MΩ/500V（DC）。

2）直流电阻：在常温条件下，海缆接头盒两端导电部件的直流电阻不大于0.2Ω。

3）耐电压：海缆接头盒能承受高电压，绝缘密封层的内导体与壳体间的耐电压在100kV（DC）作用下，2min不击穿（无中继系统可不作要求）。

（5）机械性能

1）冲击：海缆接头盒能够适应在使用、搬运、装卸和运输等过程中可能遭受的非重复性冲击。

2）振动：海缆接头盒能够适应运输和布放过程中的各种振动环境。

3）断裂拉伸负荷：海缆接头盒断裂拉伸负荷不小于海底光缆断裂拉伸负荷的90%。

4）短暂拉伸负荷：海缆接头盒能够承受与此相连海缆的短暂拉伸负荷。

5）反复弯曲：海缆接头盒能够承受10kN牵引下的反复弯曲，弯曲限制元件无损坏，盒体无变形，光纤传输衰减无明显变化。

（6）环境适应性

1）耐水压：海缆接头盒能够经受敷设水深的静水压力。

2）抗腐蚀：海缆接头盒能够抵抗海水的腐蚀。

3）水压密封：海缆接头盒能够阻止周围海水和气体侵入。

（7）工作寿命

海缆接头盒的工作寿命应不少于 25 年。

4.5.2　海底分支器

海底分支器的一端具有两个光缆连接端口，能连接 3 根海缆（干线、分支1、分支2），满足海底光缆系统在海底分配电信业务到多个登陆点的需要。海底光缆通信系统中的海底分支器从光学设计上可分为分纤分歧功能的海底分支器和带上下波功能的海底分支器，可根据海底光缆通信系统结构进行选择。有中继海底光缆通信系统中的海底分支器从电学设计上可分成不可切换型海底分支器和带电切换功能的海底分支器，可根据海底光缆远供电源系统结构进行选择。海底分支器选型要求如下：

（1）光学性能

在测试波长 1550nm 条件下，海底分支器内的同类光纤接续点双向平均接头损耗不大于 0.07dB；光学插损、通道间隔指标符合系统要求。

（2）电气性能

有中继海底光缆通信系统中，海底分支器使用海底光缆中的导体进行恒流供电，具备远供电源电涌保护功能，能够抵抗海底光缆中导体上的高电压产生的电功率浪涌给设备带来的损伤，外壳和内部光电单元具有高压绝缘措施。

（3）机械性能

1）冲击：海底分支器能够适应在使用、搬运、装卸和运输等过程中可能遭受的非重复性冲击。

2）振动：海底分支器能够适应运输和布放过程中的各种振动环境。

3）断裂拉伸负荷：海底分支器断裂拉伸负荷不小于海底光缆断裂拉伸负荷的 90%。

（4）环境适应性

1）耐水压：海底分支器能够经受敷设水深的静水压力。

2）抗腐蚀：海底分支器能够抵抗海水的腐蚀。

3）水压密封：海底分支器能够阻止周围海水和气体侵入。

4）热管理：海底分支器（有中继系统）利用外壳将内部元件产生的热量散发。

（5）工作寿命

海底分支器工作寿命应不少于 25 年。

4.5.3　海底光中继器

海底光中继器在有中继海底光缆通信系统中使用，依靠远供电源系统供电工作，实现双向信号的全光中继放大，并接收和发送系统监测信号。海底光中继器选型要求如下：

（1）传输性能

1）海底光中继器内部中可有若干个供电单元和信号处理单元，能够对光缆中多对光纤中的信号进行中继放大。

2）受海底设备高可靠性要求的限制，海底光中继器内部结构相对简单，其最大总输出功率、信号增益要比 EDFA 线路放大器小，噪声系数、增益平坦度、偏振特性与 EDFA 线路放大器相似，具体指标符合海底光缆通信系统总体设计要求。

3）海底光中继器具有自身状态监测回路或 C-OTDR 光纤监测回路。

（2）电气性能

1）供电方式：海底光中继器使用海底光缆中的导体进行恒流供电。

2）浪涌保护：海底光中继器具备远供电源电涌保护功能，能够抵抗海底光缆中导体上的高电压产生的电功率浪涌给设备带来的损伤。

3）高压绝缘：海底光中继器外壳和内部光电单元要具有高压绝缘措施。

（3）机械性能

1）冲击：海底光中继器能够适应在使用、搬运、装卸和运输等过程中可能遭受的非重复性冲击。

2）振动：海底光中继器能够适应运输和布放过程中的各种振动环境。

3）断裂拉伸负荷：海底光中继器断裂拉伸负荷不小于海底光缆断裂拉伸负荷的 90%。

（4）环境适应性

1）耐水压：海底光中继器能够经受敷设水深的静水压力。

2）抗腐蚀：海底光中继器能够抵抗海水的腐蚀。

3）水压密封：海底光中继器能够阻止周围海水和海底光缆断开时的海水和气体侵入。

4）热管理：海底光中继器利用外壳将内部元件产生的热量散发。

（5）工作寿命

海底光中继器的重要器件具有冗余配置（如泵浦激光器等），工作寿命应不少于 25 年。

4.5.4　海底光均衡器

海底光均衡器在有中继海底光缆通信系统中使用，纠正信道经过多个光放大器、海底光中继器引起的输出功率-频谱曲线的畸变，保证信道间信号功率的均等分配，以满足所有信道对最小比特误码率的要求。海底光均衡器选型要求如下：

（1）传输性能

海底光均衡器的光学插损、谱型补偿指标符合海底光缆通信系统总体设计要求。可根据不同频谱功率波形，选配相应波形的增益均衡滤波器。

（2）电气性能

1）供电方式：海底光均衡器使用海底光缆中的导体进行恒流供电。

2）浪涌保护：海底光均衡器具备远供电源浪涌保护功能，能够抵抗海底光缆中导体上的高电压产生的电功率浪涌给设备带来的损伤。

3）高压绝缘：海底光均衡器外壳和内部光电单元要具有高压绝缘措施。

（3）机械性能

1）冲击：海底光均衡器能够适应在使用、搬运、装卸和运输等过程中可能遭受的非重复性冲击。

2）振动：海底光均衡器能够适应运输和布放过程中的各种振动环境。

3）断裂拉伸负荷：海底光均衡器断裂拉伸负荷不小于海底光缆断裂拉伸负荷的90%。

（4）环境适应性

1）耐水压：海底光均衡器能够经受敷设水深的静水压力。

2）抗腐蚀：海底光均衡器能够抵抗海水的腐蚀。

3）水压密封：海底光均衡器能够阻止周围海水和气体侵入。

4）热管理：海底光均衡器利用外壳将内部元件产生的热量散发。

（5）工作寿命

海底光均衡器工作寿命应不少于25年。

4.6　海底光缆的选型

由于海底光缆的敷设及施工比较复杂和困难，因而海底光缆通信系统不考虑进行线路扩建，所以海底光缆内光纤的芯数应按满足中远期传输要求设计。海缆线路维护成本高，线路中断会导致业务和效益的重大损失，因此工作寿命和可靠性要求较高，海底光缆应能适应海底的复杂环境，包括海水压力、鱼类噬咬、磨损、腐蚀等。

4.6.1　光纤选型

光纤是海底光缆通信系统信号的传输媒介，具有损耗（或衰减）和色散等传输特性。光纤的种类较多，光纤类型和芯数根据海底光缆通信系统的规模容量和总体设计要求来确定。海底光缆一般选用下列类型光纤：

（1）常规单模光纤（G.652 光纤）

G.652 光纤零色散波长位于 1310nm 附近，模场直径为 $8.6 \sim 9.5 \mu m$（1310nm 波长），包层直径标称值为 $125 \mu m$，光缆截止波长最大值 1260nm，衰减系数一般小于 0.25dB/km（1550nm 波长），目前的技术水平可以做到小于 0.2dB/km（1550nm 波长），色散系数为 17ps/nm·km（1550nm 波长）。G.652 光纤包括 A、B、C、D 四种类型，在海底光缆通信系统中一般选用 G.652 C 型或 D 型，去掉了 1383nm 波长区域的衰减水峰，允许在 $1360 \sim 1530nm$ 的扩展波长范围内的部分传输。

（2）截止波长位移单模光纤（G.654 光纤）

G.654 光纤在 1550nm 波长附近损耗最小，是为 $1530 \sim 1625nm$ 波长范围使用而优化的，主要用于无中继海底光缆通信系统。G.654 光纤零色散波长位于 1300nm 附近，模场直径为 $9.5 \sim 15.0 \mu m$（1550nm 波长），包层直径标称值为 $125 \mu m$，光缆截止波长最大值 1530nm，衰减系数一般小于 0.18dB/km（1550nm 波长），色散系数一般小于 22ps/nm·km（1550nm 波长）。G.654 光纤是低损耗、大有效面积单模光纤，通过降低损耗和增大有效面积降低光纤中光功率密度，从而降低非线性效应。目前出现的纯硅单模光纤（G.654 光纤）其衰减系数可不大于 0.16dB/km，有效面积在 $110 \sim 150 \mu m^2$ 之间；

（3）非零色散位移单模光纤（G.655 光纤）

G.655 光纤是色散系数绝对值在大于 1550nm 的全部波长范围内大于某一非零色散数值的单模光纤，这个色散抑制了在 DWDM 系统中特别有害的非线性效应的增长。G.655 光纤模场直径为 $8 \sim 11 \mu m$（1550nm 波长），包层直径标称值为 $125 \mu m$，光缆截止波长最大值 1450nm，衰减系数一般小于 0.25dB/km（1550nm 波长），目前的技术水平可以做到小于 0.2dB/km（1550nm 波长）。

4.6.2　光缆选型

海底光缆按保护形式分为轻型海缆、轻型保护海缆、单层铠装海缆、双层铠装海缆和岩石铠装海缆，几种典型的海缆结构如图 4-8～图 4-12 所示。轻型海底光缆应用在深海段，其机械强度应满足深海表面敷设施工和维护打捞的要求；铠装型海底光缆应用在浅海段、近岸段，其机械强度应满足埋设施工和维护打捞的要求。

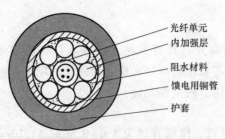

图 4-8　轻型海缆截面图

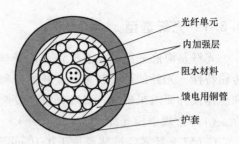

图 4-9　轻型保护海缆截面图

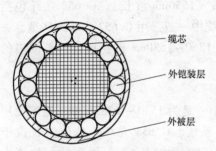

图 4-10　单层铠装海缆截面图

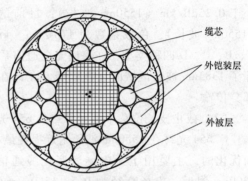

图 4-11　双层铠装海缆截面图

轻型海缆和轻型保护海缆通常适用水深大于 1000m，单层铠装海缆通常适用水深为 20～1000m，双层铠装海缆和岩石铠装海缆通常适用水深为 0～20m。海底光缆选型要求如下：

（1）光学性能

1）海缆中光纤的传输特性应符合 ITU-T G.652、G.654 或 G.655 中的规定，可以通过选择合适的光纤类型来优化系统的性价比。

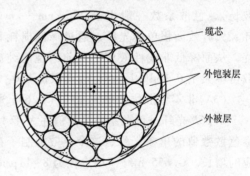

图 4-12　岩石铠装海缆截面图

2）海缆中光纤的芯数应结合中远期容量需求通过技术经济比较确定，成缆后的光纤传输特性的变化应限制在指定范围内。

3）在系统设计寿命内，光缆中光纤的衰减常数和色度色散系数应稳定地保持在指定范围内。

（2）电气性能

1）绝缘电阻：无中继海缆绝缘电阻（电导体及金属管对地）不小于 10000MΩ·km；有中继海缆绝缘电阻（电导体及金属管对地）不小于 100000MΩ·km。

2）直流电阻：无中继海缆内应有用于故障定位的电导体，导体直流电阻应满足系统设计要求，宜不大于 $6\Omega/km$。有中继海缆中电导体直流电阻不大于 $1.0\Omega/km$。

3）耐电压：无中继海缆耐电压（导电体及金属钢管对地）不小于 5000V（DC）。有中继海缆能经受 45kV（DC）电压、时间长度 5min 的耐电压试验（电导体及金属管对大地）不击穿。

4）绝缘寿命：有中继海缆绝缘能经受 100kV（DC）电压、时间长度为 12h 的加速老化绝缘寿命试验（电导体及金属管对大地）不击穿。

（3）机械性能

光纤保护：光纤在松套管中应具有一定的余长，光纤余长应满足光纤最小弯曲半径和机械性能对光纤应变的要求。

光缆保护：应对海底光缆提供良好的保护，使其在使用的深度免遭海洋生物、拖网和磨损等环境因素造成的损坏，防止外来攻击和船的活动造成的损坏，应防水、防潮和防外部压力。

典型永久拉伸负荷如下：

1）轻型海缆和轻型保护海缆：10kN；

2）单层铠装海缆：40kN；

3）双层铠装海缆：80kN；

4）岩石铠装海缆：50kN。

典型工作拉伸负荷如下：

1）轻型海缆和轻型保护海缆：20kN；

2）单层铠装海缆：60kN；

3）双层铠装海缆：120kN；

4）岩石铠装海缆：70kN。

典型短暂拉伸负荷如下：

1）轻型海缆和轻型保护海缆：30kN；

2）单层铠装海缆：110kN；

3）双层铠装海缆：240kN；

4）岩石铠装海缆：120kN。

典型断裂拉伸负荷如下：

1）轻型海缆和轻型保护海缆：50kN；

2）单层铠装海缆：180kN；

3）双层铠装海缆：400kN；

4）岩石铠装海缆：300kN。

反复弯曲的要求如下：

1）轻型海缆和轻型保护海缆：反复弯曲 50 次，最小弯曲半径 0.5m；

2）单层铠装海缆：反复弯曲 50 次，最小弯曲半径 0.8m；

3）双层铠装海缆：反复弯曲 30 次，最小弯曲半径 1.0m；

4）岩石铠装海缆：反复弯曲 30 次，最小弯曲半径 1.0m。

抗压的要求如下：

1）轻型海缆和轻型保护海缆：10kN/100mm；

2）单层铠装海缆：15kN/100mm；

3）双层铠装海缆：40kN/100mm；

4）岩石铠装海缆：40kN/100mm。

冲击的要求如下：

1）轻型海缆和轻型保护海缆：100J；

2）单层铠装海缆：240J；

3）双层铠装海缆：390J；

4）岩石铠装海缆：390J。

（4）环境适应性

海底光缆能够经受敷设水深的静水压力，渗水的要求如下：

1）在 5MPa 水压下持续 14d 的渗水长度不大于 200m；

2）在 10MPa 水压下持续 14d 的渗水长度不大于 500m；

3）在 35MPa 水压下持续 14d 的渗水长度不大于 700m；

4）在 50MPa 水压下持续 14d 的渗水长度不大于 1000m。

（5）工作寿命

海底光缆工作寿命不少于 25 年。

4.7　海缆监测系统设计

海缆监测系统用于海底光缆线路和海底设备的监测和维护，提供线路中断故障定位能力，并报告海底设备变化情况。海缆监测设备配置在登陆站点，利用光电信号监测光缆线路。在海底光缆通信系统中，可以采用 OTDR 或 C-OTDR 在线模拟监测方式、在主信号上调制低频数字监测信号/同时在海底设备设置远端监测信号处理模块的数字监测方式，来监测海底设备内部器件故障和性能劣化情况。海缆监测设备设计要求如下：

1）海缆监测设备可以支持在线监测和离线监测。

2）海缆监测设备可以记录海缆的初始状态作为参考基线。

3）海缆监测设备具有线路故障定位功能，可以监测海缆故障点位置（定位海缆故障点位置精度一般在 ±500m 以内）。

4）海缆监测设备具有海底设备状态和性能监测功能，可以监测海底光中继器、放大模块的增益变化情况（定位海底光中继器增益变化精度一般在±0.5dB以内）。

4.8　远供电源系统设计

远供电源系统在有中继海底光缆通信系统中使用，利用海底光缆内的导体与大地组成的回路向海底设备（如海底光中继器、海底分支器、海底光均衡器等）提供电能。远供电源系统采用高压恒流供电，应特别强调用电安全标准，所有高压设备都要安装安全装置，以防止人为接触高压发生意外。远供电源系统设计要求如下：

1）有中继海底光缆通信系统两端宜配置远供电源设备，并同时向海底光中继器供电。在一端远供设备出现故障的情况下，另一端远供设备可单独对整个海底光缆系统提供所有海底光中继器所需的电流。

2）有中继海底光缆通信系统采用恒流供电方式，供电回路采用一线一地方式，即由大地和海缆中的供电导体组成全系统的恒流供电回路，如图4-13所示。远供设备设计的输出恒定电流一般为1~1.6A，远供电流的大小有时需取决于光中继器中的最大系统数量。

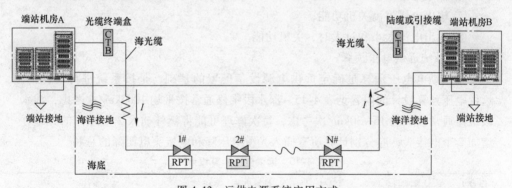

图4-13　远供电源系统应用方式

3）远供设备必须设计单独的远供接地装置（即海洋接地），其接地电阻应不大于5Ω，在远供接地发生故障时可转换至局站接地系统。

4）远供电源系统应具备控制各登陆站的远供电源设备协调工作的功能。在远供电源设备上能获得输出电压、输出电流、站地电流、海洋接地系统数据以及站地与海洋接地的电压差数据，并可在网管系统中查看相应的数据。

5）远供电源设备应具备在远供电压上调制4~50Hz低频交流探测信号的功能。远供电源设备应能够在输出直流电流上调制低频信号（一般为25Hz），该信号遇到海底光缆漏电故障点时，信号被泄漏，由此，维修船利用尾拖探音设备，发现故障点的位置。在传输系统正常工作情况下，直流输出电流上可调制较小幅度的低频探测信号，业务电路性能不应发生劣化；在传输系统中断的情况下，直流输出电流上可调制更高幅度的低频探测信号，以实现更远距离的故障定位。

6）远供电源设备的供电转换模块应1+1冗余配置，供电转换模块的容量估算应包含下列因素：

① 海底光缆和陆地电缆的电压降；

② 光中继器的电压降；

③ 海底分支单元的电压降；

④ 将来维护海底光缆的电压降预留量；

⑤ 地电位差，按每千米0.1~0.3V取定。

7）远供电源设备应具备下列基本功能：

① 当远供电源设备机柜门或光电缆终端箱未锁闭时，不得启动供电；

② 当远供电源设备机柜门或光电缆终端箱打开时，应紧急关机；

③ 在设定安全电压范围内，恒流输出；

④ 恒压输出功能；

⑤ 海洋地和站地切换功能；

⑥ 输出电压极性变换功能；

⑦ 输出电压过高关机功能；

⑧ 输出电流太小和过大时，关机功能。

8）系统远供电压预算。

远供馈电电压预算是确定远供电源设备配置的基础，是按系统进行设计的，远供电压预算设计的内容见表4-15。深水段维修通常按平均1000km/次考虑，浅水段维修通常按平均15~30km/次考虑，每次修理可能将额外插入2倍水深的光缆并增加2个电接头；应分别计算所有插入光缆电压降和电接头电压降的总和。

表 4-15　远供电压预算设计

序号	计算项目名称	计算方法	备注
1	光缆的单位电压降	远供电流×光缆单位直流电阻	
2	光缆总电压降	缆单位电压降×总长度	
3	中继器总电压降	中继器单位电压降×个数	
4	地电位总电压降	地电位差×电极间距离	地电位差：0.1~0.3V/km
5	地电极总电压降	接地电阻×远供电流×2	两端各1个电极
6	维修缆总电压降	缆单位电压降×维修缆总长度	
7	维修接头总电压降	远供电流×维修接头直流电阻	
8	远供电压总电压降预算	序号2~7项总和	

4.9　网管系统设计

网管系统是海底光缆通信系统的重要组成部分，实现对海底光缆通信系统中各设备的集中式管控，提高海底光缆通信系统的OAM（运行、管理和维护）工作效率，从而确保海底光缆通信系统中各设备安全、稳定、可靠地工作。

海底光缆网管系统的主要功能是管理海底光缆通信系统岸端和水下的所有可控设备，监控设备的状态并根据需要修改设备的相关参数，保证设备稳定、可靠地运行。网管系统提供配置管理、性能管理、故障管理、安全管理和网管系统自管理等功能。

（1）配置管理

建立和修改网络拓扑图，支持设备、链路、子网等拓扑元素的显示；能够反映出设备与设备之间实际的物理连接关系；能够配置和监视设备状态，包括设备的管理状态、通信状态、可用状态等。

（2）性能管理

对性能监视门限进行设置，在性能值超出门限范围时产生性能越限告警；具有性能数据分析统计功能，以直观的表格和图形显示性能监测参数的统计结果。

（3）故障管理

利用内部诊断程序识别所有故障并能定位故障；报告所有告警信号及其记录的细节，包括告警产生时间、告警源、告警等级等；具有明显可视告警指示；具有告警确认和清除功能；告警历史记录应可以查看、统计和输出到外部设备。

（4）安全管理

操作级别及权限划分；用户管理；日志管理，包括各种系统日志和操作记录；口令管理；拒绝未经授权的人接入系统，具有有限授权的人只能接入相应授权的部分；对所有试图接入受限资源的申请进行监视和实施控制。

（5）系统管理

管理系统重新启动后管理状态的恢复；软件版本的升级；支持多用户，用户的权限以及各用户之间的关系由软件本身来设置。

根据海底光缆通信系统的结构、组成和管理需求，网管系统可划分为两大层次，即网元管理层和网元层。网元管理系统可采用典型的基于三层（3-tier）体系结构的客户端/服务器（Client/Server，C/S）架构，如图4-14所示。

网元管理系统主要由图形界面（GUI）、管理服务器（Manager）以及数据库组成，GUI处于表示层，而Manager因融合了业务逻辑处理和数据库访问的功能，故其跨越了业务逻辑层和数据访问层两层。网元管理系统采用基于Manager的集中管理模式，即在逻辑上所有被管设备都与Manager相连，GUI既通过Manager获取数

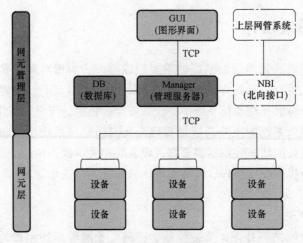

图 4-14　网管系统软件架构

据，也通过 Manager 向网元管理接口设备和其他被管设备发送各种管理指令。网管系统总体要求如下：

1）每个海底光缆登陆站宜配置一套本地维护终端和一套网元管理系统。

2）网管系统数据通信网应由本系统内置的 DCC 通道和外部保护通道组成。

3）配置统一的网元级管理系统，统一管理海底光缆终端设备、海底设备、远供电源设备和线路监控设备。

4.10　系统可靠性设计

由于海底光缆通信系统使用在海底这一特殊复杂环境，敷设后再进行维修的难度极大，不但维修费用相当高，而且维修周期时间长，因此海底光缆工程强调可靠性，要求在其全寿命周期内通过系统冗余设计、器件材料筛选等措施保证系统正常运行。

为了提高海底光缆通信系统可靠性，岸上设备需要采用备份制和保护切换结构，海底设备元器件（如光中继器泵浦源、取电模块等）需要进行冗余配置，海底光中继器的每个光中继器内考虑配备有冷备用光发送器的情况。在系统的使用寿命期内，由于光缆及元器件本身发生的故障，需要船只维修的次数可根据光缆实际长度及海底光中继器的数量做出的规定，但不得大于 3 次，对于无中继系统可按 1 次要求。其中，需要船只维修的次数中不包括由于外部原因引起的次数，外部因素包括海底光缆来自拖网船、挖泥船、抛锚以及海水冲蚀的危害。

可靠性工程是为了达到系统可靠性定性定量要求而进行的一系列工作，其工作重点是预防、发现和纠正可靠性设计以及元器件、零部件、材料和工艺等方面的缺陷。海底光缆通信系统可靠性工作的主要内容如下：

（1）可靠性论证和建模

根据海底光缆通信系统可靠性的要求，进行总体可靠性方案论证，确定可靠性设计的初步方案，建立系统可靠性模型，进行分系统及设备的可靠性预计和分配。

（2）可靠性设计

通过可靠性预计、分配和评审，确定可靠性指标，并将其下达、落实到各分系统及设备，确定相应的可靠性设计方案，全面开展可靠性设计和评审工作，制定和贯彻可靠性设计准则。

（3）软件质量保证

按照软件管理规定的要求，实行软件工程化管理。各分系统及设备按要求开展软件开发的各项质量活动，确保软件的质量满足符合系统及设备要求。

（4）元器件质量控制

制定分系统及设备的元器件优选手册、元器件二次筛选规范，制定和贯彻元器件大纲，对元器件的质量实行严格控制。对上机元器件要求进行二次筛选。对因筛选条件不具备，无法进行二次筛选的，应进行环境应力筛选试验。

（5）可靠性关键件、重要件

通过特性分析，确定分系统及设备的关键件和重要件，提出对关键件、重要件的可靠性质量控制方案。

（6）可靠性分析

进行故障模式、影响分析，要求分析到功能模块单元，以进一步完善和优化设计方案；对电路（含机箱）的发热区域进行热分析，为设计提供依据；对分系统及设备的使用环境进行分析，以确定环境防护设计方案。

（7）可靠性鉴定试验

海底光缆通信系统是大型复杂系统，其可靠性指标验证采取分系统及设备的试验，结合系统联试中采集到的数据进行统计分析，对整个系统的可靠性水平做出评估。

（8）故障报告、分析和纠正措施系统（FRACAS）

分系统、系统集成联试开始时，正式启动 FRACAS，运行程序按 FRACAS 运行规则执行。加强信息数据收集、管理和反馈工作，以便评估系统可靠性水平。

（9）可靠性评价

通过可靠性设计、可靠性试验、系统集成试验、运行 FRACAS 等一系列可靠性活动，对海底光缆通信系统的可靠性水平做出全面、系统的评价。

4.11 系统维护余量设计

海底光缆通信系统工程设计中考虑的余量包括海缆的老化余量、海底光缆敷设施工光纤接续以及海缆系统运行维护期间的海底光缆修理余量等，系统维护余量配置见表 4-16。

(1) 海缆系统设计中要考虑到海底光缆的老化余量，其老化损耗可按整个寿命周期（25 年）0.005dB/km 计算。

(2) 海底光缆敷设施工余量包括海底光缆在敷设施工时所需介入的海上接续或岸端部分的登陆接续以及陆上部分的施工接续等。此外，海上施工接续还应考虑到一些不可预见的因素，如台风引起的切断海缆后海缆再接续等情况。

(3) 海缆系统设计中要考虑到海底光缆的修理余量，这是因为在修复海底光缆故障时，每修复一个海缆的断点（故障点），就要介入约为两倍海水深度的海底光缆及至少两个接头。修理余量的取定依位置的不同分三种情况，即岸端部分、浅海段（1000m 以内水深部分）和深海段（水深大于 1000m 的部分）：

1) 岸端部分。

① 陆缆段（即从海缆登陆站到海缆登陆点）可按每 4km 一次维修计算，最少不宜小于 2 次，每次维修按 0.2dB 考虑。此外，还要计入修复一次海滩连接点（即海缆登陆后的终端接头点，此接头点位于海缆登陆处，海底光缆在此终端后与至登陆站的光缆相连接）的两个接头损耗，每个接头损耗可按 0.14dB 计算。

② 海缆段（即从海滩连接点至靠近岸端的第一个光中继器）可按每 15km 一次维修计算，但最少不宜小于 5 次，每次维修增加的损耗应包括插入海底光缆的衰减和接头损耗，插入光缆长度可按海水深度的 2.5 倍计算，每次维修的接头损耗可按 0.4dB 计算［即 2.5 倍的海水深度（km）×修复用海底光缆的平均损耗（dB/km）+0.4dB］。

2) 浅海段每个光中继段修理余量按岸端部分中海缆段的修理余量考虑。

3) 深海段可按每 1000km 一次维修计算，每次维修增加的损耗应包括插入海底光缆的衰减和接头损耗，插入光缆长度可按海水深度的 2.5 倍计算，每次维修的接头损耗可按 0.4dB 计算［即 2.5 倍的海水深度（km）×修复用海底光缆的平均损耗（dB/km）+0.4dB］。

(4) 无中继海底光缆通信系统可能数百公里路由均处于浅海，为避免无中继海底光缆线路所预留维护余量过大，海底光缆段的维护损耗余量最大不应超过 5dB。

表 4-16 海底光缆通信系统维护余量配置一览表

序号	计算要素	计算标准	备注
1	老化余量	25 年 0.005dB/km	
2	海缆与陆缆熔接损耗	0.05dB/头,每个局前人井 1 个,共 2 个	
3	端站接入损耗(成端)	0.5dB/终端熔接,每个端站 1 个,共 2 个 0.5dB/活动连接器,每个端站 1 个,共 2 个	
4	维修余量(岸端陆缆段)	每次维修增加的损耗=[维修光缆损耗(0.2dB)+ 2 个接头损耗(每个 0.14dB)],共计 维修 4 次,分摊到两端岸端陆缆段中	
5	维修损耗(岸端海缆段)	每次维修增加的损耗=[海水深度(km)× 2.5×修复用海底光缆的平均损耗(dB/km)+ 接头损耗 0.4dB],共计维修 10 次, 分摊到两端岸端海缆段中	水深 1000m 以内
6	维修损耗(浅海段)	每次维修增加的损耗=[海水深度(km)× 2.5×修复用海底光缆的平均损耗(dB/km)+接头 损耗 0.4dB],每个中继段按维修 5 次计算	水深 1000m 以内
7	维修损耗(深海段)	每次维修增加的损耗=[海水深度(km)× 2.5×修复用海底光缆的平均损耗(dB/km)+接头 损耗 0.4dB],按每 1000km 维修 1 次计算	水深大于 1000m

4.12 系统工程设计

4.12.1 海底光缆通信工程内容

海底光缆通信工程是指建设一个海底光缆通信系统所进行的工作,以实现利用海底光缆作为媒介来传输信息的目的。海底光缆通信工程是一个十分复杂的系统工程,具有以下特点:

1)专业强。海底光缆通信工程专业性很强,是多个专业领域的综合,涉及通信、航海、海洋环境、水下工程、船舶机械等多个领域。

2)规模大。建设规模和资金规模大,特别是越洋跨洲的工程往往连接多个国家,工程中有多个建设方,这些工程的资金规模都在几十亿美元,而且维修费用高。

3)风险高。工程投资强度大,风险高,易受台风、潮水、海流等天气因素的影响。工程中流程多,过程复杂,往往某个细节问题,就会导致整个工程失败,造成巨大的经济损失。出现故障,维修相当复杂,需要探测、打捞、接续。

4)涉及广。工程建设涉及面广,内外协作配合的环节多,完成一项工程建设，需要进行多方面的工作，是一个复杂的综合体，从海洋路由勘测、施工图设计、海中敷设施工、登陆段光缆的处理以及海光缆的制造及运输，环环相扣，只有做到每个细节都不出问题，才能保证工程质量。

海底光缆通信工程包括的内容繁多，建设程序主要划分为工程设计、建设施工和验收交付三个阶段。海底光缆通信工程设计包括立项建议、路由勘察、可行性研究、设计任务书编写、综合设计和施工准备等环节，是海缆工程中最重要的部分，为后续海缆系统建设施工、验收交付提供技术依据。

1. 立项建议

项目立项建议书是工程建设程序中最初阶段的工作，是投资决策前拟定该工程项目的轮廓设想，它包括如下主要内容：

1）项目提出的背景、建设的必要性和主要依据，介绍国内外主要产品的对比情况，以及同类产品的技术、经济分析。

2）建设规模、地点等初步设想。

3）工程投资估算和资金来源。

4）工程进度和经济、社会效益评估。

项目立项建议书提出后，可根据项目的规模、性质报送相关计划主管部门审批。批准后即可进行可行性研究工作。

2. 路由勘察

海缆工程的立项与报建是整个工程建设和路由勘察选择的依据。海缆路由勘察目的是选择一条安全可靠、经济合理、技术可行的海缆路由，为海缆系统设计、施工、维护提供技术依据，具体包括海底光缆线路铺设路由和登陆点的桌面预选和现场勘察等内容。

3. 可行性研究

可行性研究是对建设项目在技术上、经济上是否可行的分析论证，是工程设计阶段的重要组成部分。它研究的主要内容如下：

1）项目提出的背景，投资的必要性和意义。

2）可行性研究的依据和范围。

3）通信容量和线路数量的预测，提出拟建规模和发展规划。

4）实施方案论证，包括通路组织方案、光缆、设备选型方案以及配套设施。

5）实施条件，包括海底光缆敷设路由和登陆点情况分析。

6）实施进度建议。

7）投资估计及资金筹措。

8）经济及社会效果评价。

4. 设计任务书编写

设计任务书是确定建设方案的基本文件，是编制设计文件的主要依据。编写设计任务书时应根据可行性研究推荐的最佳方案进行。它包括以下主要内容：

1）建设目的、依据和建设规模。

2）预期增加的通信能力，包括线路和设备的传输容量。

3）光缆线路的走向，设备安装局、点地点及其配套情况。

4）经济社会效益预测、投资回收年限以及财政部门对资金来源的审查意见等。

5. 综合设计

综合设计的主要任务就是编制设计文件并对其进行审定，实行三阶段设计，即初步设计、技术设计和施工图设计。各个阶段的设计文件编制后，将根据项目的规模和重要性组织主管部门，设计、施工建设单位，物资、财务等单位的人员进行会审，然后上报批准。初步设计一经批准，执行中不得任意修改、变更。技术设计按照初步设计所规定的项目，进行技术事项的详细设计。施工图设计是海缆系统施工的重要依据，对工程顺利施工，保障工作质量、工程进度、投资效益具有决定性的作用。

初步设计的主要内容如下：

1）海底光缆系统的适应范围。

2）传输电路设计指标和电路构成。

3）系统的技术标准。

4）系统容量。

5）海底光缆制式。

6）初步的路由和登陆点的选定。

7）登陆局的相关事项。

8）海洋调查计划和埋设调查计划。

9）海底光缆延伸段和陆上线路的连接形式。

10）敷设、埋设工程的基本条件。

11）可靠性和维护性的要求。

技术设计的主要内容如下：

1）海底光缆路由和埋没区段的决定。

2）系统长度和中继器数目的决定，中继器的配置。

3）海底光缆种类的选定。

4）系统余长的设计。

5）系统可靠性设计。

6）端局设备的设计。

7）器材规格、数量的决定。

施工图设计主要包括设计说明、工程预算和各种图样三部分内容。

1）设计说明主要包括概述、施工图设计说明。概述包括：工程概况，设计依据，设计范围与分工，主要工程量，工程总预算和说明，与地方政府有关部门、友邻单位的有关文书、协议、信函、批件副本。施工图说明包括：海光缆路由选择，海光缆登陆点及路由自然环境特征说明，海光缆和接头盒的选型及指标，海光缆路由渔网、养殖清除具体要求，海光缆路由扫海清障具体要求，铺设安装标准及要求，水线禁锚牌的结构及安装说明，水线房的结构及安装说明。

2）工程预算是考核工程成本和确定工程造价的依据，是考核施工图设计经济合理性的依据，也是工程价款结算的依据。施工图预算文件由编制说明和预算表格组成。预算说明包括：工程概况、预算总金额，预算编制依据以及对未作统一规定的费用取费标准或计算方法的说明，技术经济指标分析，其他需要说明的问题。

3）施工图设计图样包括：海光缆路由图，海光缆线路施工图，禁锚牌设计图，线路标桩设计图，滩涂、陆地直埋海光缆设计图，水线井设计图，海光缆结构参数。

6. 施工准备

施工准备阶段的主要任务是做好工程开工前的准备工作，包括建设准备的计划安排。建设准备主要指完成开工前的主要准备工作，如预设海区勘察、申请路由、扫海清障；主材、设备的预订货以及工程施工的招投标。计划安排是要根据已经批准的初步设计和总概算编制年度计划，对资金、材料设备进行合理安排，要求工程建设保持连续性、可行性以保证工程项目的顺利完成。在海缆工程施工前，必须做好以下准备工作：

1）按施工图设计要求订购敷设所需海缆。选择适合本海区使用特点的不同防护结构的海缆，是保证海缆实际使用寿命的关键。由于受终端站点位置的限制，路径底质、环境复杂、水深不同，就要求我们要根据不同环境情况，选择合适防护结构的不同规格的光缆，实现既节约又安全的目标。

2）编制海缆工程具体实施方案和意外情况处置预案。

3）对参加施工的船只、人员进行周密组织和分工，做到任务、要求落实到人。

4）对船只、设备、仪表、工具进行维修保养和调试，并备足施工所需消耗器材。

5）在船只、人员分练的基础上，按施工计划和方案组织合练和预演，全面检验施工方案和船只、设备、人员准备情况。

6）根据气象、潮流情况初步确定施工时机。

7）根据需要向有关部门发出施工通告，根据需要请求予以配合和支援。

7. 建设施工

海底光缆通信工程施工包括光缆线路施工和设备安装施工两大部分。建设施工是按照施工图设计规定内容、合同书要求和施工组织设计，由施工总承包单位组织与工程量相适应的光缆线路施工队和设备安装施工队组织施工。工程开工前，必须向上级主管部门呈报施工开工报告，经批准后方可正式施工。

光缆线路施工是海底光缆通信工程建设的主要内容，无论从投资比例、工程量、工期以及对传输质量的影响等都是十分重要的。由于线路长、涉及面广、施工期限长，光缆线路的施工就显得尤为重要。

光缆设备安装是指光设备及配套的电设备的安装和调测，主要包括局内光缆布放，光、电终端及设备的安装、调试，局内本地联测以及端机对测、全系统联调等。

光缆线路施工一般可划分为海底光缆装载运输、施工海域扫海清障、海底光缆敷设、海底光缆登陆、海底光缆路由保护、岸上建筑工程等6个环节。海上敷设施工时应做到以下几点：

1）参加施工的船只、人员集结，开赴施工附近港湾、锚地就近待命，就近组织施工前协同训练、全面完成施工前各项准备工作。

2）选择最佳时机驶至始端登陆点就位，进行登陆作业。

3）完成中段海缆敷设作业，到达末端登陆点就位后，将登陆段海缆临时布设到海中，并将该段海缆末端封头拴浮标抛于海中。

4）由布缆艇回收临时布于海中的末端登陆段海缆，并将其布放至岸边。

5）进行两端登陆段未埋设海缆的事后埋设工作。

完成海缆两端登陆工程后，经检验确认海缆段符合施工要求后，马上组织与提前建好的陆地光缆进行系统光路的连接工作，以避免出现海缆段敷设完成后，不能马上与终端连通，无法实现对海缆系统及时、全时监测管理的现象。

8. 验收交付

验收与交付是对整个工程的进行评审，验收合格后交付建设单位。为了充分保证海底光缆通信工程的施工质量，工程结束后，必须经过验收才能投入使用。这个阶段的主要内容包括工程初验、工程移交和试运行以及竣工验收等几个方面。

海底光缆通信工程项目按批准的设计文件内容全部建成后，应由主管部门组织设计、施工、使用等单位进行初验，并向上级有关部门递交初验报告。

初验合格后的工程项目即可进行工程移交，开始试运行，一般试运行期为3个月。试运行期间，由维护部门代维，施工部门负有协助处理故障确保正常运行的职责，应按维护规程要求检查证明系统已达到设计文件规定的技术指标。运行期满后应写出系统使用情况报告，提交给工程竣工验收会议。

竣工验收时海底光缆通信工程的最后一项任务。当系统的试运行结束后并具备了验收交付使用条件后，由相关部门组织对工程进行竣工验收。竣工验收是对整个光缆通信系统进行全面检查和指标抽测。

4.12.2 海底光缆通信工程要求

海底光缆通信工程是一个十分复杂的系统工程，要求工程技术人员具有扎实的理论基础、丰富的实践经验、良好的组织协调能力；在工程建设中，要求各单位坚持"安全第一、预防为主"的方针，确保人员的人身安全和海缆的施工安全。

1. 海缆施工前

在海缆工程施工准备过程中，必须设立专职或兼职安全管理人员，对建设工程安全生产承担责任；还应对所有相关人员进行安全教育，落实各工序安全防护措施；施工组织设计方案中应有严格的安全技术措施和安全生产操作规程。如施工作业过程中可能对人和环境造成危害和污染时，应具有相应保护措施；施工作业可能对毗邻设备、管线等造成损害时，应具有相应防护措施等。

2. 海缆施工中

海缆工程施工过程中，当发现存在安全事故隐患时，应该按要求立即整改。如果情况严重甚至发生危及人身安全的紧急情况时，应暂停施工或采取必要应急措施后撤离现场，并报建设单位。在海缆系统建设过程中，不能仅重视海上主体工程建设环节，而忽视、降低引接海缆的陆缆段建设标准，也要重视陆缆引接段路径选择、埋设深度、与其他设施的间距、特殊地段的防护，线路的标桩、警示牌的制作设置等都要规范、到位。

在整个海缆施工阶段应注意以下几个方面的问题：

1）努力争取海缆实际敷设路线与调查选定的路径相吻合。如果布设航迹偏移较大，不仅造成光缆的浪费或不够的严重后果，超出扫海区域，还会造成施工意外困难和光缆损伤，也给今后维护管理带来麻烦。

2）海缆敷设张力（余量）控制要合理，以保证设计要求的实际埋设深度。如张力过大，会损失埋设深度，造成海缆下不到挖掘缆沟沟底、被拽起现象。

3）组织好施工期间的各项监测和记录工作，安排专业技术人员对陆地工程、海上路径调查、埋设试验、掌握的特殊地理/水文/人文环境、海光缆检测性能、布设施工的路径/埋深/张力等要素做好记录。

4）海缆敷设施工中对海缆路由特殊点位要记录清楚。海缆施工期间不但要监测好光通断及衰耗性能，还要注意监视光缆外观的扭折、挤压、磨损、余量堆积情况。应重点记忆中继器/接头盒等线路设备的准确布设位置，发现海缆外护层有折损、挤压刮痕或出现高损耗点、遇障路径偏移、因故突然减速或短暂停车等可疑特殊点位都要在定位仪上、打印记录纸上或海图上作特殊记录。

3. 海缆施工后

海底光缆通信工程系统开通后，还应做好以下工作：

1）重点地段树立警示标志牌。在海底光缆登陆点附近等重点地段设置必要的警示装置，可以防止光缆受到损坏。设置三角禁锚牌和宣传牌是一种最为常见的一种警示方法，前者用于海域部分的警示，后者用于海底光缆和陆缆交接段的警示。

2）特殊地段的加固防护工作。在光缆登陆的近岸或滩头，往往容易造成人为或自然磨损故障。对滩头、近岸及特殊地段的海缆进行埋设加固工作（如人工挖埋、人工冲埋、护管、护套加固防护），将其埋设至终端站或终端房，并安装终端保安设备，这是海缆工程建设和防护的重要环节。

3）向当地政府或有关水产、渔政、海边防、港监、国家海洋局等相关单位通报海（陆）缆位置及保护要求，以便及时列入统一维护、管理范畴。

4）向军事管理部门通报海缆建成及位置情况，以便其在组织舰船演习和锚泊训练时对海底光缆给予避让或保护。

5）及时、科学、合理地划定及公布海缆禁区（禁渔禁锚区），便于海上光缆管理和维护作业，减少或避免与海上其他使用开发的矛盾。

6）对重点线路、重点区域进行安全监护，掌握海区（海上作业、船只航行、锚泊及养殖、捕捞、挖砂等）使用情况，发现问题及时反映并协调处理。

7）整理验收文件，组织及时验收，形成完整的、规范的竣工资料。准确地记录好施工单位、施工时间、施工方式、路径（含登陆点、转点、接头点等位置）、系统构成及长度、各段埋设深度、余量情况及相应的水文/地质/人文资料、加固防护措施等，以便于存档和今后维护的资料依据，并为今后精确判测、查找故障奠定基础。

8）下达维护任务文件，明确海缆系统维护分工责任，确保新建海底光缆通信系统适时列入维护管理体系。

4.12.3　海底光缆路由桌面预选

海底光缆线路敷设路由和登陆点选择是海缆工程系统中一个重要环节，它对海底光缆通信系统的科学施工、提高海底光缆通信系统的工作质量以及充分发挥其经济、社会效益有着重要的意义。大量的资料分析结果表明，70%的海缆伤害是因为海缆路由考虑不周所造成的。做好海底光缆路由桌面预选工作，可使实际路由勘察达到事半功倍的效果，因而显得非常的重要。海底光缆线路工程应进行路由预选桌面研究，并编制路由预选桌面研究报告。

1. 海底光缆路由预选资料收集

在海缆路由预选工作中，熟悉和了解路由区的相关基础资料，是一件必须进行的工作。不仅要收集文字资料，而且要认真听取海缆工程专家的意见。收集的资料包括选路由区的自然环境资料、海洋规划和开发活动资料等。

1）路由区的自然环境资料，具体包括地形、地貌、地质、水文、气象及地震火山等自然环境资料（近岸段应包含近五年以内的水文、气象资料），尤其是灾害地质因素资料（如裸露基岩、陡崖、沟槽、古河谷、浅层气、浊流、活动性沙波、活动断层等）。应注意搜集水深图、地貌图、底质图、钻孔揭示的地层剖面图、水温分布图，渔场、矿产、潮汐、海流、波浪图等各种图件。

2）路由区的海洋规划和开发活动资料，具体包括现有和规划的港口、码头、航道、工矿区、油气田、电站及各类管线的敷设记录和使用管理资料；渔业捕捞、锚泊、养殖、海洋自然保护区、旅游区、倾废区、科学研究试验区、军事活动区以及海底人为废弃物等方面资料。

3）路由区已有的腐蚀性环境参数，已建海底光缆、管道的故障史及故障原因等。

2. 海底光缆路由预选相关要求

海底光缆路由预选以工程设计委托书为依据，遵循技术可行、经济合理、海洋环境安全、便于施工和维护的原则，并提出路由勘察、海底光缆保护和施工方式建议。海底光缆线路预选路由应满足下列要求：

1）充分考虑海洋功能区规划以及其他相关部门规划中的各种建设项目的影响。

2）尽量避开灾害地质因素分布区。

3）尽量避开海洋油气田、砂矿开采区、输油气管道、码头、锚地、张网捕捞作业区、自然保护区、军事活动区、人为废弃物等。

4）尽量与航道垂直穿越，尽量避免与海底光缆、电缆、管道交越。

5）选择符合海洋功能区划、离登陆站近、与其他海洋规划与开发活动交叉少、有利于光缆登陆施工和维护的区段作为登陆点。

3. 登陆点和海上路由拟定

对海底光缆敷设地区的有关资料进行了充分地收集、整理和分析之后，在有利于海底光缆登陆地区选出两条以上路由、两处以上登陆点。预选的登陆点和拟定的海上路由，应绘制在海图上，并根据海图上的信息和收集到的资料进行分析和比较。按条件的优劣确定出登陆点和拟定海上路由进行勘察的先后顺序，并进行勘察。如果已选出理想的登陆点和路由，那么其他待查的登陆点和路由可不必进行，以节约勘察经费。

4. 路由预选桌面研究报告

海底光缆通信系统敷设路由和登陆点预选中，应尽可能收集拟选路由区和登陆点自然环境资料、海洋规划和开发活动等相关资料，并根据收集到手的基础材料全面分析拟选路由海区和登陆点的条件，编写路由预选桌面研究报告，报告主要内容如下：

1）概述，包括任务由来与工程背景、预选路由海区范围、路由和登陆点预选技术依据、工作过程等。

2）登陆点地理位置及其周边环境。

3）路由区工程地质条件，包括区域地质背景、海底地形与地貌特征、海底底质及其工程特性、海床冲淤活动性等。

4）路由区海洋水文气象要素。

5）路由区海底腐蚀性环境。

6）路由区和登陆点海洋开发活动，包括海洋功能区划及规划、渔业活动、海上交通、已建海底管线、海底矿产资源开发活动、水利工程、雷区、倾废区、锚地等。

7）预选路由和登陆点条件评价及建议，包括预选路由和登陆点方案、预选路由和登陆点条件综合评价、结论与建议等。

4.12.4　海底光缆路由现场勘察

勘察的目的是为海底光缆线路工程的路由选择、设计、施工以及维护提供基础资料。勘察的任务是查明海底光缆路由区的海底地质条件、海洋水文气象环境、腐蚀性环境参数和海洋规划与开发活动等方面的工程环境条件。

1. 现场勘察内容

1）海底水深地形。

2）海底面状况以及海底障碍物。

3）海底浅地层结构及物理力学性质。

4）海底灾害地质因素。

5）海洋水文气象动力环境。

6）腐蚀性环境参数。

7）海洋规划和开发活动。

8）海域使用和海洋环境影响分析的相关内容。

2. 路由勘察方法

1）单波束、多波束水深地形测量。

2）侧扫声呐探测。

3）浅地层剖面测量。

4）底质与底层水采样。

5）工程地质钻探。

6）原位试验。

7）土工试验与腐蚀性环境参数测定。

8）磁法探测。

9）海洋水文与气象要素观测。

3．路由勘察范围

勘察范围应按下列要求进行：

1）海底光缆路由勘察在沿路由中心线两侧一定宽度的走廊带内进行。走廊带的宽度在登陆段和近岸段一般为500m，在浅海段一般为500～1000m，在深海段一般为水深的2～3倍。

2）登陆段的勘察走廊带一般从登陆点向陆地方向延伸至100m；对于不登陆的海上路由段的勘察走廊带一般从海上路由端点向外延伸至500m。

3）海底光缆分支器点的勘察在以其为中心的一定范围内进行，在浅海段勘察范围一般为1000m×1000m；在深海段勘察范围一般为3倍水深宽的方形区域。

4）路由与已建海底电缆管道交越点的勘察，近岸段和浅海段一般在以交越点为中心的500m方形范围内进行，深海段一般在以交越点为中心的水深的两倍的方形范围内进行。

5）不同船只勘察区段交接处的重叠调查范围，在浅海段一般为500m，在深海段一般为1000m。

4．现场勘察前准备

路由勘察前，建设单位应获得海底光缆路由勘察许可证，应对勘察船只、仪器等的检查。海底光缆路由勘察是一项复杂的综合性工程，需使用车辆、船舶及多种勘察仪器。勘察仪器及其质量的好坏，是能否获得全面及高质量勘察成果的保证。因而在勘察前必须根据海区环境选择适当的车辆、船舶及各种勘察仪器，并对其进行检查和测定，以保证勘察的顺利进行，提高勘察质量。

5．登陆点勘察

登陆点指海底光缆与陆地光缆接头点的位置，一般设岸滩人井。理想的登陆点的位置，必须在拟定的登陆点的周围地区进行调查，水下应达5m等深线附近，陆上应达邻近的通信站。在海底光缆路由勘察开始时，首先要对登陆点进行勘察，发现条件不合适，应及时变换登陆点。如果待路由勘察结束后，再变换登陆点位置，那么将对经费、时间及精力造成极大的浪费。

位于海陆连接处的登陆点，自然环境复杂、人类活动频繁。登陆点处在潮间带附近，波浪、海流、潮汐的作用较强，锚泊、渔捞活动频繁，洪水、雷电对其都可能产生损害。为了海底光缆正常、安全的工作，登陆点应有一个稳定的环境。

　　在登陆点勘察实施当中，必须得到有关的土地所有者、管理者或其他各种权利所有者的承诺，并且能够保证工程建设及将来工程维护的顺利进行。登陆点勘察内容、要求及实施方法如下：

　　1）登陆点的勘察范围包括登陆点附近陆域、登陆点附近海域及登陆点至登陆站之间的区域，具体覆盖宽度按工程设计实际情况确定。

　　2）准确定出登陆点和岸滩接头点的位置，以文字、图像形式记录登陆点各种环境状况，在图上标出位置及重要的参照物，必要时应设置登陆标志牌。

　　3）调查登陆点近海及沿岸自然环境状况，包括地形、地貌、地质、气象、水文状况，采用手持钢钎探测地层土质和沉积物厚度。

　　4）对登陆点附近村镇分布、土地利用、海岸性质及海洋开发活动情况进行调查，并做好描述记录。

　　5）勘察自海缆登陆点到登陆站的路由，测量登陆点至登陆站的距离，标出裸露岩石和道路、树木、建筑物及影响光缆敷设的地形地物的精确位置。

　　6）调查登陆点附近交通、水电等配套设施状况，管（槽）道情况，及时记录多个登陆点方案的特点及优缺点。

　　7）登陆段路由勘察的结果包括登陆点地形图、登陆点至登陆站路由图。

6. 登陆段路由勘察

　　登陆段指登陆点至水深 5m 区段的路由走廊带。登陆段路由勘察内容、要求和实施方法如下：

　　1）登陆段的勘察范围包括登陆点岸线附近的陆域、潮间带及水深小于 5m 的近岸海域，以预选路由为中心线的勘察走廊带宽度一般为 500m，自岸向海方向至水深 5m 处，自岸向陆方向延伸 100m。

　　2）垂直岸线布设 3~5 条剖面，对潮滩进行地形测量、地貌调查、底质采样，详细描述底质类型及其分布，分析岸滩冲淤动态。

　　3）对登陆段陆域进行地形、地物测量，对重要地物进行拍照。

　　4）沿路由探测海底地质和沉积物厚度，观测地貌形态，对不同沉积物和地貌类型进行拍照。

　　5）采用浅地层剖面仪探测登陆段海底表层构成及浅层沉积物类型，使用静力触探仪进行岩土的原位测试，如工程需要应进行人工潜水探摸、水下摄像及插杆试验。

　　6）登陆段路由勘察的结果包括水深图、海底地形图、底质类型图和综合图。

7. 海上路由勘察

　　海上路由勘察的任务是查明海上路由区的地形地貌底质、海洋气象水位环境、腐蚀性环境参数和海洋规划与开发活动等方面的自然环境条件，海上路由区的海洋环境和开发活动应满足海底光缆线路安全施工及运行。海上路由勘察内容包括水深、地形地貌、地质、腐蚀性环境参数、海洋水文气候要素、地震安全性及海洋开发利用状况等情况勘察。

（1）水深测量

通过海上路由水深测量，可获得路由上最大水深、浅海范围以及海底地形，这是海底光缆路由系统设计所必需的资料。水深变化反映的海底起伏是计算海底光缆敷设时所需余量的依据，因而它是计算海底光缆长度的基础资料。通过测量可得到海底地形剖面图并选出水深变化小、地形平缓的最佳路由。水深测量内容、要求和实施方法如下：

1）测线布设：主测线应平行预选路由布设，总数一般不少于3条，其中一条测线应沿预选路由布设，其他测线布设在预选路由两侧，测线间距一般为100～300m；检测线应垂直于主测线，其间距一般不大于10km，在复杂区域应适当加密。

2）采用单波束测深系统进行水深测量，应配备涌浪补偿系统消除涌浪的影响，应进行系统时延校正。

3）采用多波束测深系统进行水深测量，应进行路由走廊带的全覆盖测量，应根据水深和仪器性能选择合理的测线间距，使相邻测线间保证20%的重叠覆盖率。

4）水深测量的成果图包括水深图与海底地形图。

（2）地形地貌勘察

在海上路由勘察中仅仅掌握水深和海底地形是不够的，海底地貌形态勘察将为海底光缆路由的选择提供更广阔的视野，更精确的资料，更科学的依据。因为地貌提供的不仅是海底的形态，更为重要的是它将揭示地形的变化规律。海底地形地貌勘察内容、要求和实施方法如下：

1）测线布设：主测线应平行预选路由布设，总数一般不少于3条，其中一条测线应沿预选路由布设，其他测线布设在预选路由两侧，测线间距一般为100～300m；检测线应垂直于主测线，其间距一般不大于10km，在复杂区域应适当加密。

2）进行侧扫声呐探测，应根据测线间距选择合理的声呐扫描量程，在路由勘察走廊带内应100%覆盖，相邻测线扫描应保证100%的重复覆盖率，当水深小于10m时可适当降低重复覆盖率。

3）采用侧扫声呐系统沿预选路由探测海底状况，对海底礁石、沙波、沉船、海底管线及其他人为设施等障碍物应清晰表示。

4）海底地形地貌勘查的成果图包括海底面状况图与声呐图像镶嵌图。

（3）地质勘查

海底光缆埋设在海底，被海底的沉积物所掩埋，因而沉积物的特性对海底光缆来说是至关重要的，必须对其特性进行全面的调查。地质勘查对沉积在海底的物质进行粒级及类型划分，并确定沉积物的厚度、分布范围，包括浅地层剖面探测和底质采样与原位试验等。浅地层剖面探测内容、要求和实施方法如下：

　　1）测线布设：主测线应平行预选路由布设，总数一般不少于 3 条，其中一条测线应沿预选路由布设，其他测线布设在预选路由两侧，测线间距一般为 100～300m；检测线应垂直于主测线，其间距一般不大于 10km，在复杂区域应适当加密。

　　2）进行浅地层剖面探测，获得海底面以下 10m 深度内的声学地层剖面记录，地层分辨率优于 0.2m。

　　3）采用浅地层剖面仪探测海底表层构成及浅层沉积物类型，观测并分析地层中存在的灾害性地质现象，如滑坡、塌陷、麻坑、基岩、断层、泥丘、古河谷等。

　　4）浅地层剖面探测的结果包括浅地层剖面图与浅部地质特征图。

　　底质采样与原位试验内容、要求和实施方法如下：

　　1）底质采样站位布设间距：近岸段为 500～1000m，浅海段为 2～10km，深海段一般不设采样站位。应根据工程地球物理勘察的初步结果对站位布设进行适当调整，在地形坡度较陡、底质变化复杂或灾害地质分布区应加密采样站位。

　　2）使用蚌式、箱式及柱状采样器采集表层样及柱状样。柱状样直径应不小于 65mm，黏性土柱状样长度应大于 2m，砂性土柱状样长度应大于 0.5m，表层底质采样量应不少于 1kg。

　　3）使用静力触探仪进行岩土的原位测试，原位试验孔应尽可能布置在路由的中心线上。

　　4）柱状采样和静力触探仪的探测可根据海底地质类型的变化而定，不同的海底地质类型或地层结构发生明显变化的区域均应进行采样。

　　5）柱状取样或静力触探的深度应大于船锚及捕捞网具的最大穿透深度和计划埋缆的最大深度。

　　6）底质调查的结果表示在地质特征图及综合剖面图上。

　　（4）腐蚀性环境参数测定

　　由于海底光缆的外护层一般都用聚乙烯构成，长年累月的腐蚀环境能使聚乙烯的绝缘性能因老化而削弱，钢丝铠装也因此会受到锈蚀、破坏。因而在进行海上路由勘察时，应取海底水及沉积物进行腐蚀性环境参数分析。腐蚀性环境参数测定内容、要求和实施方法如下：

　　1）底层水参数测试：沿预选路由设置不少于 3 个底层水采样站位，采集离海底 1.5m 以内的水样，对底层水 pH 值、Cl^-、SO_4^{2-}、HCO_3^-、CO_3^{2-} 等参数，特别是硫化物含量进行测定。

2）海底土参数测试：沿预选路由设置海底土采样站位，在海缆埋深位置处取样，对海底土 pH 值、Cl^-、SO_4^{2-}、HCO_3^-、CO_3^{2-} 等参数，特别是硫化物含量进行测定。

3）分析底层水和海底土的腐蚀性环境参数，为海上路由设计提供依据。

（5）海洋水文气象要素观测

海洋水文气象要素包括波浪、潮汐、海流、水温、海冰和海洋气象等，这些要素与海底光缆敷设施工息息相关，需要在海缆工程施工前全面掌握，以便海底光缆线路安全施工作业。海洋水文气象要素观测内容、要求和实施方法如下：

1）波浪：收集预选路由区已有的波浪观测资料，指出全年中较好和较差的海况期；波浪资料包括多年、各月、各向波浪出现频率、最大波高及相应周期。

2）潮汐：在预选路由区内如有常年潮位观测站，可直接利用长期观测的潮汐资料，否则应在预选路由区内设立潮位观测站，进行 1 个月以上的潮位观测；分析路由区的潮汐性质和各类潮水位的关系。

3）海流：收集预选路由区以往实测资料，或用预报海流资料。在路由区根据地形条件布设足够的实测站位进行全潮水文观测及一个月周期的自动观测浮标站，获取海流资料；海流资料包括表、中、底三层，分析项目主要为路由区的流况，实测最大涨落潮流速，平均大潮流速，平均小潮流速，最大可能潮流速和主流向。

4）水温：水温观测与海流观测同时进行，或收集预选路由区已有的水温观测资料。

5）海冰：收集预选路由区已有的海冰观测资料；根据海冰观测记录，绘制预选路由区冰情图。

6）海洋气象：收集整理预选路由区的气象要素，指出全年中较好和较差的气候窗。气象资料包括风、气温、雾等。风包括多年各月各向风频率，平均风速和最大风速及多年各月大风日节数；气温包括多年各月极端最高、最低及平均气温；雾指多年各月平均雾日。

（6）地震安全性评价

海底发生地震将出现崩塌、滑坡及含有大量泥沙的浊流。崩塌、滑坡将使局部的海缆破坏，而浊流沿着海底斜坡移动，可使海缆遭受大范围的冲断。为了保障今后海底光缆线路安全稳定地运行，需要对预选路由区进行地震安全性评价。地震安全性评价内容、要求和实施方法如下：

1）收集或通过调查获得预选路由区及其附近海域的地质构造和地震、火山活动资料。

2）在需要进行地质构造勘察的区域，可使用地球物理勘测仪器揭示海底地质构造，确定该区域是否属海底断裂带和地震、火山高发区。

3）分析预选路由区域地震构造和地震活动环境，采用概率法进行地震危险性分析计算，给出 50 年超越概率 10%的基岩地震动水平向峰值加速度值。

4）对预选路由场地在地震作用下可能产生的砂土液化、滑坡、塌陷和断层地表错断作用进行评价。

5）需要时根据地震危险性概率分析结果，编制预选路由场地地震动峰值加速度区划图、地震动峰值速度区划图、地震烈度区划图。

（7）海洋开发利用状况调查

海洋开发利用活动的规模和开发的深度，可能危及海底光缆的安全。船舶的抛、拖锚会对海底光缆产生严重的损坏，海底光缆路由应避开各类锚地、捕捞作业区及特种作业区。海洋开发利用状况调查内容、要求和实施方法如下：

1）进行预选路由区内养殖及捕捞活动调查，包括养殖范围、品种、捕捞船、捕捞量及捕捞方式（定置网、底拖网）等。

2）进行预选路由区附近的港口及航运状况调查，包括港口、航道、锚泊点的位置及过往船舶类型、数量、吨位、锚重等。

3）对预选路由区及邻近海域的海洋矿产、油田分布、油气资源及开采量、石油平台、管线（输油、输气、输水）进行调查，并做详细记录。

4）对预选路由区及邻近海域的自然保护区、倾废区、军事活动区等特殊区域进行调查，并确定其位置。

8. 路由选择及综合评价

海底光缆通信系统登陆点和路由的选择及评价应在资料收集、现场勘察和试验分析的基础上，结合工程特点和要求进行综合评定。登陆点和路由的评价内容主要包括自然环境特征、海底工程地质条件、地震安全性、腐蚀环境、海洋规划和开发活动等，评价时应对勘察获得的资料逐项进行分析及比较，指出登陆点和路由海洋环境及开发活动的有利及不利条件。在对预选的登陆点和拟定的路由条件综合评价的基础上，根据海洋功能区划的要求和邻近海域可持续发展的原则，按照海缆工程科学性、可靠性、经济性要求通过对比选确定最佳登陆点和路由。确定登陆点和路由后，应编制路由位置表，表中应包括各转向点序号、位置（经纬度或坐标网）、方位角、各转向点间距离、累计距离、水深等，并提出相应的建议，如光缆敷设保护方式、埋设深度、富余量等。

登陆点的选择需考虑的条件如下：

1）高潮线以上，底质类型单一，地形地貌环境适合建设水线井。

2）工程船只易靠近，适合海缆尽快登陆，陆上交通条件好的地点。

3）至海缆登陆站距离较近，便于与陆上光缆连接和易于维护的地点。

4）尽量避开岩石裸露地段，选择登陆潮滩较短以及有盘余留缆区域的地点。

5）尽量远离地震多发带、断裂构造带及工程地质不稳定区。

6）尽量避开对光缆造成腐蚀损害的化工区及严重污染区。

7）尽量避开现有开发活动热点区、养殖区、填海造地区。

登陆段路由的选择需考虑的条件如下：

1）与登陆站距离较近，便于登陆作业和维护。

2）潮滩与临近海区之间海床坡度较小。

3）海潮流和全年风浪较小。

4）沿岸流沙少，地震、海啸及洪水灾害等不易波及。

5）尽量避开港口、码头、锚地、近岸航道及养殖区域。

6）附近没有其他设施或海底障碍（如通信光缆，电力电缆，油、气、水管道等）。

海上路由选择原则如下：

1）尽量选取直线路由。

2）尽量选取适宜敷设的路由。

3）尽量避开隆起的岛礁、礁盘、海底山及深槽、海沟等自然障碍物。

4）尽量避开各类锚地、武器实验区和其他特殊作业区。

5）尽量避开捕捞、养殖作业区和海上开发活动活跃区。

6）应尽量不靠近其他海底光缆或海底管线。

海上路由应尽量避开有以下地形特征和不宜敷设海底光缆的海区：

1）海底为岩石或乱石地带。

2）海底明显起伏。

3）横越海谷。

4）陡峭的斜面或陡崖。

5）河道入口处。

6）火山、地震带附近。

7）海水含硫化氢浓度超过标准，易使光缆遭受腐蚀的严重污染海区。

9. 路由勘察报告

登陆点和路由勘察完成后，必须认真编写及时上报登陆点和路由勘察报告，为海底光缆通信系统工程设计提供决策依据。

登陆点和路由勘察报告应包括以下内容：

1）概述，主要包括：勘察依据，勘察时间，勘察内容与工作量统计，勘测设备（含船只）及其定位精度，勘察单位、人员等。

2）自然环境特征的分析及评价，主要包括区域地质概况，地形、地貌特征，波浪、潮汐、海流、水温、海冰、海洋气象等。

3）工程地质条件分析及评价，主要包括海底地形，海底面状况及障碍物分布，海底地质类型及其工程特性，浅地层及其结构特征、表层样及柱状样粒度分析，附着生物的影响，腐蚀性环境参数分析等。

4）地震危险性分析，主要包括地震安全性评价和拟采取的措施。

5）海洋开发活动对工程的影响，主要包括渔捞及锚泊、海水养殖、航道、锚地、军事禁区、排污及倾废区，已建海底光缆线路、管道、石油平台、人工岛工程，各级政府及企业在登陆点及路由区的开发利用规划等。

6）对预选路由及登陆点条件的综合评价及建议，主要包括：登陆点及路由区自然环境特征分析及评价，登陆点及路由区附近海洋开发活动状况分析及评价，登陆点及路由区附近海区可能产生的环境污染分析及评价，登陆点及路由综合优缺点的分析和比较。

勘察报告应包括按规定比例绘制的各要素图件，主要有

1）航迹图。

2）海底光缆路由图。

3）水深图（海底地形图）。

4）地层剖面图。

5）浅部地质特征图。

6）海底面状况图。

7）海底地貌图。

8）海底障碍物分布图。

9）登陆段（登陆点）地形地貌图。

10）路由评价综合图。

勘察报告应包括对勘察过程或结果有实际参数价值的资料，主要有

1）侧扫声呐记录。

2）浅地层剖面记录。

3）多波束测深记录。

4）调查锚张力记录。

5）静力触探仪记录。

6）底层采样记录。

7）原位试验成果图表。

8）海洋开发活动观测记录。

4.12.5　海底光缆敷设安装要求

1. 海缆的贮存、装载与运输要求

海底光缆由于所处的环境相比于陆地光缆而言要恶劣得多，使得其中继段长度、水密性能、抗拉强度等技术指标必须具备不同于陆地光缆的特性，从而使得

海底光缆的贮存、装载和运输也有其特殊的方法。

（1）海底光缆的贮存

海缆从制造车间生产出来后，一般直接导入海缆池/海缆仓，一方面是为了贮存待运的海缆，另一方面则对海缆进行水密性能的测试。贮存海缆一般用专用的海缆池、海缆仓等设备。海缆池一般是用钢筋混凝土筑成的一个圆形池子。海缆仓可分为船上和岸上两种，岸上的海缆仓通常是以靠近码头的仓库来代替。海缆贮存的一般要求如下：

1）海缆池应该池底平坦、池壁光滑，中央圆柱体应与海缆池成一同心圆，且池顶具有传送装置。

2）存放海缆的两端头应露在外面，做好标记，海缆头必须密封，以防潮气侵入。

3）海缆贮存时弯曲半径不应小于允许的弯曲半径，海缆由贮存室或成品水池内转送到海缆船内，其弯曲半径也不应小于允许弯曲半径。

（2）海底光缆的装载

1）根据海底光缆的敷设方案，兼顾海底光缆接头盒和中继器配置、装载后和敷设中海缆船的平衡等情况，施工单位应制定装船计划，并提交相关单位。

2）海底光缆在缆舱内应盘成圆柱形，其盘放高度应满足海光缆抗侧压要求，缆盘的最高层距缆舱顶部高度满足退扭要求；盘缆时宜以缆舱锥体为圆心沿顺时针方向由外向内盘绕，内圈最小弯曲半径应大于该海底光缆最小弯曲半径；必要时缆盘层间可用硬聚氯乙烯、木条或毛竹薄片隔开，并标注层号、记录圈数和内外圈长度；各层间的转层引缆排放宜相互错开，保持盘放平整。

3）带接头盒、中继器的海底光缆装船时，宜先装缆后安装接头盒、中继器，连接段较多时，应将计划连接的海底光缆端头在留足接续余量后，捆绑在一起按顺序摆放在规定位置，并设号牌系在海底光缆端头防止相互穿插和接错，接头盒的相关要求参照 GJB 5652《海底光缆接头盒规范》中 3.1～3.9 的规定执行。

4）盘放时应将海底光缆端头引至监测室，对海底光缆进行装船过程中的不间断监测，发现问题及时处理。

5）装载完毕后应进行海底光缆性能检查测试，确认相关性能指标满足工程设计要求。遇两段以上需连接时，应在各段经测试符合要求后进行连接作业。

（3）海底光缆的运输

海底光缆的运输一般可分为水运和陆运两种。在水上运输中，一般采用专用的海缆船；在陆上运输中，一般采用大型载重平板汽车运输，但受汽车装载能力及道路通过能力影响，一般仅能运输 20km 以下的小长度海缆。

水上运输可以减少海缆来回装载倒换的环节，使海缆受损概率降低。海缆船可以直接驶往海缆贮存地或海缆制造厂，停靠在具有专门传送海缆设备的码头上，利用工厂中的导缆滑轮组把海缆装载到海缆船上。海缆安装完毕后，应将存放海缆的舱室用盖板盖住，把海缆两端头留在外面，以便于测试。航行途中，作业人员应定时下船舱对海缆进行检查及测试，检查绑扎绳索是否松动或断裂，设备有无移位，以预防海缆偶然损坏的可能性，发现问题应及时纠正或进行重新加固，并记录光电测试数据。

利用载重平板汽车运输海缆的方法比较简单，先将海缆成椭圆形装盘绕在平板车上，海缆内圈的弯曲半径不小于规定值，并按顺时针方向盘绕。海缆装完后应用粗麻绳妥善固定，以防止在路上散乱。运输途中适时安排停车检查，着重检查车况及光缆捆绑情况，发现异常应及时处理。

2. 清扫海区要求

在进行海底光缆线路敷设施工前，需要预先清除路由沿途的养殖区、张网、渔网等水面障碍物，为海底光缆线路的敷设作业提供保障。扫海主要解决影响施工顺利进行的旧有废弃缆线和插网、渔网等小型障碍物。海底光缆埋设施工开始前的扫海和路由清障作业应满足下列要求：

1）扫海作业应由施工船尾拖专业扫海锚具，沿路由勘察确定的路由按一定的速度清除海床表面的绳索、网具等废弃物。

2）清障作业应清除与路由交越的废旧电缆以及路由勘察中发现的障碍物（废物和障碍物包括与路由交越的废旧电缆、绳索、渔具，路由勘察中提请注意的不明反应物，及其他可能的障碍物等）。

3）路由清障通道宽度不宜小于300m，特殊情况下不应小于100m。

4）清除的障碍物应打捞到清障船上带回处理。

5）了解路由海底地质及海面渔网、水产养殖等情况，并及时作好定位和记录。

3. 敷设安装要求

海缆敷设是整个海底光缆建设工程的关键，务必做到精心设计、精心施工、周密计划、严密组织，慎重选择气象条件，保证万无一失。

（1）敷设施工准备

在敷设安装前，建设单位应获得海底光缆敷设施工许可证；海底光缆与海底设备应按系统设计进行连接、测试、装船、再测试。海底光缆生产商应根据系统要求首先将海底光缆和海底设备连接，然后从装船起，即为开始海洋施工。

（2）海底光缆选型

海底光缆的长度、种类和规格应根据工程设计委托书的要求及设计的系统传输容量要求，并根据海洋调查所确定的海缆路由上的海底地质、地形、水深、海底光缆的敷设余量及特殊保护要求等来确定。

海底光缆的护层结构根据敷埋设地段及海底环境的不同分为深海型海底光缆

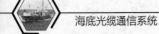

及铠装型海底光缆，具体使用选择应符合下列规定：

1）深海区域使用深海型（无铠装）海底光缆。

2）浅海区域及登陆部分使用铠装型海底光缆。

3）在需要特别保护的地段可采用加粗钢丝铠装型或使用双层铠装型及特殊保护型的海底光缆。

4）海缆登陆点至海缆登陆站之间可以使用海底光缆，也可以使用陆上光缆，但在需要对海底光放大器进行供电的情况下使用陆上光缆需要考虑解决其远供电流的传送问题。

（3）敷设施工方式

海底光缆的敷设施工可分为表面敷设和埋设两种方式，工程中应根据海底光缆路由的实际情况和海底光缆的保护要求确定施工方式。由于浅海海域内的海洋环境比较恶劣，海底电缆在浅海海区敷设遭渔捞、船锚等人为损坏较多，从国内海缆故障统计数字表明，85%以上是船锚、渔捞所造成的。为了保护海缆的安全，保证海缆通信的稳定可靠，延长海缆的使用寿命，在浅海海区敷设海缆必须采取埋设措施。把海缆埋设在海底面以下，除了能防止渔捞、船锚损伤和人为破坏外，还能减轻电化学和生物侵蚀。海底光缆施工方式选择应符合下列要求：

1）海底光缆线路的敷设工艺，根据工程设计要求和海底光缆需要保护的程度及水深、海底底质、地貌、海洋开发活动等情况确定，通常采用埋设或表面敷设两种方式，一般水深在500m以内适合埋设作业的海区均宜采用埋设方式，水深大于500m或不宜埋设的海域可采用表面敷设方式。

2）200m以浅海底光缆埋设深度不宜小于3.0m，200～500m以浅海底光缆埋设深度不宜小于1.5m，航道、锚区等易造成海缆光缆损伤海区，埋设深度不宜小于5m；近岸靠近低潮线海区海底光缆埋设深度一般应不小于1.5m，特殊情况根据工程设计要求确定；登陆滩地海底光缆埋设深度视地质情况而定，一般土质地段应不小于1.5m，半石质地段应不小于1.0m，全石质地段应不小于0.8m；不具备埋设条件时，应采用加装保护套管或填埋、被覆等保护措施。

3）海底光缆登陆段埋设深度一般不应小于1.5m，特殊情况视工程具体要求确定，海底光缆安装关节套管保护，采用水泥砂浆袋压盖或水泥包封；海底光缆陆地段埋设深度不应小于1.5m，可与其他通信光缆或电缆同沟敷设，但不得重叠或交叉，缆间的平行净距不应小于10cm；海底光缆登陆与海堤交越处施工应符合有关管理部门规定，宜采用非开挖方式，保证海堤安全；易遭雷击的海底光缆登陆段应布放排流线。

4）海底光缆需与其他海缆线路交越时，应先与被交越线路业主单位签订协议，按照协议进行施工。交角一般不应小于60°，当两条相交的海缆缆型不一致时（如一条有铠装，一条没有），还应对后布放的海缆采取保护措施；海底光登陆与海堤交越处施工应符合有关管理部门规定，保证海堤安全。

（4）敷设余量控制

施工前根据设计给出的余量要求及海底地形、敷设船速、海光缆水动力常数，对路由各段进行表面敷设余量控制计算；表面敷设余量控制以海底光缆不在海底悬空为原则，一方面要保证海底光缆顺着海底的地形起伏布放或埋于海底，不存在较大的张力或悬空现象，另一方面要避免余量过多，使海底光缆弯曲松弛在海底而易受渔捞和锚具影响。一般来说，实际放出的海底光缆长度要稍大于施工布放船只的航行路由长度。通常布缆余量随水深、海底坡度的变化而变动在 1%~5% 之间。

（5）敷设路由偏差

海底光缆敷设施工路由的偏差主要取决于施工船的操纵性能和定位精度，其次为施工中有可能遇到路由航线上临时出现的船只、渔网或其他特殊情况的干扰，布缆施工船不得已进行主动回避而造成的路由偏离。海底光缆敷设的位置与路由勘察确定的最佳路由的偏差应符合下列要求：

1）在海水深度大于 1000m 的段落，偏差不大于 ±100m。

2）在海水深度大于 100m 不大于 1000m 的段落，偏差不大于 ±30m。

3）在海水深度大于 20m 不大于 100m 的段落，偏差不大于 ±10m。

4）在海水深度不大于 20m 的段落，偏差不大于 ±5m。

（6）埋设质量检查

海底光缆埋设段落施工后应进行埋设后检查，并对检查确认埋设深度未达标的段落进行后冲埋；重点检查的段落应包含（但不限于）施工接头处、光缆/管道交越处、埋设犁释放和抬起处、怀疑未能达到埋设深度的区段。海底光缆的埋设质量检查，除了通过船上监测仪表监视水下埋设机在水下的工作姿态、挖掘张力和埋设深度等外，必要时应进行埋设效果检查，这是因为埋设监测仪表的指示有时不能准确地反映实际的埋设深度。埋设后的检查方法可以通过潜水员海底探摸或采用水下遥控装置（ROV）或海底光缆追踪系统等设备仪表进行检查。

（7）登陆施工要求

海底光缆登陆施工方法包括绞车牵引登陆、浮球登陆和登陆艇布放登陆等，海底光缆登陆施工应符合下列要求：

1）应事先制定详细的方案和计划。

2）宜设置施工警戒船，以保证施工安全。

3）登陆段海底光缆冲沟埋设深度以及岸端预留光缆长度应符合工程设计要求。

4）安装关节套管长度应符合工程设计要求。

5）海底光缆铠装应固定于岸滩人井。

6）海底光缆登陆处应设立醒目的海底光缆登陆标志牌。

7）海底光缆穿越海堤处要采用钢管保护并在两端进行封堵。

（8）接续作业要求

海底光缆接续分为海底光缆与海底光缆（即"海-海"）接续和海底光缆与陆地光缆（即"海-陆"）接续，海上部分接续应使用海-海接头盒，海陆缆接续应使用海-陆接头盒。接续应在清洁环境下进行，检查、清洁光缆的连接部位、工具和材料，接续人员必须经过上岗培训并具有相应资格证书，接续前应检测两段光缆的光纤衰减特性、导体的绝缘性能，确认各项指标合格后方可接续，可参照以下要求进行：

1）接续前应检查两段光缆的光纤性能、导体的绝缘性能和接头盒的水密性能，确认各项指标合格后方可接续。

2）接续的方法和步骤必须严格按海底光缆接头盒安装工艺要求的操作程序进行。

3）光纤接续全过程应采用光时域反射仪或光功率计进行质量监视。

4）每根光纤接续完成后均应测量接头损耗，损耗应不大于 0.07dB。

5）接头损耗测试合格的光纤，应立即做增强保护并记录。

6）接头盒封装前，应检测绝缘电阻和对地绝缘等技术指标并确认符合设计要求。

7）接头盒安装完毕，应测试检查接头损耗并记录，接头的平均损耗应达到系统设计要求，发现不合格时及时返工。

（9）陆地光电缆敷设

在海底光缆登陆施工前应完成岸滩人井的建设，海底光缆登陆后应在岸滩人井进行终端并与至海缆登陆站的陆地光电缆进行连接。无供电导体的海底光缆在岸滩人井利用岸滩接头盒实现海底光缆与陆地光缆的转换，并将金属构件接地。具有供电导体的海底光缆登陆后应终端于岸滩接头盒，并与陆地光（电）缆进行连接，陆缆宜分成陆地光缆和远供电缆两条缆，光缆金属加强构件和电缆屏蔽层应通过岸滩接头盒连接人井保护地。

岸滩人井至海底光缆登陆站宜采用管道/槽道方式敷设，光缆和远供电缆/海地引接电缆在管道中应占用不同管孔。陆地光缆、远供电缆和海地引接电缆在登陆站内应终端于光电缆终端箱，光缆金属构件、电缆屏蔽层应直接连接防雷地，电缆导体应采取防电涌保护措施。

4.12.6　海底光缆登陆站要求

海底光缆登陆站宜单独设置在海底光缆登陆点附近，一般不超过 15km。单独设置海底光缆登陆站有困难且现有的通信枢纽楼距离海底光缆登陆点较近时，可将海底光缆登陆站设置在现有的通信枢纽楼内。当海底光缆登陆站不得不较远设置时，宜将远供电源设备单独安装在距登陆点较近的机房内。海底光缆登陆站应包括设备机房、电源室、油机室、电源配电室和辅助生产用房，机房面积应按远期设备的配置和工程实际需要考虑。海底光缆登陆站站址选择应满足下列条件：

1）地质稳定，环境条件适合建站。

2）交通方便，便于维护管理。

3）可提供稳定可靠的交流电源。

4）附近无大型厂矿、变电站和高压线杆塔的接地装置等。

5）便于利用陆地已有的光缆网络，建设安全可靠的海缆陆地延伸通信系统。

海底光缆登陆附属设施包括通信管道（含岸滩人井）、供电用海洋地装置、登陆标志牌等。岸滩人井尺寸应按远期需求选择，具有保护接地装置，接地电阻不应大于 10Ω；岸滩人井的强度应满足地形变化造成的海底光缆承受张力的要求。海洋地宜埋设在海底光缆登陆岸滩上，接地电阻不应大于 5Ω；当海底光缆登陆岸滩不具备埋设海洋地装置的条件时，海洋地可埋设在登陆站内，或埋设在海水里（在海水中安装的海洋接地电极不易施工和维护，应尽量避免使用）。

4.13　维护工具及仪表的配置

海底光缆通信系统维护可分为海上维护段和陆上维护段，海上维护段负责维护海底光缆线路，陆上维护段负责维护海底光缆登陆站设备及陆地光电缆线路。维护工具及仪表的配置应能满足系统日常运行维护的需要，仪表的型号和功能应根据其价格和实用性择优选用。海底光缆通信系统维护工具及仪表可按表 4-17 进行配置。

表 4-17　海底光缆通信系统维护工具及仪表参考配置

工具及仪表名称	单位	数量	
		海底光缆登陆站	海底光缆维护船
SDH 分析仪	台	1	—
光网络测试仪	台	1	—
光谱分析仪	台	1	—
OTDR	台	1	1
C-OTDR	台	1	—
光功率计	个	1	1
稳定光源	台	1	—
可调光衰减器	台	1	—
示波器	台	1	—
低频电信号发送/接收器	套	1	1

（续）

工具及仪表名称	单位	数量	
		海底光缆登陆站	海底光缆维护船
绝缘测试仪	台	1	1
直流电阻测试仪	台	1	1
光纤熔接机	台	1	1
光纤端面显微镜	套	1	1
万用表	个	1	—

参 考 文 献

［1］ ITU-T G. 973, Characteristics of repeaterless optical fibre submarine cable systems ［S］. 2010.

［2］ ITU-T G. 974, Characteristics of regenerative optical fibre submarine cable systems ［S］. 2007.

［3］ YD 5095—2010. 同步数字体系（SDH）光纤传输系统工程设计规范 ［S］. 北京：北京邮电大学出版社，2011.

［4］ YD/T 1990—2009. 光传送网（OTN）网络总体技术要求 ［S］. 北京：人民邮电出版社，2010.

［5］ YD/T 5092—2005. 长途光缆波分复用（WDM）传输系统工程设计规范 ［S］. 北京：北京邮电大学出版社，2006.

［6］ 杨宁，杨铸，等. DWDM 系统中级联 EDFA 光信噪比计算 ［J］. 通信学报 2003, 24（1）：75-82.

［7］ ITU-T G. 692. Optical interfaces for multichannel systems with optical amplifiers ［S］. 1998.

［8］ YD/T 2273—2011, 同步数字体系（SDH）STM-256 总体技术要求 ［S］. 北京：人民邮电出版社，2011.

［9］ GB/T 15941—2008, 同步数字体系（SDH）光缆线路系统进网要求 ［S］. 北京：中国标准出版社，2011.

［10］ YD/T 1960—2009. N×10G 超长距离波分复用（WDM）系统技术要求 ［S］. 北京：人民邮电出版社，2009.

［11］ GB/T 20184—2006. 喇曼光纤放大器技术条件 ［S］. 北京：中国标准出版社，2006.

［12］ GJB 5652—2006. 海底光缆接头盒规范 ［S］. 北京：总装备部军标出版发行部，2006.

［13］ YD/T 814. 3—2005. 光缆接头盒 第三部分：浅海光缆接头盒 ［S］. 北京：人民邮电出版社，2005.

［14］ YD/T 814. 5—2011. 光缆接头盒 第 5 部分：深海光缆接头盒 ［S］. 北京：人民邮电出版社，2011.

［15］ ITU-T G. 652, Characteristics of a single-mode optical fibre and cable ［S］. 2009.

［16］ ITU-T G. 654, Characteristics of a cut-off shifted, single-mode optical fibre and cable ［S］. 2010.

［17］ ITU-T G. 655, Characteristics of a non-zero dispersion-shifted single-mode optical fibre and cable［S］. 2006.

［18］ GJB 5654—2006. 军用无中继海底光缆通信系统通用要求［S］. 北京：总装备部军标
出版发行部，2006.

［19］ GJB 5931—2007. 军用有中继海底光缆通信系统通用要求［S］. 北京：总装备部军标出
版发行部，2007.

［20］ GJB 4489—2002. 海底光缆通用规范［S］. 北京：总装备部军标出版发行部，2003.

［21］ 董向华. 端对端的有中继海底光缆通信系统设计探讨［J］. 光通信技术，2014（2）：
30-33.

［22］ 李立高. 光缆通信工程［M］. 北京：人民邮电出版社，2004.

［23］ YD 5018—2005. 海底光缆数字传输系统工程设计规范［S］. 北京：北京邮电大学出版
社，2006.

第 5 章

海底光缆通信系统工程建设技术

本章对海底光缆通信系统的工程环境准备、工程系统建设、工程测试技术要求和工程验收要求等进行了介绍，本章可对海底光缆通信系统的工程建设提供基本技术指导。

5.1 工程建设概述

为保证海底光缆通信系统的正常工作，工程建设过程中首先需要开展通信系统工程配套环境的建设，并在此基础上进行通信系统安装和通信系统线路工程的敷设工作，安装完成后需要对通信设备及通信系统开展工程测试工作，并在通信系统测试合格后进行通信系统工程的验收。

5.2 通信系统工作环境要求

通信系统工作环境要求主要用于指导通信系统工程配套环境的建设，为保证通信系统的有效工作，通常需要对机房层高及室内净高、设备供电环境、设备电磁屏蔽、设备防雷接地、装机机房环境条件等工程要求进行规范。

5.2.1 机房层高及室内净高要求

通信系统安装机房的层高，应由工艺生产要求的净高、结构层、建筑层、风管（或下送风架空地板）及消防管网等高度构成。

工艺生产要求的净高应由通信设备的高度、电缆槽道和波导管的高度、施工维护所需的高度等综合确定。通常情况下，通信机房净高度应不低于 3.2m，发电机房净高度应不低于 3.5m，配电室（含变压器室）净高度应不低于 4m。

5.2.2 设备供电环境要求

供电电源分为市电电源和保证电源。市电电源和保证电源应为 380/220V

TN-S 系统交流电。

由市电电源供电的设施包括正常照明、采暖、室外景观照明、通风、舒适空调等；由保证电源供电的设施主要有保证照明、消防设备、智能化设备、机房专用空调器等。

各类通信机房的照度应不低于 300lx。

5.2.3　设备电磁屏蔽要求

涉及国家秘密或有商业信息保密要求的数据通信机房，应设置电磁屏蔽室或采取其他防止电磁泄漏措施，电磁屏蔽室的性能指标应按国家现行有关标准执行。

5.2.4　设备防雷与接地要求

装配通信系统的通信建筑接地系统应采用联合接地方式进行设计，电源配电系统的防雷与接地应符合下列要求：

1）交流供电线路应采用地下电力电缆入局，电力电缆应选用具有金属铠装层的电力电缆或将电力电缆穿钢管埋地引入机房，电缆金属护套两端或钢管应就近与地网接地体焊接连通。电力电缆与架空电力线路连接处应设置相应等级的电源避雷器。

2）交流供电线路进入机房后，中性线不得进行重复接地。

3）电力变压器一次侧及高压柜（10kV）应安装相应电压电流等级的氧化锌电源避雷器。低压电力线进入配电设备端口处的外侧应安装电源第一级防雷器，电源用防雷器应采用限压型（8/205s）SPD，通信建筑不应使用间隙型（开关型）或间隙组合型防雷器。

4）电源防雷器的选择应根据通信建筑类型、所处地理环境、雷暴强度等因素来确定。

5）电源防雷器最大通流容量选择应符合 YD 5098—2005《通信局（站）防雷与接地工程设计规范》。

进出入大型通信机房的各类信号线应由地下入局，其信号线金属屏蔽层及光缆内金属结构均应在成端处就近做保护接地。金属芯信号线在进入设备端口处应安装符合相应传输指标的防雷器。

5.2.5　通信系统装机条件要求

通信系统安装机房设计的面积应结合工程远期发展需要，并留有发展余地。

通信系统安装机房的温湿度条件应符合表 5-1 的要求。

表 5-1　机房温湿度要求

局站名称	温度/℃		相对湿度(%)	
	长期工作条件	短期工作条件	长期工作条件	短期工作条件
无人站	0~+40	−5~+45	10~90(≤25℃)	5~95(≤25℃)
其他站	+5~+40	0~+45	10~90(≤25℃)	5~95(≤25℃)

注：工作条件的温湿度应是在地板上 1.5m 和设备前方 0.4m 处测量的数值，短期工作条件为连续工作时间不超过 48h，或每年累计工作时间不超过 15 天。

通信系统安装机房内应洁净、防尘、防静电。

通信系统安装机房楼面均布活荷载值应符合表 5-2 中的要求。

表 5-2　机房楼面均布活载荷要求

机房名称	均布活载荷标准值/(kN/m²)
通信系统安装机房(单面排列)	6.0
通信系统安装机房(背靠背双面排列)	8.0

通信系统安装机房水平面被照面的最低照度标准应满足 100~150lx。

通信系统安装机房应设置事故照明。

通信系统安装机房的其他环境条件，应符合 YD/T 5003—2005《电信专用房屋设计规范》的相关要求。

5.3　通信系统设备安装

通信系统设备安装过程中需要开展设备选型、配置、布置、安装上架、布线、接电接地等多项操作，以保证通信系统设备的稳定有效工作。

5.3.1　设备选型要求

传输设备选型应符合下列规定：

1）符合技术先进、安全可靠、经济实用的原则。

2）设备应具有灵活的、最少品种的硬件配置，有利于系统扩容及升级。

3）符合 YDN 099—1998《光同步传送网技术体系》的规定。

4）对于国内尚未制定的标准，应符合相应的 ITU-T 建议要求。

设备机架高度应为 2600mm、2200mm、2000mm，厚度宜为 300mm、600mm，宽度应为 120mm 或 120mm 的整数倍，但最宽不应超过 600mm。

设备的结构设计应充分考虑安装、维护的方便和扩充容量或调整设备数量的灵活性，实现硬件模块化，同时应具有足够的机械强度和刚度。设备的电磁兼容性及抗电磁干扰应满足 IEC-801-2、IEC-801-3 和 IEC-801-4 的要求。

5.3.2　设备配置要求

1）设备配置应考虑维护使用和扩容的方便。

2）SDH 终端复用器、分插复用器、光纤线路放大器、光转换器单元等的类型和数量应按传输系统及通路、波道组织进行配置。

3）再生器和光放大器（含 BA 和 PA 两种）应根据传输系统以及光功率预算进行配置。

4）光纤分配架应根据工程中新布放光缆的光纤芯数进行配置。

5）用于终端支路光口的 ODF、线路侧 ODF 及 WDM 系统光调度 ODF 应分别安排在不同机架、子架或端子板上。

6）对于终端波道或光口较多的局站，不同速率的光口宜安排在不同的 ODF 子架或端子板上。

7）数字分配架应满足通路组织要求，并结合设计查勘时各局站现有 DDF 架形式进行配置，且适当预留余量，原则上按本期工程需要取整架配置。数字分配架同一子架上其数字传输速率、阻抗必须一致。

8）列柜的配置应符合以下要求：

① 每一机列在靠近主走道一端宜配置列头柜。

② 结合机列长度及头柜熔丝容量，需要时可在次要走道端配置列尾柜。

9）维护备件应按满足日常维护的基本需要配置，原则上应保证重要单元盘不缺少品种。

5.3.3　设备布置要求

设备布置应符合以下要求：

1）应根据近、远期规划统一安排，以近期为主。

2）应使设备之间的布局路由合理，减少往返，布线距离最短。

3）应便于维护和施工。

4）应有利于抗振加固。

5）在有利于提高机房面积利用率基础上适当考虑机房的整齐和美观。

设备机架列间宜采用面对面或面对背的单面排列方式。在原有机房装机，应充分结合原机房设备布置方式。新建机房在露面载荷和出线方式允许条件下也可采用背靠背双面排列方式。

主机设备应排列在同一列内或相对集中。

数字分配架应单独成列或相对集中。对于终端站和转接站，2Mbit/s 和 155/140Mbit/s 接口数字分配架宜单独成列，开辟数字分配架区域。

在条件允许的情况下，光纤分配架排列宜相对集中。

设备排列的间距应符合下列要求：

（1）主要走道宽度：

单面排列机列机房应不小于 1.3m；

双面排列机列机房应不小于 1.5m。

（2）次要走道宽度：

短机列机房应不小于 0.8m，个别突出部分不小于 0.6m；

长机列机房应不小于 1.3m，个别突出部分不小于 1m。

（3）机列之间的距离：

相邻机列面与面之间净距应为 1.2~1.4m；

相邻机列背与背之间净距应为 0.7~0.8m；

相邻机列面与背之间净距应为 1.0~1.2m；

机面与墙之间净距应为 0.8~1.0m；

机背与墙之间净距应为 0.6~0.8m。

机房条件受限时，可略小于上述规定，但仍应满足机房露面载荷要求。

5.3.4　设备安装要求

机房走线架的安装应满足 YD/T 5026—2005《通信机房铁架安装设计规范》的相关技术要求。

列架可按区域安装，应满足工程近期需要。

设备安装必须进行抗震加固，其加固方式应符合 YD 5059—2005《电信设备安装抗震设计规范》的相关技术要求。

5.3.5　局内工程布线要求与线缆选择

新建机房应采用上走线方式。

机房电源线、光纤连接线、通信线应分开布放。

线缆布放位置应合理，不得妨碍或影响日常维护、测试工作的进行。

光纤连接线在槽道内布放时应考虑保护措施。

布线电缆选择应满足传输速率、衰减、特性阻抗、串音防卫度和耐压等指标的要求，应具有足够的机械强度和阻燃性能。

设备连接器的线缆选择应符合以下要求：

1）连接器和线缆在机械尺寸上应完全匹配，以保证良好的物理连接，减少连接损耗。

2）对于每个系统要求单独接地的和阻抗为 120Ω 的连接器，应选择具有单独地线的对绞型射频对称线缆。对于在一个单元上多个系统共用一个接地点的连接器，应选择有总接地线的星绞型射频对称线缆。

各数字速率的布线电缆衰减（含数字分配架的连接衰耗）暂定值应不超过表 5-3 中的规定。

表 5-3　各数字速率的布线电缆衰减

数字级名称	速率/(kbit/s)	允许衰减/dB	测试频率/kHz
155Mbit/s	155520	12.7	77760
140Mbit/s	139264	12	69632
34Mbit/s	34368	12	17184
2Mbit/s	2048	6	1024

设备接口间各类布线电缆最大传输距离应符合表 5-4 中的规定。

表 5-4　设备接口间布线电缆最大传输距离

通信电缆	2Mbit/s 电缆			155Mbit/s 电缆					
				信号速率为 34.45Mbit/s			信号速率为 140Mbit/s、155Mbit/s		
	类型 1	类型 2	类型 3	类型 1	类型 2	类型 3	类型 1	类型 2	类型 3
接口阻抗/Ω	120	75	75	75	75	75	75	75	75
单芯内导体外径/mm	0.6± 0.01	0.31± 0.01	0.34± 0.01	0.34± 0.01	0.4± 0.01	0.61± 0.01	0.34± 0.01	0.4± 0.01	0.61± 0.01
外护套单对/单管电缆外径/mm	5.00	3.20	3.60	4.00	4.4	6.7	4.00	4.4	6.7
最长使用长度/m	300	204	242	106	114	190	61	76	110

注：表中设备接口间最大传输距离是根据衰减指标计算的结果，在工程应用中，当传输距离超过 200m 时，还应考虑串音和传输时延的影响。

考虑到不同工程某种速率接口之间电路的转接，设备与 DDF（交叉连接点）间的布线长度应小于表 5-4 中总长度的一半。如果电路转接经过多个 DDF 进行，设备与 DDF 间的布线长度应进一步减少，以保证两端设备间最大传输距离满足表 5-4 的要求。

同轴电缆线对的外导体或高频对称电缆线对的屏蔽层宜在输出口接地。

电源主干馈电线宜采用铜排或铜芯电缆，列柜至机架布线宜采用铜芯电缆。

至列柜的保护地线以及列主干保护地线宜选用铜芯电缆。

告警信号线宜选用音频塑料线。

BITS 设备经 DDF 至传输设备的同步信号线，应采用同轴射频电缆（75Ω）或高频对称电缆（120Ω），最大传输距离应符合表 5-5 中的要求。

表 5-5　同步信号线的选择及其最大传输距离要求

通信电缆	2Mbit/s 电缆			155Mbit/s 电缆
	类型 1	类型 2	类型 3	类型 1
接口阻抗/Ω	120	75	75	75
最长使用长度/m	226	154	180	180

5.3.6　电源系统及接地

直流供电系统应满足以下要求：

1）传输设备应采用 -48V 直流供电，其输入电压允许的变动范围为 -40 ~ -57V。

2）数字传输机房可采用主干母线供电方式或电源分支柜方式。

3）传输设备的直流供电系统，应结合机房原有的供电方式，采用树干式或按列辐射方式馈电，在列内通过列头柜分熔丝按架辐射至各机架。

4）不允许使用两只小负荷熔丝并联代替大负荷熔丝。

电源线截面的选取应根据供电段落所允许的电压降数值确定。

传输设备所需的 -48V 直流电源系统布线，从电力室直流配电屏引接至电源分支柜，由电源分支柜引接至列柜，再至传输设备机架均应采用主备电源线分开引接的方式。

列柜的选用应满足以下要求：

1）列柜的容量以符合应按整列进行配置。

2）应根据传输设备满配置耗电量的 1.2~1.5 倍来核算列柜每个二级熔丝的容量。

3）带电更换列柜二级熔丝时应不影响列柜中其他电源系统的工作。

交流 220V 电源应满足以下要求：

1）交流 220V 电源供仪表以及网络管理设备使用。

2）配置网络管理设备的局站应采用不间断电源（UPS）供电系统或逆变器供电系统供电。

地线应满足以下规定：

1）数字传输机房的工作接地、保护接地和防雷接地宜采用分开引接方式。

2）工作地线应采用汇流树干式"T"接至列头柜或由电源分支柜引接至列头柜，列内通过列头地线排辐射至各机架。

3）保护地线宜采用电力电缆从电力室地线排或适当接地点直接引接至列头柜，或由电源分支柜地线排引接至列头柜，列内采用树干式"T"接至各机架。

4）终端光缆的金属构建应接防雷地线，防雷地线应单独从防雷接地体引入，并可靠地与 ODF 架绝缘。

5）数字分配架应具有良好的保护接地，DDF 架内同轴外导体和机架外壳均应接保护地，DDF 架上的接地端子可直接与相邻列头柜的保护地端子相接，同机房内 DDF 架之间的保护地线可复接或 T 接。

对于局站的电源设计，凡此处未规定的应按 YD/T 5040—2005《通信电源设备安装工程设计规范》的规定执行。

局站的防雷接地要求，应按 YD 5098—2005《通信局（站）防雷与接地工程设计规范》的规范执行。

5.4　通信系统线路工程敷设

通信系统线路工程敷设过程中需要开展光缆线路路由选择、海缆敷设、海缆登陆站选择、远供系统和辅助系统工程建设等工作。

5.4.1　海底光缆线路路由的选择原则

海底光缆线路路由的选择应以工程设计委托书为依据，在所确定的海缆登陆站之间选择一条确保通信质量，满足传输要求，安全可靠，经济合理和便于维护及施工的海底光缆路由。

海底光缆线路路由的选择应充分考虑其他相关部门现有和规划中的各种建设项目的影响。

选定的海底光缆登陆点及登陆滩地宜满足以下条件：

1）至海缆登陆站距离较近的岸滩地点。

2）避免有岩石，选择登陆潮滩较短以及有盘留余缆区域的地点。

3）全年间风浪比较平稳，海潮流比较小的岸滩地区。

4）沿岸流沙少，地震、海啸及洪水灾害等不易波及的地段。

5）登陆滩地附近避开其他设施或海底障碍（如电力电缆、水管、油管及其他海缆等）。

6）便于今后海缆登陆作业和建成后维护的地点。

7）将来不会在沿岸进行治水、护岸和修建港湾的地点。

海底光缆线路路由应避开有下列特征的地形：

1）河道的入口处。

2）海底为岩石地带。

3）横越海谷。

4）火山地震带附近。

5）陡峭的斜面。

6）陡崖下面。

所选择的海底光缆线路路由与其他海缆路由平行时，两条平行海缆之间的距离应不小于 2 海里（约 3.704 km），与其他设施的距离应符合国家的有关规定。

海底光缆线路路由应尽量减少与其他海缆或管线的交越。

海底光缆线路路由应避开捕捞作业区和其他特殊作业区。

海底光缆线路路由应避开各类锚地。

海底光缆登陆点至海缆登陆站之间的陆上光缆部分的路由选择与确定可参照现行通信行业标准 YD 5102—2005《长途通信光缆线路工程设计规范》中的相关要求。

5.4.2　海底光缆的敷设和工程设计要求

海底光缆工程设计应遵守相关法律法规，合理利用海洋资源，重视海洋环境保护；与相关海区功能区划、相关规划相一致。在城镇、海岛以及路权资源受到限制的地区，新建、扩建和改建通信基础设施时，应遵循统筹规划、联合建设、资源共用的原则。工程设计应保证通信网整体通信质量，技术先进、经济合理、安全可靠。设计中应进行多方案比较，提高经济效益，降低工程造价。

具体到某个工程来说，海底光缆的长度、种类和规格一般需根据工程设计委托书的要求及设计的系统传输容量要求，并根据海洋调查所确定的海缆路由上的海底地质、地形、水深、海底光缆的敷埋设余量及特殊保护要求等来确定。

海底光缆的护层结构根据敷埋设地段及海底环境的不同分为深海型海底光缆及铠装型海底光缆。具体使用选择可参照下列要求：

1）深海区域（水深大于 1500m）使用深海型（轻铠或无铠装）海底光缆。

2）浅海区域（1500m 以内）及登陆部分（200m 以内）使用铠装型海底光缆。

3）在需要特别保护的地段可采用加粗钢丝铠装型或使用双层铠装型及特殊保护型的海底光缆。

4）海缆登陆点至海缆登陆站之间可以使用海底光缆，也可以使用陆上光缆，但在需要对海底光放大器进行供电的情况下使用陆上光缆需要考虑解决其远供电流的传送问题。

海底光缆登陆点至海缆登陆站之间的光缆敷设安装要求，应执行现行通信行业标准 YD 5102—2005《长途通信光缆线路工程设计规范》中的相关规定。

海底光缆登陆点处必须设置明显的海缆登陆标志。

海底光缆穿越海堤处要采用钢管保护并在两端进行封堵。

海底光缆登陆后应在海滩人井进行终端与至海缆登陆站的陆上部分光缆进行连接。

登陆部分的海底光缆应进行埋设处理，埋设深度应根据工程的实际情况和要求确定，但一般不得小于 2m。

海底光缆的海中布放分为直接敷设和埋设两种，工程中应根据海缆路由的实际情况和海底光缆的保护要求确定，一般在深海地区采用直接敷设方式。

海底光缆在浅海地区一般采用埋设方式，埋设深度应按照工程的具体要求、海缆需要保护的程度和海底的地质情况等综合考虑，一般要求在我国大陆架水深 100m 之内海底光缆的埋设深度应不小于 3m，水深 100~200m 海底光缆的埋设深度应不小于 2m。

5.4.3 海缆登陆站的选择

海缆登陆站一般应单独设置在海缆登陆点附近，对于单独设置海缆登陆站有困难或现有的长途通信枢纽或综合通信楼离海缆登陆点较近时，也可以将海缆登陆站设置在现有的长途通信枢纽或综合通信楼内。

新建单独设置的海缆登陆站应满足以下条件：

1）地质稳定，环境条件适合建站的地方。

2）交通方便便于维护管理。

3）可提供稳定可靠的交流电源。

4）附近无大型厂矿及变电站和高压线杆塔的接地装置等。

5）新建单独设置的海缆登陆站应包括设备机房、电源室、油机室、电源配电室和辅助生产用房等。

6）机房面积按远期设备的配置和工程实际需要考虑。

7）机房的其他环境条件应符合现行通信行业标准 YD/T 5003—2005《电信专用房屋工程设计规范》的相关要求。

5.4.4 远供系统工程设计要求

需要远供的海底光缆系统在海底光缆系统的两端均应配置远供设备，并同时向海底光放大器供电。

海底光缆系统的远供采用恒流供电方式，供电回路采用一线一地方式，即由大地和海缆中的供电导体组成全系统的恒流供电回路。

远供电源设备的供电电压必须满足以下要求：

1）在正常工作情况下，提供整个海底光缆传输系统所需远供电压，并可允许 500V 的地电位差。

2）在一端远供设备出现故障的情况下，另一端远供设备可单独对整个海底光缆系统提供所有海底光放大器所需的电流。

3）在接地故障情况下，远供设备可使输出电压降至最低工作电压。

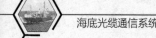

远供设备必须设计单独的远供接地装置（即海洋接地），其接地电阻应不大于50Ω。要求在远供接地发生故障时可转换至局站接地系统。

海缆登陆站至海缆登陆点的远供电流传输可采用以下两种方式：

1）直接使用带有供电导体的海底光缆。

2）单独布放电力电缆，在海缆登陆点处通过海缆终端接头盒与海底光缆内的供电导体相连接。

5.4.5　辅助系统工程设计要求

网管系统应符合具体工程的技术要求，并满足海底光缆系统日常运行和维护的各项功能要求，同时能适应将来建立统一的网络管理系统的需要。

SDH同步系统设计应符合现行通信行业标准 YD 5095—2014《同步数字体系（SDH）光纤传输系统工程设计规范》中有关条款的规定。

根据工程的具体情况和维护要求配置业务联络系统，业务联络电路的数量应不少于两条，即相应的海缆站之间设置一条直通业务联络电路，另一条业务联络电路应能提供给予系统相关的传输终端局站。

登陆站内布线要求如下：

1）从海缆登陆点方向进入海缆登陆站内的光缆应终端在进线室内，在进线室内光纤与远供导体分开，光纤通过局内光缆连接至海底光缆终端传输设备，远供导体与局内电力电缆相连接至远供电源设备。

2）无海底光放大器的海缆系统，其光缆可直接引至海缆传输终端设备附近或光分配架上进行终端，但光缆终端后其相应的金属外护套要进行接地保护。

5.5　海底光缆通信系统测试

海底光缆通信系统测试主要由通信设备测试和通信系统测试两部分组成，其中核心通信设备为 SDH 设备和 WDM/OTN 设备，各种类型的光放大器可作为WDM/OTN 设备的配套板卡部署于相应设备内，也可作为独立设备放置在 WDM/OTN 设备外部与通信系统配合使用。海底光缆敷设过程中，放置于接头盒内的光放大器随海底光缆同步敷设，随通信系统开展测试工作，不再单独进行单元测试。

5.5.1　通信设备测试

5.5.1.1　SDH 设备检查及本机测试

1. 电源及告警功能检查

供电条件应符合下列规定：

1）电源电压范围应满足设备使用要求。

2）电源保护转换应符合设备技术规定。

告警功能检查应按表 5-6 所列项目进行，指标应符合设备技术规定。

表 5-6 告警功能检查

序号	告警功能检验项目
1	电源故障
2	机盘失效
3	机盘缺（Card missing）
4	参考时钟失效
5	信号丢失（LOS）
6	帧失步（LOF）
7	帧丢失（OOF）
8	接收 AIS
9	远端接收（FERF）
10	信号劣化（BER > 1.00E-6）
11	信号大误码（BER > 1.00E-3）
12	远端接收误码（FEBE）
13	指针丢失（LOP）
14	电接口复帧丢失（LOM）
15	激光器自动关断（ALS）

2. 光接口检查及测试

光接口检查的项目如下：

1）消光比。

2）发送信号眼图。

3）激光器工作波长。

4）最大均方根谱宽。

5）最小边模抑制比。

6）光接口回波损耗。

检查设备出厂记录或厂验记录，光接口检查项目应达到设计要求。

光接口测试项目如下：

（1）平均发送功率测试

在 S 参考点测得的平均光功率应满足设计要求；在 ODF 架上测试时，允许引入不大于 0.5dB 损耗。测试连接如图 5-1 所示。

（2）接收机灵敏度测试

图 5-1　平均发送光功率测试

在 R 参考点测得的平均接收功率的最小可接收值应符合设计规定。测试连接如图 5-2 所示。

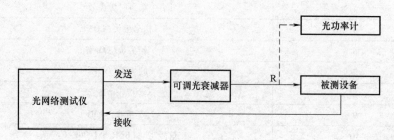

图 5-2　接收机灵敏度测试

（3）接收机过载功率测试

在 R 参考点，接收机的过载功率值应符合设计文件规定。

（4）光发送光信号眼图

在 S 参考点的光信号形状符合图 5-3 中的要求，边界值应符合表 5-7 中的要求，测试配置如图 5-4 所示。

3. 电接口检查及测试

电接口检查项目如下：

1）输入口允许衰减。

2）输出口信号（包括 AIS）比特率。

3）PDH 接口输出信号波形和参数。

4）输入口回波损耗。

检查出厂检验记录或厂验记录，电接口检查项目应达到设计要求。

4. 输入口允许比特率容差测试

输入口收到规定频偏信号时，应能正常工作，通常以设备不出现误码来判断。指标应符合表 5-8 中

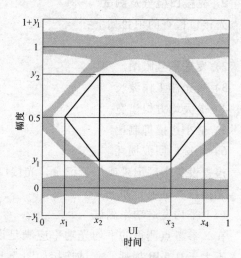

图 5-3　光发送端眼图模板

的要求，测试连接如图 5-5 所示。

表 5-7 眼图模板参数

	STM-1	STM-4	STM-16	STM-64
x_1/x_4	0.15/0.85	0.25/0.75	—	—
x_2/x_3	0.35/0.65	0.40/0.60	—	—
x_3-x_2	—	—	0.20	0.20
y_1/y_2	0.20/0.80	0.20/0.80	0.25/0.75	0.25/0.75

图 5-4 光发送信号眼图测试配置图

表 5-8 比特率，容差指标

比特率 /(kbit/s)	容差		测试用 PRBS
	$(\times 10^{-6})$	(bit/s)	
2048	±50	±102.4	$2^{15}-1$
34368	±20	±687.4	$2^{23}-1$
139264	±15	±2089	$2^{23}-1$
155520	±20	±3111	$2^{23}-1$

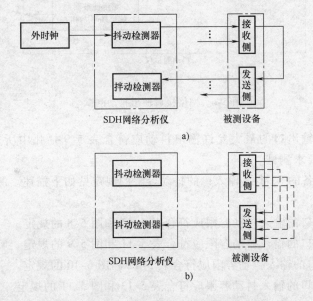

图 5-5 输入口允许比特率及容差的测试

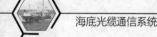

5. SDH 设备抖动测试

1）SDH 网络输出口的最大允许输出抖动应不超过表 5-9 中规定的数值，测试连接如图 5-6 所示。

表 5-9 SDH 网络接口最大允许输出抖动

参数 接口	网络接口限值		测量滤波器参数		
	B_1(UIp-p)	B_1(UIp-p)	f_1	f_2	f_4
STM-1e	1.5(0.75)	0.075(0.075)	500Hz	65kHz	1.3MHz
STM-1	1.5(0.75)	0.15(0.15)	500Hz	65kHz	1.3MHz
STM-4	1.5(0.75)	0.15(0.15)	1000Hz	250kHz	5MHz
STM-16	1.5(0.75)	0.15(0.15)	5000Hz	1MHz	20MHz
STM-64	1.5(0.75)	0.15(0.15)	20000Hz	4MHz	80MHz

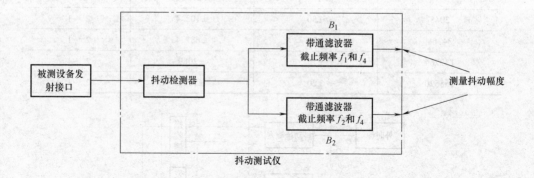

图 5-6 网络接口输出抖动测试

2）数字段输出口的最大允许输出抖动应符合表 5-9 括弧中所规定的数值。工程中按设计要求测试。

对 SDH 设备的 STM-N 输入口的抖动容限的规定见如下描述。测试连接如图 5-7 所示。

STM-1e 接口的输入抖动容限应符合表 5-10 和图 5-8 的规定。

STM-1o 接口的输入抖动容限应符合表 5-11 和图 5-9 的规定。

STM-4 接口的输入抖动容限应符合表 5-12 和图 5-10 的规定。

STM-16 接口的输入抖动容限应符合表 5-13 和图 5-11 的规定。

STM-64 接口的输入抖动容限应符合表 5-14 和图 5-12 的规定。

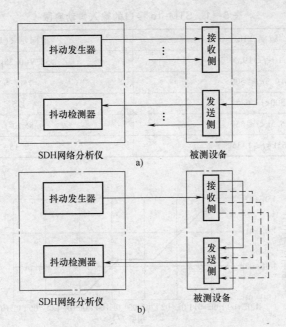

图 5-7　SDH 设备的网络 STM-N 输入口的抖动容限测试

表 5-10　STM-1e 接口的输入抖动容限

频率 f/Hz	指标要求（UI）
$10 < f \le 19.3$	$38.9（0.25\mu s）$
$19.3 < f \le 500$	$750f^{-1}$
$500 < f \le 3.3k$	1.5
$3.3k < f \le 65k$	$4.9 \times 10^3 f^{-1}$
$65k < f \le 1.3M$	0.075

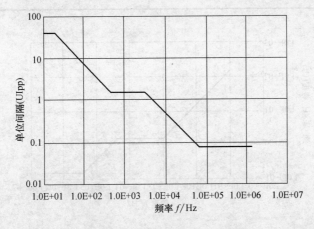

图 5-8　STM-1e 接口的输入抖动容限

表 5-11 STM-1o 接口的输入抖动容限

频率 f/Hz	指标要求（UI）
$10<f\leqslant19.3$	$38.9（0.25\mu s）$
$19.3<f\leqslant500$	$750f^{-1}$
$500<f\leqslant6.5k$	1.5
$6.5k<f\leqslant65k$	$9.8\times10^3f^{-1}$
$65k<f\leqslant1.3M$	0.15

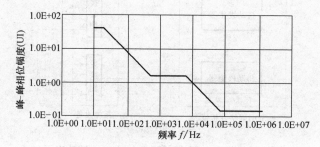

图 5-9 STM-1o 接口的输入抖动容限

表 5-12 STM-4 接口的输入抖动容限

频率 f/Hz	指标要求（UI）
$9.65<f\leqslant1000$	$1500f^{-1}$
$1k<f\leqslant25k$	1.5
$25k<f\leqslant250k$	$3.8\times10^4f^{-1}$
$250k<f\leqslant5M$	0.15

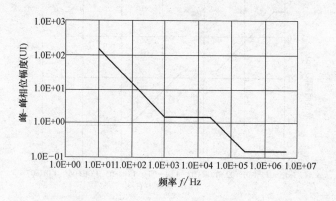

图 5-10 STM-4 接口的输入抖动容限

表 5-13　STM-16 接口的输入抖动容限

频率 f/Hz	指标要求(UI)
$10 < f \leqslant 12.1$	622
$12.1 < f \leqslant 5k$	$7500 f^{-1}$
$5k < f \leqslant 100k$	1.5
$100k < f \leqslant 1M$	$1.5 \times 10^5 f^{-1}$
$1M < f \leqslant 20M$	0.15

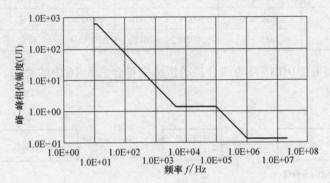

图 5-11　STM-16 接口的输入抖动容限

表 5-14　STM-64 接口的输入抖动容限

频率 f/Hz	指标要求(UI)
$10 < f \leqslant 12.1$	2490(0.25μs)
$12.1 < f \leqslant 20k$	$3.0 \times 10^4 f^{-1}$
$20k < f \leqslant 400k$	1.5
$400k < f \leqslant 4M$	$6.0 \times 10^5 f^{-1}$
$4M < f \leqslant 80M$	0.15

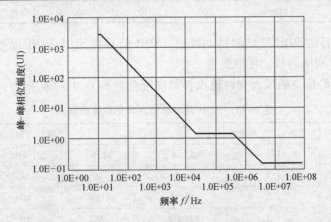

图 5-12　STM-64 接口的输入抖动容限

SDH 设备在 PDH 接口的映射抖动指标应符合表 5-15 中的要求。待定值应符合设计要求。测试连接如图 5-13 所示。

表 5-15　映射抖动

G. 703 接口比特率/(kbit/s)	比特率容差	滤波器特性			最大峰-峰抖动	
		f_1	f_3	f_4	映射抖动(UI)	
		高通	高通	低通	$f_1 \sim f_4$	$f_3 \sim f_4$
2048	±50ppm	20Hz	18kHz	100kHz	待定	0.075
34368	±20ppm	100Hz	10kHz	800kHz	待定	0.075
139264	±15ppm	200Hz	10kHz	3500kHz	待定	0.075

SDH 设备在 PDH 接口的结合抖动指标应符合表 5-16 中的要求，测试连接如图 5-13 所示。

图 5-13　SDH 设备在 PDH 接口的映射/结合抖动测试

表 5-16　结合抖动

G. 703 接口/(kbit/s)	比特率容差	滤波器特性			最大峰-峰抖动	
		f_1/Hz	f_3/kHz	f_4/kHz	结合抖动(UI)	
		高通	高通	低通	$f_1 \sim f_4$	$f_3 \sim f_4$
2048	±50ppm	20	18	100	0.4	0.075
34368	±20ppm	100	10	800	0.4	0.075
139264	±15ppm	200	10	3500	待定	0.075

SDH 设备的 PDH 接口的抖动性能。SDH 信号在 SDH/PDH 边界处，任应满足原有 PDH 网络的抖动性能要求。

PDH 网络接口的最大允许输出抖动应符合表 5-17 中的要求。

表 5-17　PDH 网络接口最大允许输出抖动

速率/(kbit/s)	网络接口限值		测量滤波器参数		
	B_1(UIp-p)	B_2(UIp-p)	f_1/Hz	f_3/kHz	f_4/kHz
2048	1.5	0.2	20	18	100
34368	1.5	0.15	100	10	800
139264	1.5	0.075	200	10	3500

SDH 设备的 PDH 支路输入口抖动容限应符合表 5-18 和图 5-14 的要求。测试连接如图 5-15 所示。

表 5-18　SDH 设备 PDH 支路输入口抖动容限参数

速率（kbit/s）		2048	34368	139264
（UIp-p）	A_0	36.9（18μs）	618.6（18μs）	2506.8（18μs）
	A_1	1.5	1.5	1.5
	A_2	0.2	0.15	0.075
	A_3	18	待定	待定
频率	f_0	$1.2×10^{-5}$ Hz	待定	待定
	f_{10}	$4.8×10^{-3}$ Hz	待定	待定
	f_9	0.01Hz	待定	待定
	f_8	1.667Hz	待定	待定
	f_1	20Hz	100Hz	200Hz
	f_2	2.4kHz	1kHz	500kHz
	f_3	18kHz	10kHz	10kHz
	f_4	100kHz	800kHz	3500kHz
伪随机测试信号		$2^{15}-1$	$2^{23}-1$	$2^{23}-1$

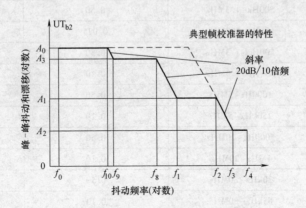

图 5-14　SDH 设备 PDH 支路输入口抖动容限

SDH 设备的固有抖动，在输入无抖动的情况下，以 60s 的时间间隔观测 STM-N 输出接口的固有抖动，其值不应超过表 5-19 中的规定，或应符合设计要求，测试连接图如图 5-16 所示。

6. 时钟性能检查

时钟性能检查项目如下：

1）AIS 频率精度。

2）时钟锁定范围。

检验出厂记录或厂验记录，失踪性能检查项目应达到设计要求。

时钟性能测试。SDH 设备的内部自由振荡时钟频率精度验收指标不得超过±4.6ppm。测试连接如图 5-17 所示。

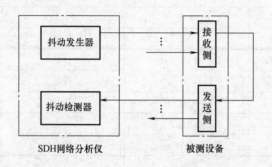

图 5-15　SDH 设备 PDH 支路输入口抖动测试方法

表 5-19　SDH 设备的固有抖动要求

接口	测试滤波器	复用设备（峰-峰值）（UIp-p）	A 型再生器（峰-峰值）（UIp-p）
STM-1e	500Hz~1.3MHz	0.50	—
	65kHz~1.3MHz	0.075	—
STM-1o	500Hz~1.3MHz	0.50	0.30
	65kHz~1.3MHz	0.10	0.10
STM-4	1000Hz~5MHz	0.50	0.30
	250kHz~5MHz	0.10	0.10
STM-16	5000Hz~20MHz	0.50	0.30
	1MHz~20MHz	0.10	0.10
STM-64	20kHz~80MHz	0.50	待定
	65kHz~80MHz	0.10	待定

图 5-16　SDH 设备的固有抖动测试

图 5-17　自由振荡时钟频率精度测试

5.5.1.2　WDM/OTN 设备检查及本机测试

1. 合波器（OMU）测试

插入损耗测试：在合波器输入、输出端口用光谱仪分别逐个测试各不同波长的光功率电平，并按如下方法分别计算出各波长通道的插入损耗：

$$插入损耗 = 输入端口光功率电平值(dBm) - 输出端口光功$$
$$率电平值(dBm)$$

计算结果应满足各波长通路插入损耗的设计指标要求。光谱仪分辨率宜设置为 0.2nm 状态测试。

插入损耗最大差异的计算：通过上述方法测得各不同通路的插入损耗，其中的最大值和最小值之差应满足各波长通路损耗的最大差异的设计指标要求。

2. 分波器（ODU）测试

插入损耗测试：在分波器输入、输出端口用光谱仪分别逐个测试各不同波长的光功率电平，并按如下方法分别计算出各波长通路的插入损耗：

$$插入损耗 = 输入端口光功率电平值(dBm) - 输出端口光功率电平值(dBm)$$

计算结果应满足各波长通路插入损耗的设计指标要求。光谱仪分辨率宜设置为 0.2nm 状态测试。

插入损耗最大差异的计算：通过以上方法测得各不同波长通路的插入损耗，其中的最大值和最小值之差就是插入损耗最大差异，该结果应满足各波长通路插入损耗的最大差异的设计指标要求。

相邻通路隔离度测试（见图 5-18）：在分波器的输入端（或 MPI-R 点）将各不同波长的信号接入，并通过调整发送端 OUT 的衰耗器使得各波长的光功率在分波器输入端相同，用光谱仪分别在分波器输出端（SDn 点）第 i 通路测试波长 λ_i 的主纵模峰值光功率电平 P_i，并测试波长 λ_i+1 和 λ_i-1 偶合到本通路的串扰峰值光功率电平，找出最大串扰光功率电平 $P_{串}$，则 λ_i 通路的相邻通路隔离度，可由如下方法计算出：

$$相邻通路隔离度 = P_i - P_{串}$$

采用同样方法计算其他各波长通路的相邻通路隔离度，计算结果应满足相邻通路隔离度的设计指标要求。光谱仪分辨率宜设置为 0.2nm 状态测试。

非相邻通路隔离度测试：参照上述方法，在非相邻各波长的串扰峰值光功率电平中选最大值，并计算各波长通路的非相邻通路隔离度。计算结果应满足非相

241

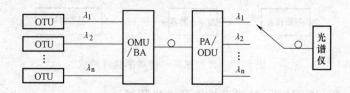

图 5-18　通路隔离度测试

邻通路隔离度的设计指标要求。

3. 光分插复用器（OADM）测试

插入损耗测试：参照上述两项把本站落地的波长的插入损耗分别测试计算，每个波长分两个方向、分波和合波共 4 个插入损耗值，各不同波长通道测试结果应满足插入损耗的设计指标要求。

插入损耗最大差异的计算：通过上条测得各不同通路的插入损耗，其中的最大值和最小值之差就是插入损耗最大差异，该结果应满足各通路插入损耗最大差异的设计指标要求。

通路隔离度测试：OADM 设备上下通路在 3 个波长之内时，测试每个波长通路相邻通路的隔离度。在 4 个波长以上时，测试每个波长通路的非相邻通路隔离度，计算结果应满足通路隔离度的设计指标要求。

4. 波长转换器（OTU）测试

平均发送光功率测试：用光功率计测量 OTU 输出端口的光功率，测得的功率电平值应满足设计指标要求。

接收灵敏度测试：设备工作在误码率 BER ≤ 1.00E-12 的情况下，在 OTU 的输入端口测得输入设备平均光功率的最小值，该功率电平值就是接收灵敏度，测试结果应满足设计指标要求。现场为节约测试时间，可在误码率 BER ≤ 1.00E-10 的情况下测试，指标严格为 1dB。

过载光功率测试：设备工作在误码率 BER ≤ 1.00E-12 的情况下，在 OTU 的输入端口测得输入设备平均光功率的最大值，该功率电平值就是过载光功率，测试结果应满足设计指标要求。现场为节约测试时间，可在误码率 ≤ 1.00E-10 的情况下测试，指标严格为 1dB。

中心频率及偏移测试：用多波长计或光谱仪在 OTU 的输出端口测试各 OTU 的中心频率（波长），计算与其标称值的差，该差值就是中心频率便宜，结果应满足指标要求。光谱仪分辨率应设置为 0.07nm 或仪表可设置的最小值状态测试。

最小边模抑制比测试：用光谱仪在 OTU 的输出端口测试 OTU 的主纵模功率电平值和最大边模的功率电平值，计算两者的差值，该差值就是最小边模抑制比，结果应满足设计指标要求。光谱仪分辨率宜设置为 0.1nm 状态测试。

最大−20dB 谱宽测试：用光谱仪在 OTU 的输出端口测试各 OTU 的主纵模峰值功率电平降低 20dB 点的主纵模谱宽值，该值就是最大−20dB 谱宽，结果应满足设计指标要求。当设计指标要求测试−3dB 谱宽指标时，可类似测试，结果应满足−3dB 谱宽指标要求。光谱仪分辨率应设置为 0.07nm 或仪表可设置的最小状态测试。

抖动产生测试：在设备和仪表工作稳定状态下，保持传输测试仪接收光功率在其测试抖动的要求范围内，测量 OTU 的无输入抖动时的最大输出抖动，测试60s 的累计值，结果应满足表 5-20 中的要求。

表 5-20　WDM/OTN 设备的固有抖动要求

接口	测试滤波器	固有抖动（峰-峰值）（UIp-p）
STM-16	5000Hz~20MHz	0.30
	1~20MHz	0.10
STM-64	20kHz~80MHz	0.30
	65kHz~80MHz	0.10

输入抖动容限：在设备和仪表工作稳定状态下，设备输入抖动容限与 SDH 设备中的相同速率接口输入抖动容限指标要求相同。

抖动转移特性测试：在设备抖动转移函数应在图 5-19 所示曲线的下方，参数值见表 5-21。在校准时，仪表接收光功率和其在测试时的接收光功率偏差应控制在 1dB 范围内，仪表设置的测试频率值和频点数应与测试时的相应值保持一致。

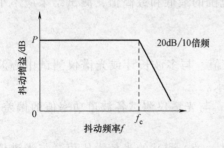

图 5-19　OTU 抖动转移特性

表 5-21　OTU 抖动转移特性参数值

STM 等级	f_c/MHz	P/dB
STM-16	2	0.1
STM-64	1	0.1

5. 子速率透明复用器（T-MUX）测试

平均发送光功率：设备正常发光情况下，用光功率在复用器群路输出端口和支路输出端口分别测试其绝对光功率电平，测试结果应满足设计指标要求。

接收灵敏度测试：设备工作在误码率 BER ≤ 1.00E-12 的情况下，在复用器的输入端口测得输入设备平均光功率的最小值，该功率电平值就是接收灵敏度，测试结果应满足设计指标要求。现场为节约测试时间，可在误码率 BER ≤ 1.00E-10 的情况下测试，指标严格为 1dB。

过载光功率测试：设备工作在误码率 BER ≤ 1.00E-12 的情况下，在复用器的输入端口测得输入设备平均光功率的最大值，该功率电平值就是过载光功率，测试结果应满足设计指标要求。现场为节约测试时间，可在误码率 BER ≤ 1.00E-10 的情况下测试，指标严格为 1dB。

输入抖动容限测试：与 OTU 单元测试要求及方法一致。

抖动产生测试：与 OTU 单元测试要求及方法一致。

6. 光线路放大器（OLA）测试

WDM/OTN 设备内的光纤路放大器与其他外置光放大器测试方法基本一致，主要测试内容包括：

总输出光功率范围：可在 OLA 输入端正常接收来自前一再生站（或光放站）多个波长光信号的系统状态下，在 OLA 的输出端串联一个可调光衰减器接入待测 OLA 的输入端。

调减可调光衰减器的损耗值，使待测 OLA 的输入端光功率，在总输入光功率范围指标的最高值时，测试待测 OLA 的输出端的光功率，就是输出光功率范围的最高值。同样调增可调光衰减器的衰耗值，使待测 OLA 的输入端光功率在总输入光功率范围指标的最低值时，可测得待测 OLA 输出光功率范围的最低值，测试结果应不大于设计指标要求的范围。

总输入光功率范围：分别调增和调减可调光衰减器的衰耗值，是待测 OLA 输出端光功率正好处在总输出光功率范围指标要求值时，分别测试待测 OLA 的输入端光功率，待测 OLA 总输入光功率范围的最低和最高值，测试结果应不小于设计指标要求的范围。

7. 光谱分析模块（OSA）测试

中心波长精度：OSA 测试的中心波长值，与多波长计或光谱仪测试中心波长值的偏差，测试结果应满足设计指标要求。

功率精度：OSA 测试的各波道功率值，与光谱仪测试各波道功率值的偏差，测试结果应满足设计指标要求。

光信噪比精度：在光信噪比 ≤ 25dB 时，OSA 测试的光信噪比值，与光谱仪测试的管光信噪比值的偏差，测试结果应满足设计指标要求。

8. 光监控通道（OSC）测试

平均发送光功率测试：在 OSC 的发送端输出端口用光功率计测试该点的平均发送光功率，结果应满足设计指标要求。

工作波长及偏差测试：在 OSC 的发送盘输出端口用多波长计或光谱仪测试

中心波长值，并计算与其标称值的差，该差值就是工作波长偏差，结果应满足设计指标要求。

5.5.2 通信系统测试

5.5.2.1 SDH 设备及通信系统测试要求

1. 系统性能测试

SDH 光缆传输工程的系统误码性能测试应符合下列规定：

1）误码性能指标应符合设计规定。

2）测试时间分为 24h 和 15min 两种。

① 每个 10Gbit/s 系统测试 2 个 2.5Gbit/s 接口；

② 每个 2.5Gbit/s 系统测试 2 个 155Mbit/s 接口；

③ 对于 2Mbit/s 数字通道，每个 155Mbit/s 系统，测试 1 个 2Mbit/s 支路口；

④ 凡两端均不连接 STM-1 复用设备和一端连接 STM-1，另一端不连接 STM-1 的复用设备，均只在 155Mbit/s 支路口测试。

3）凡未进行 24h 测试的支路均应进行 15min 误码测试。

4）测试连接图如图 5-20 所示。

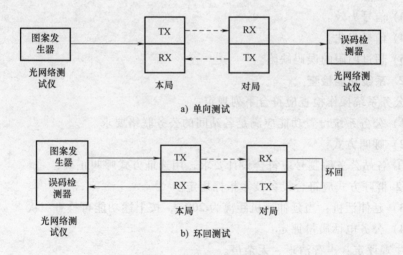

图 5-20 系统误码性能测试

系统抖动性能测试应符合下列规定：

1）SDH 网络输出口的最大允许输出抖动不应超过表 5-18 中规定的数值，测试时间为 60s，测试连接如图 5-21 所示。

2）PDH 网络接口的最大允许输出抖动：PDH 网络接口的最大输出抖动不应超过表 5-17 中规定的数值。

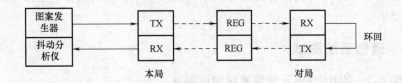

图 5-21　系统抖动性能测试

系统倒换测量机制应符合下面的要求，倒换时间应符合施工图设计要求。

（1）光缆链路系统的复用段保护倒换准则为出现下列情况之一立即倒换。

1）信号丢失（LOS）。

2）帧丢失（LOF）。

3）告警指示信号（AIS）。

4）超过门限的误码缺陷。

5）信号劣化。

（2）子网连接保护倒换准则为出现下列情况之一立即倒换。

1）指针丢失。

2）通道 AIS。

3）信号失效。

4）信号劣化。

5）超过门限的误码缺陷。

2. 系统功能检查

公务系统操作检查应符合下列规定：

1）公务系统设置功能应满足各站间的公务联络要求。

2）呼叫方式：

① 各站公务编制号应符合设计要求，用选址方式呼叫正确；

② 群呼方式应符合设备技术指标规定。

3）延伸话机：当延伸话机距离为 200m，按上述功能再检查一次。

4）公务电话质量评定：

主观评定：声音清晰、无杂声。

激光器保护功能检查应符合下列要求：

1）接收系统无光信号时应能自动关闭激光器。

2）控制网管系统的显示屏，显示保护状态及告警信息。

选择和切换定时源的功能检查如下：

1）按 SDH 设备软件中的同步定时源配置进行各种定时源选择，一旦检测到当前首选同步源时钟丢失，则选择下一个最高优先级的同步时钟源，当最高优先级时钟源恢复后，能自动或手动倒回最高优先级时钟。

2）模拟操作：使工作同步时钟丢失，网管系统显示屏上能显示同步时钟源丢失状态的告警信息，并由网管软件控制进行切换。

对用于机房远程系统的 SDH 设备辅助通道和接口的功能检查，应符合施工图设计要求。

3. SDH 网管系统基本功能检查

（1）网元管理系统基本功能检查

安全管理功能检查应符合下列规定：

未经授权的用户不能进入网管系统，具有有线权限的用户只能操作相应授权部分。

可对用户的口令进行设置、修改，应对用户登录、注销、操作等生成文件和记录。

对所有试图进入受限资源的申请，进行监视和实施控制。

授权用户可对网管管理区域进行分配。

系统资料应有备份并归档，操作系统软件、系统应用软件、系统数据库应齐全并作必要的备份。

1）故障管理功能检查应符合下列规定：

① 告警功能检查。

a. 系统告警应实时通过告警界面反映；

b. 识别故障并能进行故障定位，并对告警进行确认、核对；

c. 能报告告警信号及记录告警细节，并能统计、查询、生成文件并输出；

d. 告警过滤和屏蔽功能；

e. 能够设置故障严重等级；

f. 激光器寿命预告警。

② EMS 故障管理范围应包括复用段、再生段、SDH 设备、SDH 物理接口、同步定时和外部设备告警等。

2）性能管理功能检查应符合下列规定：

① 采集和分析性能参数（按照 G. 826/G. 828 建议，应符合设计要求）；

② 按照设备性能检查门限设置功能；

③ 存储和报告 15min 和 24h 两类性能事件数据；

④ 能报告"当前"和"近期"两种性能监视数据；

⑤ 能同时监测所用的终端口。

3）配置管理功能检查应符合下列规定：

① 工程实际网络的配置可以图形或列表方式在网管工作站或终端上完成，网管的用户界面友好，易于用户维护和根据需要修改配置；

② 应能对 NE 进行初始化，并配置接口参数、交叉连接，通道的配置、设备

和通道的保护配置、同步定时配置；

③ 保护倒换参数可设置、存储、检索和改变；

④ 具备通道管理功能；

⑤ 能对 NE 进行时间管理、配置数据管理、软件下载、参数报告等。

4）其他功能要求检查应符合以下规定：

① 网元与相应的网元管理器之间、网元管理器之间、网元管理器与子网管理设备之间的信息通信应能建立或中断通信、监视通信状态、设置和修改通信协议参数及地址分配等；

② EMS 应具有远端接入功能，支持多用户同时操作；

③ 关闭和接入网管系统应不影响系统主通道的正常工作；

④ 可支持同地和异地主备用系统配置。

其余性能、功能按设计文件要求参照厂商清单检查。

（2）网络/子网管理功能检查

NMS/SMS 应具有故障管理、配置管理、性能管理、安全管理等面向网络层的基本功能。

1）NMS/SMS 应具有故障管理检查应符合以下规定：

① 告警综合管理功能；

② 网络故障定位。

2）NMS/SMS 应具有配置管理检查应符合以下规定：

① 应支持 EMS 数据上载及 NMS/SMS 软件下载；

② 应支持各种通道的自动/半自动建立，并完成通道测试后投入业务；

③ 应支持网络的重新配置和路径保护。

3）NMS/SMS 应具有性能管理检查应符合以下规定：

① 应能对网络性能数据进行分析和过滤处理；

② 应能对网络性能数据进行汇聚和趋向分析；

其余性能、功能按设计文件要求参照厂家清单检查。

（3）本地维护终端功能检查

LCT 应具有 EMS 对单个 NE 进行管理的功能，其对 NE 的操作须要由 EMS 或 NMS/SMS 授权。

LCT 的登陆和退出 NE 不应影响业务的正常传输，LCT 本身的故障不应影响业务的正常传输。

其余性能、功能按设计文件要求参照厂商清单检查。

5.5.2.2 WDM/OTN 设备及通信系统测试要求

1. 系统性能测试

（1）中心频率及偏移测试

在 SD1-SDn（OTM 站）或 Sd（OADM 站）点，用多波长计或光谱仪测试各不同波长通路的中心频率（波长），计算与其标称值的差，该差值就是中心频率偏移，结果应满足设计指标要求。每个光复用端双方向分别测试。

（2）光信噪比测试

在 MPI-R 点，用光谱分析仪测试各不同波长通路的光信噪比，结果应满足设计指标要求。每个光复用段双方向分别测试。光谱仪分辨率应设置为 0.1nm。

（3）系统输出抖动测试

所有承载 SDH 系统的光通道，在 WDM/OTN 系统与 SDH 网络接口处（R 点）的最大允许抖动不应超过表 5-22 中规定的指标，括号内数值为光复用段要求。测试时间为 60s，测试可采用环回法或对测法，环回法指标按单向指标考核。注意传输测试仪接收光功率应满足仪表测试抖动的要求。

表 5-22　WDM/OTN 系统在 SDH 接口处的输出抖动指标要求

STM 等级	网络接口限值（UIp-p）		测量滤波器参数		
	$B_1(f_1 \sim f_4)$	$B_2(f_3 \sim f_4)$	f_1	f_3	f_4
STM-16（光）	1.5（0.75）	0.15（0.15）	5kHz	1MHz	20MHz
STM-64（光）	1.5（0.75）	0.15（0.15）	20kHz	4MHz	80MHz

（4）误码性能测试

光复用段误码性能：参照施工图设计 WDM/OTN 传输系统配置图和波道配置图，用传输测试仪在 R 点进行误码观测。一个光复用段有多个波道需要误码测试时，可任选其中一个波道测试 24h，其余波道测试 15min 无误码。不论光复用段距离长短，测试结果都应满足表 5-23 的要求。测试可采用环回法或对测法，环回法指标按单向指标考核。

表 5-23　WDM/OTN 系统光复用段误码性能指标

2.5Gbit/s 和 10Gbit/s					
ES			SES		
S1	S2	S7	S1	S2	S7
0	1	NA	0	1	NA

测试规则如下：

1）连续测试 24h，当 ES、SES 均小于等于各自的 S1 时，系统验收合格。

2）连续测试 24h，当 ES、SES 两者之一或同时大于等于各自 S2 时，系统验收不合格。需查明原因，排除故障后重新验收。

（5）光通道误码性能

按施工图设计 WDM/OTN 传输系统配置图和波道配置图，用传输测试仪进行 24h 误码观测。测试结果应满足设计指标要求。测试可采用环回法或对测法，环回法指标按单向指标考核。

（6）系统通道增减测试

工程中 WDM/OTN 系统通道的增加和减少，不应影响其他各通道的光信噪比和误码性能。

2. 系统功能测试

WDM 系统 APR 或 ALS 功能：当线路光纤或系统内部光纤中断引起放大器接收无光时，放大器输出功率应自动降低或关闭激光器。但主光通道连通并正常工作后，系统应能实施自动或人工重启动功能，使系统恢复正常工作。

公务联络系统操作检查应符合下列规定：

1）公务联络功能设置应满足各站间的公务联络要求。

2）各站公务电话编号应符合设计要求，用选呼和群呼方式呼叫应正确无误。

3）通话应清晰、无啸叫。

4）当接有距离不超过 200m 的延伸话机时，应满足上述正常功能。

3. 系统网管功能检查

（1）安全管理功能检查

安全管理功能检查应符合下列规定：

1）未经授权的用户不能进入网管系统，具有有限权限的用户只能操作相应授权部分。

2）可对用户的口令进行设置、修改。应对用户登录、注销、操作等生成文件和记录。

3）对所有试图进入受限资源的申请，进行监视和实施控制。

4）授权用户可对网管管理区域进行分配。

5）系统资料应有备份并归档，操作系统软件、系统应用软件、系统数据库应齐全并作必要的备份。

（2）故障管理功能检查

1）设备网管系统应具有下列故障管理功能：

① 识别所有故障并能够将故障定位至单块插板；

② 能报告告警信号及记录告警细节，包括告警时间、告警类型、告警级别、告警源、告警原因、告警清除/确认状态等；

③ 具有可闻、可视告警指示；

④ 具有告警清楚和确认功能；

⑤ 告警的历史记录应便于查看和统计；

⑥ 具有告警过滤和屏蔽功能；

⑦ 能够设置故障严重等级；

⑧ 激光器寿命预告警。

2）WDM/OTN 网管系统应能够对下列告警参数进行监视：

① 光发送单元告警参数：

a. 激光器输出光功率值不足或过高；

b. 输入信号丢失；

c. 发送器劣化；

d. 激光器发送失效；

e. 激光器寿命告警；

f. 调制器输出光功率告警（采用铌酸锂调制器时）。

② OTU 告警参数：

a. 激光器输出光功率值不足或过高；

b. 输入信号丢失；

c. 发送器劣化；

d. 激光器发送失效；

e. 激光器寿命告警；

f. 调制器输出光功率告警（采用铌酸锂调制器时）；

g. 光输入信号电平过高或过低；

h. 误码过限；

i. 踪迹字节失配。

③ OADM 告警参数：

a. 群路输入信号丢失；

b. 上路支路信号丢失。

④ T-MUX 告警参数：

a. 群路输入信号丢失；

b. 上路支路信号丢失。

⑤ OLA 告警参数：

a. 输入合路信号丢失；

b. 输入单个波长丢失；

c. 泵浦激光器偏置电流过高；

d. 泵浦激光器温度过高；

e. 监测失效。

⑥ ODU 告警参数：

a. 输入合路信号丢失；

b. 输入单个波长丢失；

c. 分波器温度控制告警（采用温度敏感的分波器件时）。

⑦ OSC 告警参数：

a. 激光器发送失效；

b. 光信号丢失；

c. 光信号帧丢失；

d. 光信号帧失步。

其他性能、功能按厂商提供的详细功能清单逐条检查。

（3）基本物理量（性能）管理功能检查

1）WDM/OTN 网管系统应具有下列性能管理功能：

① 能够对监测通道（OSC）的误码性能参数进行自动采集和分析，并能以文件形式传给外部存储设备；

② 能够同时对所有终端点进行性能监视；

③ 能够对性能监视门限进行设置（如泵浦源功率、激光器偏置电流）；

④ 能够存储和报告监测通道（OSC）15min 和 24h 两类性能事件数据；

⑤ 能够报告"当前"和"近期"两种性能参数进行管理监视。

2）WDM/OTN 网管系统应能够对下列性能参数进行管理监视：

① 光发送单元性能参数：

a. 激光器输出光中心波长（或频率）以及偏移值（配 OSA 时支持）；

b. 激光器输出光功率值；

c. 激光器偏置电流值；

d. 激光器波长控制对应的实测温度值；

e. 外调制器偏置电压值（采用分离式外调制器件时）。

② OTU 性能参数：

a. 输入光信号电平；

b. OTU 输出光信号电平；

c. 激光器输出光中心波长（或频率）及其偏移值（配 OSA 时支持）；

d. 激光器波长控制对应的实测温度值；

e. 激光器偏置电流值；

f. 外调制器偏置电压值（采用分离式外调制器件时）。

③ OADM 性能参数：

a. 群路输入光功率；

b. 群路输出光功率；

c. 每通路光信噪比；

d. 支路输入光功率；

e. 支路输出光功率。

④ T-MUX 性能参数：

a. 群路输入光功率；

b. 群路输出光功率；

c. 支路输入光功率；

d. 支路输出光功率。

⑤ ODU 性能参数：

a. 总输入光功率；

b. 单个波长输入光功率；

c. 分波器温度（采用温度敏感的分波器件时）。

⑥ OSC 性能参数：

a. 激光器输出光功率；

b. 激光器工作温度；

c. 误码性能。

其他性能、功能按厂商提供的详细功能清单逐条检查。

（4）配置管理功能检查

WDM/OTN 网管系统应具有网元（包括各组成单元）的初始化设置功能。

应具有网络拓扑结构的建立、修改，拓扑元素应包括管理区域、子网、网元、线路等。

应能够配置和控制网元的状态。

应能够进行 OADM 交叉连接的配置，设定东/西向和上/下光通路。

应能够在网元上实施时钟的设置和修改

应具有激光器自动关断和自动恢复的设置。

应能够对激光器的状态进行管理。

应能够进行软件版本的管理，进行软件的上传、下载和升级。

实际网络的配置应能按用户请求以图形方式在网元管理系统屏幕上完成。

其他性能、功能按厂商提供的详细功能清单逐条检查。

（5）光监控通道保护功能检查

WDM 网管系统应具有外部 DCC 通道路由的接入功能。

当 WDM 的光监测通道中断时，网管应能够自动连接到外部 DCC 通道，网管系统的功能不应受到影响，并且严禁丢失网管系统数据库中的数据。

5.5.3　工程施工注意事项及测试仪表简介

5.5.3.1　工程施工注意事项

海底光缆系统工程施工过程中应注意以下要点：

1）施工过程中应合理调节光缆通信系统各种类型光通信设备的输入光功率，确保光通信设备的接收端处于良好工作状态下，从而有效保证光通信系统的工作稳定性和可靠性。

2）光纤互连操作过程中应确保光纤接头端面不受污损，不宜用手触碰光纤接头端面，避免造成光纤互连接口的插入损耗过大，或光功率过大烧毁光纤端面。

3）光纤/光缆维护过程中应在保证光纤/光缆不受损伤的原则下开展操作，弯曲半径不应小于光纤/光缆直径的 20 倍，详细参数见表 5-24。

4）海底光缆系统中各种类型光传输设备的输出光功率较大，使用过程中应避免设备输出光接口或光纤接口正对人眼，以防设备输出光信号对人眼造成的意外损伤。

表 5-24　光缆允许的最小弯曲半径

光缆外护层形式	无外护层或 04 型	53、54、33、34 型	333 型、43 型
静态弯曲	10D	12.5D	15D
动态弯曲	20D	25D	30D

注：D 为光缆外径。

维护工具及仪表的配置应能满足系统日常运行维护的需要，仪表的型号和功能应考虑其价格和实用性原则择优选用。海底光缆系统维护工具及仪表的配置见表 5-25。

表 5-25　海底光缆系统维护工具及仪表参考配置

工具及仪表名称	单位	数量	
		海缆登陆站	海缆维护船
数字传输分析仪	台	1	—
光谱分析仪	台	1	—
OTDR	台	1	1
COTDR	台	1	—
光功率计	个	1	1
稳定光源	个	1	—
光可变衰减器	个	1	—
示波器	台	1	—
频率计数器	台	1	—
海缆故障定位测试仪	套	—	1
光纤接续设备	套	1	1

注：表中稳定光源一项用于无中继海底光缆系统的维护测试，海缆定位测试仪一项包括低频信号发送和接收器，绝缘测试仪以及直流电阻测试仪等。

5.5.3.2　海底光缆通信系统测试仪表简介

海底光缆通信系统测试仪表主要由工程性能检测调试用测试仪表和故障排查工程维护用测试仪表两部分组成。性能检测调试用测试仪表主要用于工程开通过程中对通信设备或通信系统的功能、性能进行调试测试，使通信系统工作于最好工作状态，从而保障通信系统的稳定可靠工作；故障排查用测试仪表主要用于通信系统发生故障情况时的故障定位，从而实现通信系统通信功能的快速恢复。

1. 性能检测仪表

（1）SDH/OTN 误码仪

误码仪是评估信道性能的基本测量仪器，该仪表由发送和接收两部分组成。发送部分的测试码发生器产生一个已知的测试数字序列，编码后送入被测系统的输入端，经过被测系统传输后输出，进入误码测试仪的接收部分解码并从接收信号中得到同步时钟。接收部分的测试码发生器产生和发送部分相同的并且同步的数字序列，和接收到的信号进行比较，如果不一致，便是误码，用计数器对误码的位数进行计数，然后记录存储，分析、显示测试结果。其原理框图如图 5-22所示。

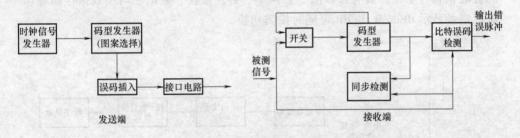

图 5-22 误码测试仪原理框图

SDH/OTN 误码测试仪（见图 5-23）可综合开展 SDH 通信信道和 OTN 通信信道的测试，主流生产厂商包括 JDSU、EXFO、Anritsu 等。

进行 SDH 传输信道质量的评估时，测试仪的测试数据类型为 SDH 数据帧。基本测试数据帧为 STM-1、STM-4、STM-16、STM-64、STM-254 等。测试内容主要包括线路通

图 5-23 SDH/OTN 误码仪

断及告警情况、线路通道误码质量情况、通信接口抖动参数等。

进行 WDM 传输信道质量的评估时，测试仪的测试数据类型为 OTU 数据帧。基本测试数据帧为 OTU-1、OTU-2、OTU-3、OTU-4 等。测试内容主要包括线路通断及告警情况、线路通道误码质量情况、通信接口抖动参数等。

同时，将该设备与光功率计、可调光衰减器等设备配合使用可用于测试光通

信设备的接收灵敏度、饱和接收光功率等相关技术指标。

（2）光功率计

光功率计是指用于测量绝对光功率或通过一段光纤的光功率相对损耗的仪器。在光纤系统中，测量光功率是最基本的，在光纤测量中，光功率计是重负荷常用表。其主流生产厂商包括 JDSU、EXFO、Anritsu、光迅科技等。其原理图如图 5-24 所示，外形如图 5-25 所示。

通过测量发射端机或光网络的绝对功率，一台光功率计就能够评价光端设备的性能。用光功率计与稳定光源组合使用，则能够测量连接损耗、检验连续性，并帮助评估光纤链路传输质量。

光功率计由主机和探头组成。普通探头采用低噪声、大面积光敏二极管，根据测量用途不同，可选择不同波长的探测器（Ge：750~1800nm，InGaAs：800~1700nm）。光功率计采用微机控制、数据处理和防电磁干扰等措施，实现了测试的智能化和自动化，具有自校准、自调零、自选量程、数据平均和数据存储等功能。测量显示 dBm/W 和 dB 可随时按需切换。

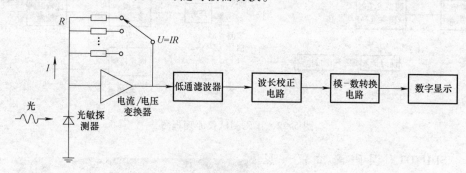

图 5-24 光功率计原理图

（3）光谱分析仪

光谱仪器是一种利用光学光谱的色散原理而设计的光学仪器。所有的光谱仪器都可分成三部分：分光系统、接收系统和处理系统。分光系统是光谱仪器的核心。一般来说它由准直管、色散工作台和暗箱组成。分光系统的工作原理如图 5-26 所示。由狭缝发出的光束经过准直物镜，变成平行光束射入色散元件。

图 5-25 光功率计外形图

由于色散元件的作用使进入的单束"白光"分解为多束单色光，再经过暗箱物镜按波长的顺序成像在焦面上。一个由"白光"照明的狭缝经过分光系统而变为若干个单色的狭缝像，这是目前广泛应用的光谱仪器分光系统的基本原理。

光谱测试仪在海底光缆系统中主要用于测量 WDM/OTN 传输系统的光信号的波长和强度指标，具体测试项目包括中心频率及偏移、光信噪比、增益平坦度等相关指标。其主流生产厂商有 JDSU、EXFO、Anritsu 等。

（4）色散综合测试仪

光纤色散是光纤传输特性之一，是由于不同波长和不同模式的光在光纤中传播的群速度不同而引起的光信号时延差。单模光纤中主要是材料色散和波导色散，材料色散和波导色散的综合效应为色度色散。

光纤色散测试仪是用于测量光纤色散的仪器，主要应用于 10G 及更高速率光纤通信系统中的色散测试，目前光纤色度色散测量的方法有多种，常用的有脉冲延迟法、相移法以及干涉法，

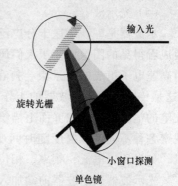

图 5-26　光谱分析仪分光系统基本原理

其中目前应用较为普遍，测量准确性较高的测试方法为相移法。

相移法是用一定频率耐光源的光强进行调制，分别测出不同波长的调制光信号通过长度为 L 的待测光纤后的相位。由于光纤存在色散，不同波长的调制光信号通过光纤后必然会有不同的相位延迟。测量出相位变化量 $\Delta\varphi$，就可得到光纤的色散。

基于相移法的实验结构示意图如图 5-27 所示。图中电信号发生器通过外置调制器对窄带可调谐光源输出的光进行强度调制，调制后载有信息的光信号通过待测光纤，经光敏二极管检测出传输信号后，再使用矢量电压表测量接收信号相对于调制信号源的调制相位。在所传输信号的频谱范围内，波长每隔 $\Delta\lambda$ 测量一次，使用这种测量方法可在任意波长上进行测量，从而得到相邻间隔之间的群时延差。

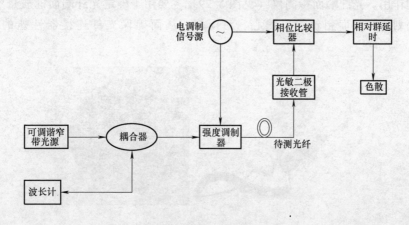

图 5-27　基于相移法的实验结构

（5）光示波器

示波器是一种用途十分广泛的电子测量仪器。它能把肉眼看不见的电信号变换成看得见的图像，便于人们研究各种电现象的变化过程。示波器利用狭窄的、由高速电子组成的电子束，打在涂有荧光物质的屏面上，从而产生细小的光点（这是传统的模拟示波器的工作原理）。在被测信号的作用下，电子束就好像一支笔的笔尖，可以在屏面上描绘出被测信号的瞬时值的变化曲线。利用示波器能观察各种不同信号幅度随时间变化的波形曲线，还可以用它测试各种不同的电量，如电压、电流、频率、相位差、调幅度等。

光示波器在示波器前端加入光电转换探头，将光信号转换为电信号进行各项参数的测量，从而作为光信号质量的有效判定依据。其主要用于测量光通信设备输出信号的眼图、消光比等指标，主流生产厂商包括安捷伦、泰克等。

（6）光纤端面检测仪

光纤连接直径大约有几十微米，连接精度是最需要解决的问题，因为其直接影响光纤连接器的连接损耗。在光纤端面的研磨过程中的光纤表面划痕、球面顶点偏移，以及后期使用过程中的光纤端面氧化和污损，都会造成连接器光纤端面不同程度的缺陷，从而影响光纤系统的连接精度。为了确保连接器的性能稳定，光纤端面的质量参数对于连接器起到关键作用。

图 5-28　光示波器产品示意图

光纤端面检测仪（见图 5-29）主要用于确定光纤端面的质量参数，如表面划痕、表面粗糙度、偏心、污损等，从而确保光纤连接器性能的稳定可靠。

图 5-29　光纤端面检测仪

光纤端面检测技术属于微表面结构的测量范围。对于微表面的测量技术按照工作原理的不同，大致可以分为五种，其中应用最为广泛的测试方法为显微成像法。该方式以显微镜成像原理将光纤端面图像放大几十至数百倍，从而有效监测对光纤端面的污浊或损伤情况进行检查。

2. 故障排查用测试仪表

（1）OTDR 测试仪

OTDR 意为光时域反射仪如图 5-30 所示。该技术是利用光线在光纤中传输时的瑞利散射和菲涅尔反射所产生的背向散射而制成的精密的光电一体化仪表，它被广泛应用于光缆线路的维护、施工之中，可进行光纤长度、光纤的传输衰减、接头衰减和故障定位等的测量。其主流生产厂商包括 JDSU、EXFO、桂林聚联等。

OTDR（光学时域反射技术）的基本原理是利用分析光纤中后向散射光或前向散射光的方法测量因散射、吸收等原因产生的光纤传输损耗和各种结构缺陷引起的结构性损耗，当光纤某一点受温度或应力作用时，该点的散射特性将发生变化，因此通过显示损耗与光纤长度的对应关系来检测外界信号分布于传感光纤上的扰动信息如图 5-31 所示。OTDR 测试是通过发射光脉冲到光纤内，然后在 OTDR 端口接收返回的信息来进行。当光脉冲在光纤内传输时，会由于光纤本身的性质、连接器、接合点、弯曲或其他类似的事件而产生散射、反射。其中一部分的散射和反射就会返回到 OTDR 中。返回的有用信息由 OTDR 的探测器来测量，它们就作为光纤内不同位置上的时间或曲线片断。再从发射信号到返回信号所

图 5-30　OTDR 测试仪

用的时间，确定光在玻璃物质中的速度，就可以计算出距离。以下的公式就说明了 OTDR 是如何测量距离的。

$$d = (c \times t)/2(IOR)$$

式中，c 为光在真空中的传播速度；t 为信号发射后到接收到信号（双程）的总时间（两值相乘除以 2 后就是单程的距离）。

因为光在玻璃中要比在真空中的速度慢，所以为了精确地测量距离，被测的光纤必须要指明折射率（IOR）。

（2）相干光 COTDR 测试仪

典型的海底光缆系统结构长度可达到几百千米，而且每两个 EDFA 中继间的距离也会达到 100km，而 OTDR 检测光纤长约为 75km，如果运用 OTDR 对这种长距离多跨段的光纤系统进行检测，将会使得其检测信号带入大量噪声，包括随

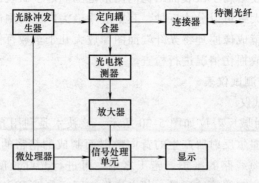

图 5-31　OTDR 测试仪测试原理图

机噪声、高斯白噪声以及由于多个 EDFA 的级联而额外增加的 ASE 噪声。

这些噪声的干扰将大大降低了 OTDR 检测信号的动态范围和信噪比。此外，OTDR 能够控制的检测范围有限，无法对较长的光纤进行有效检测。因此，通常会采用相干 OTDR，也就是 COTDR 对这种长距离多跨段的光纤系统进行检测，测试距离可长达 1000km。COTDR 的工作原理同 OTDR 基本类似，不同的是COTDR 接收检测光信号是采用相干接收的方式，这样可以抑制 ASE 噪声以及提升检测信号的动态范围和信噪比。其主流生产厂家包括 JDSU、EXFO 等。

（3）低频信号检测仪

低频信号检测仪通过音频测试方法对发生故障，出现中断的海底光缆进行定位。该测试方法是将一持续音频电脉冲从海缆一端的供电导体输入，维修船可用探测仪追踪此信号，沿海缆探测，在故障点处，由于供电导体与海水的接地，测试脉冲信号消失，从而确定故障点位置。这种方法更多地用于维修船在故障发生的水域寻找海缆。测试范围一般小于 300km。

5.6　通信系统工程验收

5.6.1　海底光缆线路工程验收

5.6.1.1　随工检验

在施工过程中，建设单位应委托工地代表随工检验，检查工程的施工质量应达到设计要求。在检验中若发现不符合设计要求的项目时，应及时进行记录。

海底光缆装船过程中要进行外观检查，查看光缆外皮有无损伤，端头封装是否良好，光缆装船、盘绕质量是否符合要求，并应检查光纤的衰减常数、远供导体特性和绝缘电阻等。

海底光缆水下接头盒和水下分支接头盒（包括附件和材料）以及水下光放大器在施工前应检查外观是否完整无损、规格数量是否符合设计要求。

检查中对不符合要求的海底光缆和器材必须禁止在工程施工中使用，对于一般性缺陷，修复合格后方可使用。经过测试检验后的海底光缆和器材应做好记录。

海底光缆海上随工检查的项目和内容应达到以下要求：

1）海底光缆布放过程中的弯曲半径不应小于 1m 或按工程设计要求，海底光缆严禁打小圈。

2）海底光缆在海上实际敷设的位置及偏差必须符合工程设计的要求。

3）光缆敷埋设的余量必须符合工程设计的要求。

4）敷埋设过程中光缆、水下接头盒、水下分支接头盒和水下光放大器不应受到损伤。

5）敷埋设过程中对光缆进行监测，检查绝缘性能并监测光纤，记录监测时间及测试数据。

6）对被埋设的海底光缆随时通过监测仪表监视埋设机在水下的工作状态，埋设深度及张力。

7）光纤接续应采用熔接法，接续的全过程应实施质量监视，测量接头损耗，接续后的平均损耗应达到设计文件的要求。

8）海底光缆的施工连续质量应达到工程设计的要求。

海底光缆的登陆作业应检查核对登陆光缆的长度是否符合设计文件要求，登陆段海底光缆冲沟埋设的质量和埋设深度。

海缆系统陆上部分的光缆线路的随工检验应按表 5-26 中所列项目和内容进行。

表 5-26　海缆系统陆上部分的光缆线路随工检验项目和内容

序号	项　目	内　　容	检验方式
1	管道光缆	1）塑料子管规格 2）占用管孔位置 3）子管在入孔中留长及标志 4）子管敷设质量 5）子管堵头及子管口盖（塞子）的安装 6）光缆规格 7）光缆管控位置 8）管孔堵塞情况 9）光缆敷设质量 10）人孔内光缆走向、安放、托板的衬垫 11）预留光缆长度及盘放 12）光缆接续质量及接头安装、保护 13）人孔内光缆的保护措施	随工检验

（续）

序号	项目	内容	检验方式
2	埋式光缆	1）光缆规格 2）埋深及沟底处理 3）光缆接头坑的位置及规格 4）光缆敷设位置 5）敷设质量 6）预留长度及盘放位置 7）光缆接续及接头安装质量 8）保护设施的规格和质量 9）防护设施安装质量 10）光缆及其地下设施的间距 11）引上管及引上光缆设置质量 12）回土夯实质量 13）光缆护层对地绝缘	隐蔽工程签证
3	水下过河光缆	1）光缆规格 2）敷设位置 3）埋深 4）光缆敷设质量 5）两岸光缆预留长度及固定措施、安装质量 6）沟坎加固等保护措施的规格及质量	隐蔽工程签证

5.6.1.2　工程初步验收

工程初步验收应在施工完毕并经工程监理单位预检合格后进行。建设单位在收到监理单位"工程初验申请报告"后一周内组织召开工程初步验收会议。初验工作一般可分档案、安装工艺、传输特性和财务、物资等小组分别对工程质量进行全面检查和评议。

工程初步验收前施工单位应向建设单位提交竣工文件一式三份，竣工文件应包含全套技术文件资料。

工程初步验收应检查测试工程完成设计要求的全部工程量，施工资料应符合要求，验收时一般不再对隐蔽工程进行复查。

海底光缆线路的敷设及整个海底光缆线路的传输特性应按表 5-27 中的项目内容进行检查和抽测。安装敷设工艺和测试数据应符合设计及相关标准，测试数据还应与施工单位提供的竣工测试记录相符。

工程初步验收指标及要求应符合 YD 5018—2005《海底光缆数字传输系统工程设计规范》及其他相关技术体制、标准、设计规范和工程的设计文件的要求。

5.6.1.3　工程终验

海底光缆线路的工程终验应由电信业务经营者组织实施。

工程终验应在初验合格并经 3 个月的试运行后进行。

表 5-27　工程初步验收项目和内容

序号	项　目	内　容	备　注
1	施工资料	1) 敷/埋设路由航线及位置 2) 敷/埋设光缆长度、水下接头盒、水下分支接头盒和水下光放大器的数量及位置 3) 敷/埋设余量总百分比 4) 埋设深度及埋设张力记录 5) 工程质量分析、情况说明 6) 水下分支接头盒和水下光放大器的测试数据资料	
2	光缆登陆安装工艺	1) 登陆光缆余留长度 2) 海、陆缆接头点设置 3) 路上部分的光缆长度及埋深 4) 海缆登陆处加固保护措施 5) 登陆标志设置	
3	光缆主要传输特性	1) 光纤线路衰减 2) 海陆缆之间的光纤接头损耗 3) 水下分支接头盒和水下光放大器的性能测试	根据设计要求,3) 项可在相应的终端及监测设备安装完成后提供
4	铜导体特性	1) 直流电阻 2) 对地绝缘电阻	
5	接地电阻	1) 接地电阻路由图 2) 电阻值 3) 电极位置及接地	
6	护层对地绝缘	竣工及验收时应测试并作记录	

工程终验由电信业务经营者组织对工程进行全面检查。检查内容包括:

1) 海底光缆线路工程中的遗留问题及处理结果,所有遗留问题应整改处理合格。

2) 对海底光缆线路的光纤特性、海底光缆护层对地绝缘等指标进行重点抽测,各项指标应符合工程设计标准。

3) 对工程的竣工资料中的图样和测试记录数据进行检查。

4) 对认为必要的项目进行抽测检查,项目可参照表 5-27。

工程终验应对工程质量及档案、投资决算等进行综合评价,并对工程设计、施工、监理以及相关管理部门的工作进行总结。工程验收通过后发出验收证书。

5.6.1.4　竣工技术资料

竣工技术资料应由施工单位负责编制,一式三份,提交建设单位。

(1) 竣工技术资料应主要包括以下内容:

1) 敷埋设路由总图。

2）敷埋设位置图/路由位置表。

3）敷埋设断面图，包括水深、埋设深度、埋设张力曲线图。

4）登陆段光缆路由图。

5）各类型光缆敷设长度及海域位置图。

6）路上部分光缆路由图。

7）光缆敷埋设记录表。

8）光缆结构、性能及水下接头盒、水下分支接头盒和水下光放大器的规格。

9）光缆竣工测试记录，包括光缆传输特性、铜导体电特性、护层对地绝缘电阻等。

10）光缆路由海洋调查资料。

11）按工程设计要求提供复杂地段的海下录像资料。

12）其他资料，包括施工相关的审批文件、隐蔽工程签证、设计变更通知以及开工、停工、复工和竣工报告、已安装设备材料清单、工余料交接清单等有关工程方面的资料。

（2）竣工文件应符合下列要求：

1）所有施工图样都应加盖竣工图章。

2）内容完整，没有缺页、漏项、颠倒，资料齐全。

3）竣工图纸应与实际竣工状况相符，测试记录数据应真实准确。

4）资料书写应字迹清楚、版面整洁、规格一致，装订符合归档要求。

5.6.2　海底光缆传输设备安装工程验收

5.6.2.1　验收前检查

工程验收前或施工过程中，建设单位应委派工地代表或监理工程师，对设备安装及工程施工质量进行检查。

海缆登陆站传输设备机房应符合工程设计的要求。

设备安装检验包括以下主要内容和要求：

1）设备安装间距应符合工程设计的要求。

2）机架水平和垂直度，其垂直偏差度不应大于2mm。

3）机架的抗振加固必须符合工程设计的要求。

4）机架的排列及设备的通风散热应合理，在主走道侧机架必须对齐成直线，相邻机架应紧密靠拢。

5）光纤光缆及电缆走道及槽道安装位置应符合工程设计的要求，水平走道应与列架平行或直角相交，水平度每米不得超过2mm。

6）设备光缆及电缆的布放应整齐合理，要求光缆及电缆外皮无损伤，布放走道光缆及电缆必须绑扎，松紧适度。

7）各种接线的焊接和接头要求无虚焊、假焊，焊接点牢固。

8）电源线的布放和安装及绝缘检查。

9）远供电源设备的安全检查。

10）设备机盘的安装应正确。

11）设备的接地。

12）电源熔丝的容量。

5.6.2.2 设备检验要求

1. 设备安装检查

（1）铁架安装

铁架安装应符合下列要求：

1）铁架的安装位置应符合施工图的平面设计，偏差不得超过50mm。

2）列铁架应成一直线，偏差不应大于30mm。

3）列固铁与上梁、槽道与上梁接续应牢固、平直、无明显弯曲；电缆支架安装应端正，距离均匀。

4）列铁架两侧的侧板宜分别与机架顶部前后面板相吻合，侧板间缝隙宜均匀，盖板、零件安装齐全。

5）主铁架的盖板、侧板、底板安装应完整，零件应齐全，缝隙均匀。

6）列间撑铁的安装应在一条直线上，两端对墙加固应符合施工图设计要求。

7）吊挂安装应牢固，保持垂直。

8）铁件的漆面应完整无损，如需补漆其颜色与原漆色应基本一致。

（2）机架安装

机架的安装应符合以下要求：

1）机架的安装应端正牢固，垂直偏差不应大于机架高度的1‰。

2）列内机架应相互靠拢，机架间隙不得大于3mm，列内机面平齐，无明显参差不齐现象。

3）机架应采用膨胀螺栓（或木螺栓）对地加固，机架顶应采用夹板与列槽道（列走道）上梁加固。

4）所有紧固件必须拧紧，同一类螺钉露出螺帽的长度宜一致。

5）光纤分配架（ODF）、数字配线架（DDF）端子板的位置、安装排列及各种标志应符合设计要求。ODF架上法兰盘的安装位置应正确、牢固，方向一致。

6）设备的加固应符合工程设计要求。

（3）子架安装

子架的安装应符合以下要求：

1）面板布置应符合设计规定。

2）子架与机架的加固应符合设备装配要求。

3）子架安装应牢固排列整齐、插接件接触良好。

（4）网管设备的安装

网管设备的安装应符合以下要求：

1）网管设备的安装位置应符合施工图的设计要求。

2）网管设备主机的安装加固应牢固，符合施工图设计要求。

3）网管设备的操作终端、显示器等应排放平稳、整齐。

2．线缆布放及成端

（1）敷设电缆及光纤连接线

电缆的规格程式应符合设计要求，电气特性应符合国家或国际相关标准。

电缆布放路由应符合设计施工图样的规定；设备电缆与交流电源线应分走道布放，若在同一走道或交叉布放，间距应大于 50mm。

走道电缆捆绑要牢固，松紧适度、紧密、平直、无扭绞、绑扎线扣要均匀、整齐、一致。

电缆下弯应均匀圆滑，排列整齐，电缆曲率半径应不小于电缆直径或厚度的 10 倍。

槽道内电缆应顺直，无明显扭绞和交叉，电缆不溢出槽道，不侧翻；拐弯适度无死弯；电缆进出槽道应绑扎整齐。

电缆不得有中间接头。

电缆两端出线应整齐一致，预留长度应满足维护要求。

架间电缆及布线的两端必须有明显标识，不得错接、漏接。插接部件应牢固，接触良好。架间电缆及布线插接完毕应进行整理、绑扎。

光纤连接线的规格、程式应符合设计规定，技术指标应符合设计文件及技术规范书的要求。

光纤连接线的路由走向应符合施工图设计文件的规定。

槽道内光纤连接线拐弯处的曲率半径不小于 40mm。

光纤连接线两端的余留长度应满足维护要求。盘放曲率半径不小于 40mm。

光纤连接线两端的余留长度应满足维护要求。盘放曲率半径不小于 40mm，无明显扭绞。

（2）编扎光纤连接线

光纤连接线在槽道内应加套管或线槽保护。无套管保护部分宜用活扣扎带绑扎，绑扎应松紧适宜。

编扎后的光纤连接线在槽道内应顺直，无明显扭绞。

（3）布放数字配线架跳线

跳线电缆的规格程式应符合设计文件或技术规范的要求。

跳线的走向、路由应符合设计规定。

跳线的布放应顺直，捆扎牢固，松紧适度。

（4）通信设备及通信系统验收

海底光缆通信系统通信设备及通信系统的验收测试可参照 5.5.1 节及 5.5.2 节及进行，测试过程中可采用抽测法随机选取部分通信链路开展测试。

5.6.2.3　工程初步验收

工程初步验收应在施工完毕并经过施工监理单位预检合格后进行。建设单位在收到监理单位"工程初验申请报告"后一周内组织召开工程初步验收会议。初验工作一般可分档案、安装工艺、传输特性和财务、物资等小组分别对工程质量进行全面检查和评议。

工程初步验收前施工单位应向建设单位提交竣工文件一式三份，竣工文件应包含全套验收技术文件。

工程初步验收应检查测试工程完成设计要求的全部工程量，施工资料应符合要求。海底光缆传输设备的安装及设备性能的检查测试应按初步验收的测试项目进行。要求设备安装工艺和验收测试数据符合工程设计及相关标准，验收测试数据还应与施工单位提供的竣工测试记录相符。

（1）海底光缆终端传输设备的工程初步验收项目

1）供给电压、电流和供电保护转换。

2）光接口特性。

3）公务接口特性。

4）告警功能。

5）电源保护。

6）设备的保护倒换。

（2）远供设备的检查和测试记录项目和要求

1）远供系统接地电阻小于 5Ω 并且具有接地保护倒换装置。

2）远供输出电流和电压应能满足海缆系统单端供电的要求。

3）远供设备重复开启。

4）设备高压部分的安全保护。

（3）网管系统设备的检查和测试记录项目：

1）告警功能。

2）参数监视。

3）性能管理。

4）安全管理。

（4）海底光缆传输系统的验收项目及内容

1）系统误码性能。

2）光信噪比/Q 值。

3）网络接口允许的最大输出抖动。

4）系统和网络的保护倒换功能。

5）系统网管（监测管理）功能，包括故障定位和本站显示以及设备及系统告警功能等。

6）公务联络功能，一般应均有选址呼叫、电话会议呼叫、语音延伸等功能。

7）激光器保护功能，要求断纤时具有自动切断保护。

8）远供接地系统倒换功能。

9）远供系统单端供电。

10）远供系统多端供电及电压调节和平衡。

海底光缆数字传输系统工程初步验收项目中设计的 WDM、OTN 和 SDH 系统部分的具体验收内容、检查测试方法和要求应符合现行通信行业标准中的有关条款的规定。

工程初步验收指标及要求应符合通信行业标准 YD 5018—2005《海底光缆数字传输系统工程设计规范》及其他相关技术体制、标准、设计规范和工程的设计文件要求。

5.6.2.4　工程试运行

海底光缆线路工程经初验合格后，应组织试运行。工程试运行应由维护部门或建设单位委托的代维单位进行试运行期维护，并全面考察工程质量。如发现问题应由施工单位返修。试运行时间应不少于 3 个月。

工程试运行期间，可按照电信业务经营者的要求加载业务运行，同时对系统和各传送通道的长期误码指标通过网管设备进行连续不少于 30 日的观测。

在试运行期间，施工单位对工程运行过程中出现的施工质量问题负责保修，设备供应商对设备运行过程中的质量问题负责保修。

试运行结束后半个月内，维护部门应向上级主管部门报送工程试运行报告。

5.6.2.5　工程终验

在工程试运行结束后，由建设单位根据试运行期间系统主要性能指标达到设计要求及对存在遗留问题的处理意见组织设计、监理、施工和接收单位参加，对工程进行终验。

海底光缆线路工程的工程终验，应由建设单位组织设计单位、施工单位、监理单位和维护单位，对初验中发现问题的处理进行抽检，对通信线路工程的质量及档案、投资结算等进行综合评价，并对工程设计、施工、监理以及相关管理部门的工作进行总结，并给出书面评价。

工程终验主要检验工程和整个系统的稳定、可靠和安全性。检查内容主要包括以下几个方面：

1）工程中的遗留问题及处理结果，所有遗留问题应整改处理合格。

2）工程试运行情况报告。

3）工程技术档案。

4）对认为必要的项目进行抽测检查。

工程终验应对工程质量及档案、投资决算等进行综合评价，并对工程设计、施工、监理以及相关管理部门的工作进行总结。工程终验通过后发出验收证书。

5.6.2.6　竣工技术资料

设备安装工作结束后，施工单位应向建设单位提交一式三份的工程资料，包括工程往来文书，竣工技术文件及工程图纸和各项测试记录。

（1）工程往来文书

1）工程说明。

2）工程开工报审单（有监理单位时）。

3）开工报告。

4）安装工程量总表。

5）重大工程质量事故报告。

6）停（复工）报告。

7）交（完）工报告。

（2）竣工技术文件及图样

1）光缆路由海洋调查资料。

2）按工程设计要求提供复杂地段的海下影像资料。

3）敷埋设路由总图。

4）敷埋设位置图/路由位置表。

5）敷埋设断面图，包括水深、埋设深度、埋设张力曲线图。

6）登陆段光缆路由图。

7）各类型光缆敷设长度及海域位置图。

8）陆上部分光缆路由图。

9）光缆敷设记录表。

10）光缆结构、性能及海底接头盒和海底光中继器的规格。

11）机房设备平面图。

12）各种机架的立面图。

13）系统配置图。

14）电缆安排图。

15）设备接线端子图。

16）光纤分配架面板排列图。

17）通信系统布线图。

18）工作电源及保护地线布线图。

19）电源熔丝分配图。

20）告警信号系统布线图。

21）网管及辅助系统布线及接口端子图。

22）远供接地系统图。

（3）工程测试记录

1）设备的本机测试。

2）设备元器件的变动或更换及对主要故障的修复记录。

3）海缆布放过程中的光电性能测试记录。

4）海缆布放过程中的埋设记录。

竟工技术资料还应包括工程施工中的所有与施工图设计文件要求不同的变动部分记录及变动原因等。

与施工相关的其他资料，包括材料和备件的清单等。

竟工文件应符合下列要求：

1）所有施工图样都应加盖竟工图章。

2）内容完整，没有缺页、漏项、颠倒，资料齐全。

3）竟工图纸应与实际竟工状况相符，测试记录数据应真实准确。

4）资料书写应字迹清楚、版面整洁、规格一致，装订符合归档要求。

参 考 文 献

[1]　YD 5018—2005，海底光缆数字传输系统工程设计规范［S］. 北京：北京邮电大学出版社，2006.

[2]　YD/T 5056—2005，海底光缆数字传输系统工程验收规范［S］. 北京：北京邮电大学出版社，2006.

[3]　YD 5003—2014，通信建筑工程设计规范［S］. 北京：北京邮电大学出版社，2014.

[4]　YD 5102—2010，通信线路工程设计规范［S］. 北京：北京邮电大学出版社，2010.

[5]　YD 5068—1998，移动通信基站防雷与接地设计规范［S］. 北京：北京邮电大学出版社，1998.

[6]　YD 5059—2005，电信设备安装抗震设计规范［S］. 北京：北京邮电大学出版社，2006.

[7]　YD/T 5092—2005，长途光缆波分复用（WDM）传输系统工程设计规范［S］. 北京：北京邮电大学出版社，2006.

[8]　YD 5102—2003，长途通信干线光缆传输系统线路工程设计规范［S］. 北京：北京邮电大学出版社，2003.

[9]　YD/T 5044—2005，SDH 长途光缆传输系统工程验收规范［S］. 北京：北京邮电大学出版社，2006.

[10]　YD/T 5095—2005，SDH 长途光缆传输系统工程设计规范［S］. 北京：北京邮电大学出版社，2006.

［11］　YD/T 5122—2005，长途光缆波分复用（WDM）传输系统工程验收规范［S］．北京：北京邮电大学出版社，2006．

［12］　ITU-T G. 823，The control of jitter and wander within digital networks which are based on the 2048 kbit/s hierarchy［S］．

［13］　ITU-T G. 825，The control of jitter and wander within digital networks which are based on the synchronous digital hierarchy（SDH）［S］．

［14］　ITU-T G. 957，Optical interfaces for equipments and systems relating to the synchronous digital hierarchy［S］．

第 6 章

海底光缆通信系统维护管理技术

本章主要介绍了海底光缆通信系统在工程运用中的维护管理技术要求，主要包括系统设备的业务开通、调度流程、日常管理要求以及系统出现故障时的修复管理要求或故障恢复流程。有中继系统和无中继系统都是由端站设备和光缆线路两个功能部分构成，端站设备部分主要介绍了 SDH 设备、WDM 设备、OTN 设备以及远供电源设备的维护管理要求，光缆线路设备部分主要介绍了海底光中继器、海底光均衡器以及海底分支器等功能部件的维护管理要求。此外，本章还对海底光缆通信系统光缆线路故障的常见类型、定位方法、修复程序以及修复方法进行了介绍。

6.1 概述

6.1.1 海底光缆通信系统维护管理的目的和作用

海底光缆通信系统作为当代信息跨海（洋）高速、大容量传输的重要手段，在国家或地区经济社会发展、人文交流中发挥着越来越关键的作用，可以说一个国家或地区所拥有海底光缆通信系统的规模和数量直接反映出其经济发展水平与对外开放程度。由于海底光缆通信系统所承载的信息传输量巨大，一旦发生系统传输设备故障或系统传输线路遭受诸如渔业捕捞等外力损坏而导致信息传输中断，其后果将十分严重。因此，研究如何对海底光缆通信系统进行科学有效地维护管理，保证海底光缆通信系统的正常运行正变得越来越重要。

海底光缆通信系统维护管理的作用体现在系统运行维护管理和系统故障恢复两个方面，通过科学的系统维护管理，海底光缆通信系统能够长期稳定的提供通信保障能力，服务经济社会发展。在系统发生故障时（尤其是系统传输设备发生故障），通过快速的故障定位，排除设备或光缆线路的故障，恢复系统的正常运行。

6.1.2 海底光缆通信系统维护管理的内容

海底光缆通信系统维护管理技术复杂、环节众多，要求维护人员必须严格执行维护管理相关规定，科学管理，确保海缆通信线路的畅通有效。根据系统具体组成和应用场景的不同，海底光缆通信系统的维护管理分为有中继海底光缆通信系统的维护管理和无中继海底光缆通信系统的维护管理，主要包括系统的业务开通和调度、端站设备维护管理、线路设备维护管理以及光缆线路维护等内容。

　　海底光缆通信系统设备层面的维护管理技术包括机房端站设备的维护管理和光缆线路设备的维护管理两部分内容。其中机房端站设备主要包括 SDH 设备、WDM 设备、OTN 设备以及远供电源设备，光缆线路设备主要包括海底光中继器、海底光均衡器以及海底分支器。

　　海底光缆通信系统光缆线路路由环境复杂多变，受潮汐、海流、海底地质、船泊抛锚、渔捞作业等因素影响较大，所以加强对海底光缆通信系统光缆线路的维护管理并采取必要的保护措施是非常重要的。

6.2　系统开通和业务调度

　　海底光缆通信系统的网络管理系统主要由网元管理系统（EM）以及辅助的本地维护终端组成，其管理功能、网络的结构、ECC 功能以及协议栈等均符合 ITU-T 建议 G.784、Q.811 和 Q.812，管理信息模型符合 ITU-T 建议 G.774 系列。其主要功能是管理海底光缆通信系统岸端和水下的所有可控设备，监控设备的状态并根据需要修改设备的相关参数，实现对设备的操作、维护和管理，保证设备可靠、有效地运行。海底光缆通信系统是多种设备协同工作的复杂通信系统，按照系统的组成，本节主要介绍光传输终端设备、远供电源设备、海底光中继器以及光放大器等设备的业务开通及调度。

6.2.1　光传输终端设备业务开通及调度

　　（1）设备加电

光传输终端设备加电操作步骤如下：

1）连接电源至机架或设备。

2）检查电源电压，其值应在 DC-38.4～-60V 范围内。

3）检查是否存在短路现象。

4）打开机架上的电源开关。

5）打开设备电源开关。

　　（2）设备软件配置

设备需要进行配置才能使用，配置的步骤如下：

1）属性配置。

设备的属性配置需要设置网元 ID、开通时间、网元名称、系统位置、联系方法等参数，其中网元 ID 在出厂前已经分配好，现场只需确定使用该 ID 即可，网元 ID 地址具有唯一性。网元名称可以为阿拉伯字母，也可以为中文，视具体需要而定；在属性配置中，网元 ID 参数和网元名称为必填项目。

2）插盘配置。

网元插盘配置是通过操作网管，选择对应机盘来实现与设备实际安装机盘匹配的目的。详细操作请参阅说明书中设备开通相关章节描述。

3）时钟源配置。

设置网元系统时钟源，使全网时钟系统同步工作，设定一个主钟，其他为从钟。

4）端口安装。

端口安装目的是配置设备的交叉模块、外时钟模块、光接口模块（只针对 SFP 模块）、数据端口等，达到优化设备功能目的。

5）端口配置及使能。

端口配置及使能目的是激活端口工作状态，使告警和性能等同步。

6）用户管理。

用户管理为增加或者删除用户、修改用户身份等，以达到管理用户的目的。

7）通道保护配置。

通道保护设置通过时隙交叉连接配置来完成，设置主用通道和保护（备用）通道，更复杂的子网连接保护也是如此。

8）复用段保护配置。

1+1 MSP 保护和 1∶1 MSP 保护通过建立业务子网和时隙交叉连接来共同实现，MSP 环网保护通过设置 MSP Ring 和交叉连接来实现。

9）交叉连接配置。

交叉连接配置简称时隙配置，就是按照业务规划，建立相应的业务通道，主要具体内容如下：

① 时隙端口分叉复用配置（建立端口与通道的连接关系）；

② 中继时隙的配置（主要是指 ADM/DXC 建立通道与通道的直通连接关系）；

③ 若采用 SNCP（含通道保护），需要在时隙配置时配置相应的保护通道。

10）其他配置。

如 J 字节设置、告警接口设置、告警属性设置、环回设置等。

（3）网管软件操作

设备网管主要功能如下：

1）网元和网络的配置管理（包括时隙的交叉连接功能）。

2）精确的告警定位功能。

3）准确的性能监视功能。

4）有效的维护功能。

5）可靠的安全管理。

设备网管软件的操作步骤：

1）网管软件界面主视窗。

在成功登录网元后，将弹出网管软件主视窗如图6-1所示。

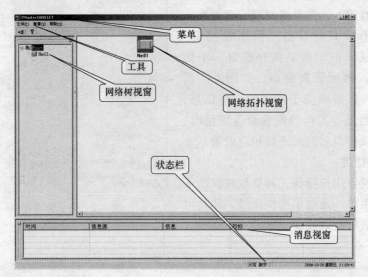

图6-1 网管软件主视图

网管软件主视窗由菜单、工具栏、状态栏、网络拓扑视窗、网络树视窗以及消息视窗组成，通过鼠标和键盘均能实现各项功能。主视窗中的条目定义如下：

① 菜单：菜单栏包括文件、查看和帮助，其中文件菜单下可进行退出网管操作，查看菜单可以对工具栏，状态栏，网络树，消息等展开或者隐藏，帮助菜单提供版本信息和帮助说明。

② 工具栏：由退出和帮助组成。

③ 状态栏：显示当前网管软件运行的相关信息。

④ 网络拓扑：网络拓扑是网管的主操作界面，它显示出设备路由连接关系。当网络中网元设备运行正常时，网元是绿色的，若出现故障，则变为红色。通过双击某个网元可以对其进行更具体的操作，在排除故障后，网元颜色恢复成绿色。

⑤ 网络树：也叫导航窗，在多个网元组网时可显示网络树状结构，可实现便捷的网元切换，也可以进一步通过双击窗口上网元图标来对其进行更具体的操作。

⑥ 消息视窗：对当前操作内容及对象进行显示，起指导作用。例如，当软

件发送命令给设备或者设备上报相关信息给网管软件,所有这些命令和信息都显示在这个消息视窗里。

2)网元管理对话框。

在登录时,网管软件已经将设备的配置信息数据读入,如果要对网元进行修改或管理操作,只要双击"网络树视窗"中的网元或单击"网络拓扑视窗"中的网元会进入网元管理窗口,如图 6-2 所示,用户可以看到关于网元的一些信息,如设备的类型、工作的模式及告警情况,并可通过该窗口对网元进行相应设置。

3)快捷键。

为了便于用户操作,网管软件提供了快捷操作菜单,通过单击快捷键,同样可以对网元进行有效操作,如图 6-3 所示。

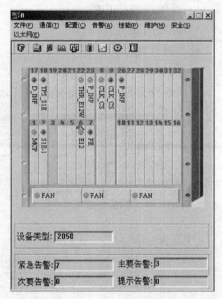

图 6-2　网元管理视图

图 6-3　快捷键

表 6-1 给出了快捷键的详细功能。

表 6-1　快捷键的功能

按　钮	对应菜单命令	功　能
	"文件"⇒"关闭"	退出网元管理窗口
	"配置"⇒"安装网元"	修改网元配置信息
	"配置"⇒"插板配置"	修改网元插板配置信息
	"配置"⇒"时钟源配置"	修改网元时钟源信息

（续）

按　　钮	对应菜单命令	功　　能
	"配置"⇒"校时"	设置网元的时钟
	"告警"⇒"当前告警浏览"	查看网元当前告警信息
	"性能"⇒"当前性能浏览"	查看网元当前性能信息
	"维护"⇒"单板环回控制"	设置网元单板端口环回控制
	"安全"⇒"网元日记管理"	查看网元操作日记

4）关闭。

在文件菜单中选择关闭可以退出网元管理软件对话框。

5）告警信息查询。

告警状态信息，包括当前告警、历史告警和实际告警，它们均能在告警浏览对话框中查询和显示，具体操作如下：

① 从告警菜单中选择当前告警、历史告警和实际告警，则弹出的告警浏览对话框显示相应的告警表；

② 在网元管理对话框中点击相应的机盘，则弹出的告警浏览对话框显示当前告警表；

③ 单击 ▓ 快捷按钮，则弹出的告警浏览对话框显示当前告警表。

图6-4显示的是告警浏览对话框的例子。

6）业务性能监视。

在事件浏览对话框里可以查询和显示业务性能越限事件和保护倒换事件，如图6-5所示。

确认性能越限表被选中，如果没有，单击选中性能越限；单击查询按钮，则已有的性能越限记录显示在窗口上；单击退出按钮可结束性能监视。

6.2.2　远供电源设备业务开通

（1）上位机监控软件

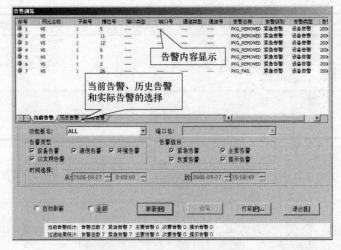

图 6-4　告警浏览对话框

图 6-5　事件浏览对话框

　　远供电源为高压电源设备，工作过程中操作人员一般不宜直接接触设备，因此为了监控设备的状态，可以通过上位机操作软件进行。图 6-6 给出了一台远供电源的工作状态的监控界面，设备的所有操作基本都可以通过上位机全程进行。

　　（2）设备的开机

　　设备开机要遵循先保证设备安装正确，接地良好，设备的输入和输出以及控制信号线连接正常后，使设备输入上电（通常此时输出并未开启），然后通过监控软件开启设备的输出。下面给出了常规的开启操作步骤：

　　1）正确连接电源线缆，电源插头接入供电插座。

　　2）开启漏电保护开关总开关。

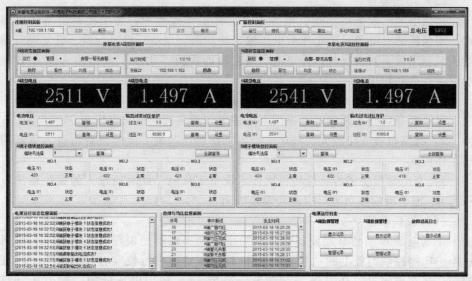

图 6-6 远供电源监控软件界面

3）开启机柜中各个单元的电源空开。

4）用上位机连接设备。

5）用上位机开启远供电源设备。

（3）设备的关机

设备关机之前，应先通过监控软件关闭设备的输出，然后通过电源总开关关闭输入电源。下面给出了常规关机遵循的步骤：

1）通过上位机软件待机设备。

2）打开电源前面板，断开各个单元供电断路器。

3）断开漏电保护开关。

4）断开设备供电插头。

（4）设备待机

远供电源的待机是指设备的输入电压上电，而输出未启动，此时设备处于待命状态。设备待机后，设备的各种监控电路启动，设备完成自检，此时即可通过监控软件对电源进线管理和监控。大多远供电源的设备待机有两种方式：一是通过拨动电源上的拨码开关"运行/待机"进行设备待机操作，设备待机后，电源上的"运行"指示灯应该熄灭；二是在上位机界面上的"广播控制面板"中单击"待机"按钮，弹出菜单提示"确定要将 A 端和 B 端转换为待机吗？"选择"是（Y）"，设备开始待机。设备待机后，可以看到设备 A 端和 B 端的电压和电流指示情况。

（5）均压特性

远供电源一般采用双端供电方式，正常工作过程中，为了提高设备的可靠性，需保证两台电源稳定工作后电压输出的均衡。设备开启运行后，可实现自动均压，当出现下列情况时，需单击广播控制面板的"均压"按钮使 A 端和 B 端实现设备自动均压：

1）当 A 端和 B 端的设备开机时间相差较长，此时一端已完成设备内部均压，另一端开启时，此端将不提供电压输出（即各模块输出电压为 0）。

2）线路负载变化较大，破坏了设备工作电压基准，此时设备将进入重新均压工作模式。

3）当电源模块进行维修后再次连入设备工作时，此时新进入的模块输出电压为 0，需手动均压后方可启动此模块输出。

（6）校验功能

岸基电源 A 端和 B 端设备在自动均压功能实现不是很理想的情况下，可通过单击广播控制面板上的"校验"按钮对均压功能进行校准。每单击一次校准按钮，将实现输出电压高的一端的电压降低 1V，输出电压低的一端电压升高 1V。运行过程中，为保证设备可靠的负载变化特性，不建议对电源两端的输出电压进行校准。

6.2.3　海底光中继器业务开通

海底中继器随海光缆一同敷设完成后，通电后即自动开通业务，其工作状态无须其他干预，仅需岸端监控即可。岸端监控可由 COTDR（相干光时域反射仪）、光谱分析仪、光功率计等仪器设备构成，该类仪器设备可统一受网管控制，或单独工作。

6.2.4　光放大器业务开通

光放大器的基本操作主要为设备替换时的开关操作，对于机箱结构的光放大器，具体操作步骤如下：

1）检查和清理光纤连接头。

2）连接电源线、网管线缆和输入、输出光纤。

3）打开电源开关，打开运行开关，放大器自动进入工作状态并上报网管。

4）对于插板结构的光纤功率放大器，如需进行插板的插拔，需首先切断插箱电源，检查光纤连接头方法同机箱式光纤功率放大器。

6.3　端站设备维护管理技术

无中继海底光缆通信系统的端站设备主要包含光传输终端设备、光放大器、海缆监控设备、辅助系统设备（网管设备和公务系统设备）以及 PFE 设备。有中继海底光缆通信系统的端站设备主要包括光传输终端设备、海底光缆终端设备、远供电源设备、接地电极、线路监测设备以及网络管理设备。有中继和无中继海底光缆通信系统的光传输终端设备差别不大，主要包括 SDH 设备、WDM 设备和 OTN 设备。考虑到设备本身的技术复杂程度、对整个传输系统的重要程度以及发生故障的可能性，本节主要介绍 SDH 设备、WDM 设备和 OTN 设备等三种光传输终端设备的维护管理技术。

6.3.1　SDH 设备维护管理

（1）日常维护要求

1）维护人员掌握专业技术知识。

维护人员必须对 SDH 光传输系统的组成、线路、设备、功能、接口等情况了如指掌，熟知 ODF 架、DDF 架、VDF 架以及网络系统的应用情况，熟知光缆的长度，芯数、接头及光纤的衰耗值等，熟知 SDH 维护与故障处理仪表的功能和操作方法、注意事项。维护人员要熟知光模块功能和光接口的检测方法等，对其构造、功能及特点全面掌握才能做到日常维护的全面、彻底，做到故障的快速定位，提高维护效率。

2）维护时要避免人为故障。

在对 SDH 光传输系统进行日常维护时，如果故障不明显或者无故障时，维护人员不得对 SDH 网络内的设备进行手动操作。由于 SDH 光传输设备具有极强的敏感性，如果随意搬动，会造成人为故障而影响网络系统的应用。一旦网络组建成功，在维护时要特别注意工作状态，只有出现大的故障时才能进行搬动。

3）坚持先通后修原则。

SDH 光传输设备电路集成度极高，如果出现板件故障，不可轻易进行维修。需要首先将板件进行定位、替换，进行网络抢通，然后再对故障板件进行返厂维修或自行维修。

4）注意安全防范原则

所谓安全防范就是在进行维护和故障检修时不但要注意操作人员的人身安全，还要注意设备板卡及器件的安全。所以，在维护和检修过程中要注意技术人员的自身静电对器件的危害，在对器件进行拔出或送修过程中，必须进行防静电处理，并对器件作好防振措施，以免运输过程中造成二次损坏。在处理光接口信号时，要注意对技术人员眼睛的保护，因为光发送器的尾纤端和活动连接器的端面会对眼睛造成伤害。另外，光纤抗弯性较弱，经常小角度弯拆会造成折断，应避免随意进行折卸。

（2）故障维护要求

1）故障定位原则。

　　出现故障时，首先要考虑的是尽量不要影响业务的传输，所以就要通过倒线、倒传输设备、更换单板或终端设备等办法抢通线路，然后再进行仔细的故障排除、修复等。尽量缩短业务受影响的时间，将损失减到最低。SDH 设备发生故障时，设备的很多单板都是红灯闪烁，为避免混乱，故障定位的原则如下：

　　① 先常见后特例。

　　进行故障定位时，应先对较常出现的故障类型进行排查，对故障发生频率较高的设备进行排查，若没查找出故障再排查其他的地方，这样也容易准确定位故障，减少排查故障的时间和人力、物力。

　　② 先外部后传输。

　　定位故障时，应先排除外部的可能因素，如光缆、对接设备故障或电源问题等。

　　③ 先高速后低速。

　　从告警信号流可以看出，高速信号告警常常会引起低速信号告警，因此在故障定位时，应先排除高速部分的故障。

　　④ 先高级后低级。

　　分析告警时，应首先分析高级别的告警，如紧急告警、主要告警等，然后分析低级别的告警，如次要告警或提示告警等。

　　上述故障分析方法，要求维护者对 SDH 原理、设备硬件系统及 SDH 告警信号流程图比较熟悉，并能分析出各种告警的互相产生和依存关系，然后从众多的告警信号中找出哪些是基本告警（即高级别告警），哪些是由此衍生出来的告警信号（即低级别告警信号）。

　　2）故障处理方法。

　　通过设备单板告警指示灯的状态或从设备网管计算机上观察到的告警信息，结合告警信号流程图，大致定位出故障点，进而采取相应措施排除故障。常用处理故障的方法如下：

　　① 自环。

　　自环是处理传输设备故障最常用、效率最高的一种方法，对日常调度电路、增开电路发挥着很大的作用。采用自环判断故障的一个大的特点就是可以不必依赖大量告警及性能数据分析，减少因数据分析而拖延的时间，快速地将故障定位到单站甚至是单板，而且操作简单。自环主要分为设备外自环、设备内自环和外围设备自环三种方式。设备外自环检查对端站设备及光纤链路是否有故障，设备内自环检查 SDH 设备内部是否有故障（又分为线路板自环和支路板自环），外围设备自环检查各外围设备是否有故障。通过各种不同的自环，能够层层分离出故障点来，从而排除故障。不过自环时须注意，不要使接收过载，必要时需加衰减器。自环排除故障会导致业务的暂时中断，一般只有在出现业务中断等重大事故时，才使用该方法排除故障。

② 替换法。

替换法也是一种常用的 SDH 设备故障处理方法，就是使用一个工作正常的部件替换一个被怀疑工作不正常的部件，从而达到定位故障，排除故障的目的。这里的部件可以是一段线缆、一台设备、一块单板、一个模块或一个芯片。替换法适用于排除外部传输设备的问题，如光纤中断、电缆、交换机、供电设备等。在故障定位到端站设备后，替换法用于排除设备内单板或模块的问题，如怀疑某块光板有问题，可以将设备上工作正常的同类型号光板对调，也可将东西向光板对调，再检查是否故障转移。替换单板时应注意，要有防静电措施，不要带电插拔单板。替换法的优点是比较简单且适用性较高，但此方法对设备的备件有一定的要求，且操作时不是很方便，也可能会影响正常的业务。为了提高故障处理效率，替换法经常与其他方法结合使用。

③ 仪表测试法。

仪表测试法是指采用各种仪表如误码仪、万用表、光功率计、OTDR 等检查传输故障。误码仪用于测试业务通断和误码，万用表用于测试供电电压，检查电压过高或过低的问题。光功率计主要用于测量传输链路各点的光功率，也可通过测量发射端与接收站的光功率来得出光纤链路的损耗，检验传输的连续性，并帮助评估光纤链路传输质量。OTDR 可测试传输链路光纤两点间的距离、任意两点间的光纤平均损耗、总损耗、沿光纤长度的损耗分布以及用于定位光纤故障点。仪表测试法分析定位设备的光纤故障准确度比较高，可为故障的快速处理提供可靠的依据。

6.3.2　WDM 设备维护管理

（1）日常维护要求

1）每天例行维护。

WDM 设备在硬件和软件方面都有一些每天必须进行维护的项目，包括检查设备的外部状况（如供电系统、机房环境、防尘防水，检查设备声光预警，设备板卡指示灯，设备的运行温度），网管软件方面的用户登录情况，网元和电路板状况，系统的预警，性能监视，查询日志记录等。

2）周期性例行维护。

维护人员通过对 WDM 设备定期进行网管和设备维护，可以对系统的长期工作情况进行了解。而周期性例行维护可分为短期、中期、长期和年度维护，短期的比如是风扇的检查和定期清理，光板收发功率的查看；中期的是启动或关闭网管系统查看，网管数据的备份和转存等；长期的如机柜清洁检查，地线连接检查；年度的就是电源线连接检查、地阻检查测试。

通常 WDM 设备的维护可以分为两类，在主站网管中心使用网管计算机进行网络维护和传输机房内的网元维护（设备维护），本书中的 WDM 设备维护主要是指端站机房内的网元维护。网元设备维护人员主要通过设备、单板告警灯的闪烁情况来判断分析并定位故障，因此要牢记各板、各告警灯闪烁代表的含义，在日常工作维护中，要时刻关注告警灯的闪烁情况。

（2）故障维护要求

1）常用故障定位方法。

WDM 设备故障处理的关键在于故障的定位，将故障点从全网范围准确地定位到具体设备或具体功能部件，通过获得告警信息并对告警进行分析、判断，确定故障的类型和部位。一般情况下，系统发生故障时，会伴随有大量的告警和性能事件，通过对这些信息的分析，可以大致判断出所发生故障的类型和位置。

获取故障信息的途径通常有两种：通过网管获得告警信息和通过设备上的指示灯获取告警信息，设备指示灯仅反映设备当前的运行状态，对于设备曾经出现过但当前已经结束的故障无法表示。设备每种告警对应的指示灯闪烁情况，可以通过网管软件来进行重新定义，也可以将某种告警屏蔽。当设备单板告警灯闪烁时，闪烁的方式与该板上检测到的所有告警中的最高级别的告警相一致。

常用的故障处理方法如下：

① 环回法。

当系统出现误码的时候，通过分析告警和性能数据可能无法进行故障定位，类似 SDH 中的故障处理方法，可以对业务信号逐段环回来进行故障定位。环回可以在收发侧 OTU 单板上进行，也可以在收发光放之间加上衰耗器来进行。实践中，可以进行本站环回，也可在对端站进行环回，环回的方式包括软件环回和硬件环回。采用线路环回，可以将故障定位到到单站，同时还可以初步定位线路板是否存在故障。采用环回法有可能会中断业务，所以环回前应该先在 SDH 上做强制倒换，对业务进行保护后再进行断纤环回。但需要注意的是，要避免环回后发生远端站点 ECC 通信中断的问题，一旦远端站点 ECC 通信中断，则只能到远端站点现场才能解开环回。

② 替换法。

替换法就是使用一个工作正常的部件去替换一个被怀疑工作不正常的部件，从而达到定位故障、排除故障的目的。这里提到的部件可以是一段线缆、一个设备或一块单板，替换法适用于排除传输外部设备的问题，如光纤、中继电缆、交换机供电设备等；也可将设备上工作正常的同类型光板对调，检查是否出现故障转移。

③ 更改配置法。

在实践中，通常更改的配置内容包括时隙配置、板位配置及单板参数配置等，适用于故障定位到单站后，排除由于配置错误导致的故障，最典型的应用是用来排除指针调整问题。

④ 仪表测试法。

现有的测量仪表已经比较完备，包括光功率计、光谱分析仪和综合分析仪等。通过这些仪表，我们首先可以测试接收光功率，然后进一步测试分析频谱，最后可用综合分析仪对误码特性进行测试。通过使用仪表测试法分析定位故障，说服力比较强，缺点是对仪表有需求，同时对维护人员的要求比较高。

2）故障定位过程。

① 排除外部设备故障。

排除光纤、接入 SDH 设备和电源供电等问题。

② 故障定位到单站。

将故障定位到单站，最常用的方法就是"告警性能分析法"和"环回法"。环回法通过逐站进行外环回和内环回，定位出可能存在故障的站点或单板。告警性能分析法通过网管逐站进行告警性能分析，查看各站的光功率，与已经保存好的性能数据（正常情况下）比较，分析差异，定位出可能存在故障的尾纤或单板。综合使用这两种方法，基本都可以将故障定位到单站。

③ 故障定位到单板并最终排除故障。

故障定位到单站后，进一步定位故障位置最常用的方法就是替换法。通过替换法可定位出存在问题的单板和尾纤。

故障定位的各个过程及其常用的方法见表 6-2。

表 6-2　WDM 设备故障定位过程及方法

故障定位过程	常用方法	其他方法
排除外部设备故障	替换法、仪表测试法、环回法	告警性能分析法
故障定位到单站	环回法	告警性能分析法
故障定位到单板并最终排除	替换法	告警性能分析法、环回法、经验处理法

3）常见故障分析处理。

当网络发生故障时，如何尽快判断故障原因、故障性质和发生区段，是排除故障的关键。在实际的光传输网络中，SDH 与 WDM 设备之间是相互关联的，对于 WDM 系统而言，SDH 设备变成了它的边缘节点；而对于 SDH 系统而言，可以将 WDM 系统看成是多套 SDH 系统共用的智能化光纤。两者通过传送的业务信号流紧密地结合在一起。当某一设备或线路发生故障时，往往会引起与之相关的多个设备同时上报告警。然而，目前光传输网络的管理通常是由各自独立的网元管理系统来完成的，即各个设备的告警信息相对独立。这使得光传输网络的故障诊断变得较为复杂，往往就只能依靠具有丰富经验的网络维护人员来完成。在日常维护中碰到的最常见的故障主要有光信号中断和误码两种。

① 发生光信号中断时，分析处理规则如下：

a. 当 OTU 盘、OA 单元收无光时，其发光器也会自动关闭（AL 功能）；

b. 单、双纤故障的情况都会存在，而且在光缆发生故障时，双纤同时中断的概率更大，单纤故障则更多发生在尾纤或连接器上；

c. 无源器件对光信号的传输性能会有影响，但只影响某一波的概率是很低的。

② 发生光信号误码时，分析处理规则如下：

a. 误码告警以每一个光通道为基本单位；

b. OTU 盘本身具有再生段误码检测的功能；

c. 设备能够检测出误码，说明此时光路未中断；

d. 双向通道同时劣化的概率不大，基本上只考虑单向误码的情况；

e. 在 WDM 系统中，如果发端 OTU 检测到 B1 误码，则收端 OTU 肯定也会检测到误码，当两者检测出的误码数量相同时，说明在收发 OTU 之间的光路上再没有产生新的误码；

f. 当所有共用 WDM 的 SDH 都产生了 B1 误码时，可认为故障发生在公用部分，如光复用、解复用或光线路。

6.3.3 OTN 设备维护管理

（1）日常维护要求

OTN 设备的日常维护可以分为两类，在主站网管中心使用网管计算机进行的网管侧维护和传输机房内的网元维护（设备侧维护），具体如下：

1）维护人员要求。

OTN 设备维护人员必须要熟知系统以下各方面情况，才能做好维护工作：

① 光缆线路情况，包括光缆的长度、芯数，光纤的衰耗值以及备纤的一些情况。

② 工程组网信息，包括组网情况、各局点的业务配置、波长配置、光纤走线、机房设备的摆放、设备的运行情况并熟悉工程文档。

③ 设备情况，包括设备的型号、配置情况、设备状态灯的情况、单板收发指标值、设备电源情况以及设备的内部连接和 ODF 架的连接情况。

④ 仪表、工具情况，OTN 传输网络常用的工具有光功率计、光时域分析仪（OTDR）、误码仪、光纤跳线、衰减器、标签纸等，维护人员要熟知各类工具和仪器的使用方法。

2）网管侧维护要求。

要求网管维护人员对网管计算机上产生的信息能够准确地查询，如查询告警、性能越限、光功率等基本参数，对出现的异常情况（如告警、性能数据等问题）能够进行分析做出初步的故障判断。网管侧日常维护工作包括每日维护操作、每周维护操作、每月维护操作以及每季度维护操作。

　　① 每日维护操作，做到每日查看当前告警，通过浏览当前告警，可以了解网络当前运行状态，在网络维护时需要及时更新告警信息，并根据告警的详细信息和处理建议做相应处理。

　　② 每周维护操作，检查服务器磁盘空间、状态，如果磁盘空间占用率超过80%，可能会影响网管系统的运行效率或导致服务器无法启动，这时应该清理磁盘空间。对系统进行病毒查杀，避免服务器和计算机感染网络病毒，保证网管系统安全运行。

　　③ 每月维护操作，备份系统文件，以备在系统发生瘫痪时尽快利用备份程序和数据恢复系统。

　　④ 每季度维护操作，检查服务器供电情况、及服务器与设备的连接情况，确保监控信号正常。

　　3）设备侧维护要求。

　　维护人员在例行维护时需要做以下工作：

　　① 每两个星期清洁防尘网以保证设备正常散热。

　　② 测试公务电话，通过公务电话拨打其他各站点的公务号码，检查其他网元的公务电话是否有响铃。在通话过程中语音应该清晰、无杂声。

　　③ 当出现单板故障，需要更换单板时，维护人员一定要带上防静电手腕操作，以防对设备产生损坏。拆除单板接口上的跳线（如果跳线密集，应该使用拔纤器），拔下的光纤端面或者接口不要直对眼睛，以免对眼睛造成伤害。拔下的光纤带上防尘帽，如果设备光纤有灰尘需要清除时，一定要先关闭激光器，然后用镜头纸或无尘棉签清理。

　　④ 当需要在设备侧进行硬件环回操作时，首先测量输出光口的光功率，然后根据单板的接收光功率范围，选择适当的固定光衰减器，最后使用光纤跳线连接单板的输出光口和输入光口进行环回。

　　（2）故障维护要求

　　1）故障分类。

　　① 光缆链路故障，包括光缆中断、链路损耗过大。

　　② 设备故障，包括 OTU、FIU、ODU/OMU、BA/LA、SCC 等器件损坏以及因环境、湿度等原因影响单板的正常工作。

　　③ 尾纤故障，包括尾纤断、尾纤损耗大，法兰盘接头或者尾纤端面等有灰尘，都会造成故障。

④ 机房电源故障，包括市电长时间停电、PIU 故障。

⑤ 网管系统故障，包括设备与网管之间的物理连接中断、计算机感染病毒、操作系统/客户端文件异常等原因，都会造成监控中断。

2）故障定位原则。

故障定位应遵循先外部，后传输；先单站，后单板；先线路，后支路；先高级，后低级的原则。

① 先外部，后传输。在定位故障时，应首先排除外部的可能因素，如光缆断纤、链路损耗大等。

② 先单站，后单板。在定位故障时，应首先正确判断故障出现在哪个网元设备上，然后再分析是网元中的哪个单板出现问题。

③ 先线路，后支路。线路板的故障会引起支路板的异常告警，所以应先排查线路板后排查支路板。

④ 先高级，后低级。根据告警级别，首先处理高级别的告警，如紧急告警和重要告警，这些告警严重影响业务，必须优先处理，保证主要业务先恢复。然后再处理低级别的告警，如次要告警和提示告警等。

3）故障处理方法

① 信号流分析法。

先分析业务信号流向，再根据业务信号流向逐点排查故障。通过业务信号流的分析，可以较快地定位到故障点并排除故障。

② 仪表测试法。

仪表测试法一般用于排除传输设备外部问题以及与其他设备的对接问题。对于主信号的光功率，可以通过检测 "MON" 口的输出光功率来判断设备信号状态。通过光谱分析仪判断单波光功率是否正常、平坦度是否正常、信噪比是否符合设计要求、中心波长偏移是否超出指标要求等。

（3）故障维护应用举例

通过分析 OTN 层次的功能及各层次中所包含的维护和管理信号，将网络维护管理分为电层管理和光层管理。电层管理是针对 OTN 层次模型中的电层路径实施管理和维护，主要通过电层路径所携带的维护、管理信号以及相应开销来实现。由 OTN 层次可知其电层路径包括 Client、ODUk-PM、ODUk-TCM、ODUk。Client 路径属于最终的客户路径，在电层管理中，只对 ODUk-PM、ODUk-TCM、ODUk 进行讨论。ODUk-PM 负责端到端的路径监视，ODUk-TCM 实现不同用户的管理以及 QoS 的监视，ODUk 实现对 OTN 的段监视。光层管理是针对 OTN 层次模型中的光层路径实施管理和维护，主要通过光层路径所携带的维护和管理信号以及相应开销来实现。光层路径有 OCh、OMS、OTS、OSC。由于 OSC 独立于其他路径单独存在，在此不作讨论。OCh、OMS、OTS 中的维护信号组成对应的光层开销对光层实现维护管理。

　　以图 6-7 所示的 OTN 组网模型为例，其分为 OTM 站点（即上下业务站点）和 OLA 中继放大站点。以站点 A 发生误码为例说明简单的维护和管理过程。站点 A 发生误码时，OMS、OTS 两层具有 BDI-O、BDI-P 维护信号，C 站点进行缺陷检测将 BDI-O、BDI-P 信号下插给 A 站，A 站上报 OTS-BDI、OMS-BDI 告警。C、D、F 站点的 ODUk 段监视监测到此误码后，向 A 站回传并上报 OTUk-BDI 告警，F 站点的 ODUk-PM 端到端的路径监视监测到 A 站的误码后，向 A 站回传并上报 ODUk-PM-BDI 告警。通过光层和电层的联合监视能够实现对 OTN 系统高效的维护管理。

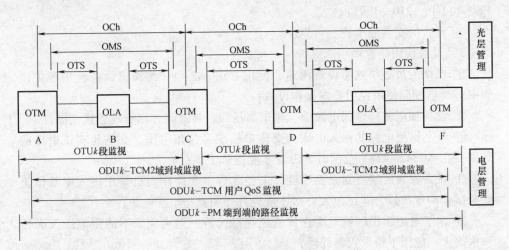

图 6-7　OTN 组网模型简图

6.3.4　远供电源设备维护管理

　　（1）日常维护要求

　　维护人员应严格按相关规定维护远供电源设备，保证供电系统的最佳性能，并记录测试结果，为将来故障发现提供帮助。在系统性能还没超出允许接收的范围之前识别并纠正不正常现象或衰变，判断并解决系统性能的异常或恶化的情况。检查备用单元的运行性能，保证其可用性。远供电源设备的日常维护中，按维护周期的长短分为每日检查、季度检查、半年检查和年度检查等 4 种维护方式，具体内容如下：

　　1）设备的维护和保养注意事项。

　　设备的维护和保养应注意以下几个方面：

　　① 设备的安装和运行环境要符合设备工作环境的要求；

　　② 设备在安装完成后，应关闭机柜前面板和后面板的机柜门并上锁；

③ 不要用坚硬物品撞击机箱，以免机箱及内部模块和电路变形或损坏；

④ 设备运输时，注意防振措施。

2）设备安装注意事项。

① 设备各单元应合理配置，以保证设备各项性能指标不因安装不当而受到不利影响；

② 设备的安装环境应和规定的环境要求相一致，避免设备间的相互干扰；

③ 安装设备时应考虑设备周围工作空间、危害与安全等有关人-机-环境工程方面的要求；

④ 应按要求安装设备的接地系统，设备的接地设计和实施参见 GJB/Z 25—1991 和 GJB 1210—1991；

⑤ 设备的安装应牢固、可靠。

3）设备使用注意事项。

① 操作人员必须熟悉设备用途、使用方法，必须仔细阅读设备使用维护说明书，严格按照使用说明要求操作设备；

② 设备加电前应确保电源线，输出高压线，接地线，网管线连接正确；

③ 岸基恒流电源的输入电压为交流单相或者三相电压，如三相交流电压的范围要在 AC342~418V 范围时，设备才能正常工作；

④ 设备安装区域要划分高压区，未经允许，非操作人员禁止进入岸基恒流电源试验高压区域，非试验人员禁止擅自打开和操作岸基电源；

⑤ 岸基电源工作区域不准存放易燃物品，万一遇火灾，不能用泡沫灭火器和水灭火，应用干粉灭火器扑救；

⑥ 值班人员在发生事故时不应惊慌失措、手忙脚乱，应镇定分析，迅速查明事故原因，采取必要的措施，并向上级报告。

4）安全操作规程。

远供电源在进行测试、试验、联试和应用时，必须严格遵守安全操作规程：

① 保持岸基电源应用区域内整洁、通风，地面环境干燥；

② 工作时按规定穿戴好防护用品，配备防高压手套，穿绝缘鞋；

③ 值班人员必须持国家统一颁发的有效电工操作证。严守岗位，不得擅自离开，非值班人员不得进入高压电房；

④ 设备加电前检查交流供电线缆、电源高压输出线缆、控制信号电缆应无破损连接正确可靠，接地线接地良好；

⑤ 检查设备接线是否按《岸基恒流电源使用维护说明书》相关要求正确连接、牢靠；

⑥ 采用匹配的高压绝缘胶布包裹高压电源线连接处；

⑦ 安装漏电保护开关，电源线加装保护管；

⑧ 电气部分的安装应由有电工资质的人进行；

⑨ 设备加电测试时必须两人，即一人操作，一人监护，严禁两人同时操作；

⑩ 按照设备正确的加电程序启动设备工作，查看工作状态是否正常；

⑪ 岸基恒流电源工作期间出现异常现象时及时关闭电源，同时切断设备供电；

⑫ 加电期间，任何人禁止进入高压区域；

⑬ 工作完成后先关闭输出电压，待输出显示电压为零后，关闭设备供电；

⑭ 对设备操作人员进行安全培训，熟知设备操作方法、触电应急措施等。

（2）维护职责划分

海底光缆通信系统维护对相关责任人的职权规定是很详细、严格的，它建立了完善的维护报告机构和制度。远供电源的维护控制权由维护管理机构指定的动力安全执行官（PSO）负责，其主要维护管理职责划分包括：

1）负责按日常维护程序保证远供电源的正确调整和转换操作，日常所有的PFE维护内容的执行必须由PSO组织落实，涉及PFE电压的调整、停送电的操作、电源重置，必须由PSO亲自操作。

2）PSO确实不能亲自操作时，应由PSO授权给操作人，操作人应严格按照PFE系统维护文档规定的操作流程进行操作，并及时把操作结果报告PSO，同时在PFE维护日记中作详细记录。

3）PSO还负责保管PFE和海缆终端设备的（互锁）钥匙，PSO必须确保及时发现PFE安全告警信息，负责保管好供电日记本并妥善安排设备安全供电和连线接地等各方面的措施，保证终端站人员工作在安全的程序下。

4）在设置动力安全执行官PSO的同时，可以任命DPSO（副动力安全执行官），在PSO不在时DPSO可以全权代替PSO，但是任何时候只允许有一个PSO以避免混乱。

（3）维护操作要求

1）明确PFE操作的重要性。

海缆故障时，PFE的操作尤为重要，它贯穿了海缆修复的整个过程。对于几千伏电压的送电，动力安全执行官（PSO）必须贯彻安全预防措施，确保所有终端站和海缆船上的人员不受PFE放音设备和高压电的危害。所有与供电和传输设备相关的工作人员必须被告知电源安全程序，同时应加强信息交流，通过发送和接收电源安全信息建立可靠的联络线路，建立并保存供电日志。

2）确认PFE控制权。

海缆故障发生后，海底光缆远供电源首先必须进行控制权的确认，必要时进行控制权的转换。无论是否为临时的控制权移交，系统主控权的更换应该在线路段维护管理机构的同意下并以书面通知的形式通报给线路段所有终端站。系统主控站必需履行的职责如下：

①控制相应线路段的供电工作，其他站要服从系统主控站的指示；

②系统主控站主持日常维护测试和其他任何与维护有关的工作；

③配合海缆船进行故障定位并进行修复过程的 PFE 停送电；

④在海缆船完成维修工作后予以确认。

3）加强 PFE 操作过程中的信息交流。

海缆修复期间，终端站和海缆船绝对不能忽略电源安全信息的交流，如果没有可靠的公务电话，就不能进行供电操作，公务电话是最适合于口头通信的联络设备之一。为获得通信的记录，可通过使用传真的方法进行，在执行供电操作之前，为了避免误解应该交换书面的电源安全信息。所有口头通信建议用磁带记录，以便供电操作后分析工作顺序。

4）服从海缆船动力安全执行官（CPSO）的控制。

海缆船到达海缆故障点后，在海缆进行维修之前，终端控制站动力安全执行官 PSO 应无条件把电源控制权移交给海缆船动力安全执行官。在海缆修复过程中，CPSO 通过发送和接收电源安全信息与各站 PSO 交流 PFE 情况并指挥各终端站 PSO 进行相应的操作。

5）配合海底光缆修复操作。

动力安全执行官需要连同相关的终端站，协助海缆船进行故障定位，如用 ROV 进行故障点定位时，释放 25Hz 的声呐信号供海缆船进行声呐定位，寻找断缆的准确位置。在海缆修复时，终端站动力安全执行官还负责协调和控制电源的加电和断电或按要求转换电源配置。保证按照海缆船动力安全执行官的要求，保持断电和修复完成后进行加电，并在有需要时主动协助路由维护测试。

（4）故障维护要求

远供电源设备常见的故障有设备无法开机或者开机失败、监控软件无法连接设备、设备不能实现均压、恒流源模块输出电压为零、设备开机时故障指示灯亮。进行故障维修应注意的事项包括：

1）为了人身及设备安全，在设备加电工作期间，严禁任何非设备相关工作人员靠近正在工作的远供电源。

2）当设备出现故障需维修时，禁止非厂商专业维修人员打开电源设备单元机箱盖板进行维修。

3）由于本设备是由独立的模块组成，使用大规模集成电路、传感器、精密可调器件、直插电阻及电容，因此用户不宜自行进行元器件级的自行维修，不能自行打开设备的机壳。

4）用户对故障的定位一般只能做到单元级，单元内部模块的故障及维修由用户将设备交寄生产厂家进行维修。

根据发生故障时系统设备的不同表现特征，可以通过如下方式进行故障的判断和定位。

1）无法开机或者开机失败。

当设备无法开机或者开机失败时，应按以下步骤检查设备或者咨询厂商：

① 检查电源供电是否正常，接插件连接是否牢靠；

② 检查供电电压是否符合岸基电源供电要求；

③ 检查输出线路是否存在短路、输出负载超过岸基电源最大输出的情况；

④ 单击上位机软件"运行"后无法执行，可改用手动从显控单元的"运行/待机"开关开机；

⑤ 单击上位机软件"运行"后提示供电故障：请检查输入电压是否在要求范围内，手动从显控单元开机后，再从上位机软件开机。

2）监控软件无法连接设备

当遇到监控软件无法连接到设备时，应按下列步骤检查设备或者咨询厂商：

① 检查电源显控单元是否开机。

② 打开电源前面板，查看电源配电及滤波单元的显控单元断路器是否开启，显控单元的液晶显示屏是否点亮。

③ 检查监控软件线缆是否连接正确。

④ 如果恒流电源是以以太网接入系统，则应检查以太网接口是否连接到设备的以太网接口，如果没有，应连接，并设置 IP 地址为同一个网段。

⑤ 检查电脑 IP 地址是否与远供电源 IP 地址在同一个网段里面，同时检查上位机 IP 地址是否与上位机 IP 在同一个网段，如果没有，请设置在同一个网段。检查方法如下（建议咨询厂家技术人员）：

方法一：更改计算机的 IP 地址，具体可咨询相关网络管理人员；

方法二：更改远供电源的 IP 地址。首先必须要有一台能够连接上远供电源的计算机，连接上以后，在 A 端状态显控面板或者 B 端状态显控面板的"当前 IP"文本框后，单击修改。在弹出的提示框中输入 IP 地址，单击"确定"即可。此时上位机将会断开，需按新的 IP 连接远供电源后，方可进行上位机操作。

方法三：在命令提示符中输入"ping 192.168.1.180-t"（IP 地址根据实际地址设置）观察上位机与远供电源是否已连接，具体可咨询网络管理人员。

3）设备不能实现均压。

远供恒流电源设备在正常工作后，两端的电压应该均衡。如果两端的输出电压不能均衡，应按如下步骤检查设备或者咨询厂商：

① 首先需要说明，设备不均压不影响输出电流，只要输出电流存在（如输出电流为 1.5A），负载是可以工作的。岸基电源开启后，运行 10min 左右，软件应该能够实现自动均压，两端的远供电源不能实现均压。

② 单击远供电源监控软件中"广播控制面板"中的"均压"按钮，使远供电源进入自动均压。

③ 自动均压完成后，如果保持时间不长，均压状态破坏，应检查负载特性是否变化太大。

4）恒流源模块输出电压为零。

当恒流源中部分模块输出电压为零时，应按以下步骤检查设备或者咨询厂商：

① 工作稳定后，恒流源模块输出电压为零，此时可能存在以下情况：

a. 所有恒流源模块输出电压都为零，则设备可能未工作，或者进入短路、过电压保护；

b. 单个恒流源模块输出电压为零，可能由于负载存在变化，变化的电压迫使此路输出为零，此现象为正常现象，不影响设备输出。

② 按上位机界面上的"均压"按钮，使输出电压重新分配。

5）设备开机时故障指示灯亮

当设备开机时显示故障时，应按以下步骤检查设备或者咨询厂商：

① 检查设备连接是否正确，连接点是否牢靠，接触电阻是否符合要求。

② 查看设备是否正常输出电流，如设备正常输出。在保证设备供电稳定的情况下，可进行如下操作：用上位机下发"复位"命令（或者在显控单元的面板上拨动"复位"按钮）；查看故障是否消除（不可消除或者消除后立即出现，需联系生产厂家）。待故障消除后，用上位机软件再次下发"运行"命令，查看故障设备的"运行"指示灯是否点亮，点亮后用上位机软件下发"均压"命令。待设备运行稳定后，查看设备工作状态是否符合要求。

对于出现上位机无法连接设备、设备无法开机或者开机失败、设备不能实现均压、设备开机时故障指示灯亮时可以按照故障判别和维修方法进行处理，如果设备依旧无法修复，请报厂家进行维修。

（5）维护经验推广

在国内海底光缆事业的发展历程中，海底光缆维护经验的积累经历了从无到有，不断总结完善的过程。远供电源系统的维护应严格遵守远供电源 PFE 系统维护文档的规定，但是在海缆不断运行的过程中，在联合维护文档所有内容和规定的范畴内，各个国家或地区依各自情况的不同况制定海底光缆设备维护附加程序，该附加程序一般由各个运营商根据当地作业的需要进行添加。下面以国际海缆汕头站制定的 PFE 维护附加程序为例进行介绍，其主要内容包括：

1）落实责任制。

系统维护文档要求远供电源的操作必须由指定的 PSO 或 DPSO 负责，结合中国电信设备维护的包机制度，汕头站落实了 PFE 的动力安全操作官和副动力安全操作官就是远供电源 PFE 设备的包机人。PSO 和 DPSO 必须熟悉 PFE 整套系统的维护和操作流程，英语交流要求流利，人员相对固定，相关的远供电源交流培训和会议一般由 PSO 参加。

2）制定详细、完善的流程。

汕头站在遵守系统联合维护文档的基础上，根据长期的维护经验和多次断缆修复过程的总结，归纳了海缆维修时远供电源操作的一般步骤。即远供电源加电步骤、远供电源断电步骤、远供电源配置步骤、远供电源供电安全制度、远供电源维护责任以及远供电源供电日志的规范等相关流程和管理制度。

3）PFE 操作实行唱票制。

从电力部门高压电源操作实行唱票制得到启发，把唱票制应用到海缆远供电源的操作中，在进行远供电源操作时，由动力安全执行官和当班值班人员相互配合，由值班员唱票，PSO 执行电源操作。该制度的实施，确保了远供电源操作的安全性和可靠性，得到业界的认可。

4）提高服务质量，变被动服务为主动服务。

海底光缆系统非常复杂，它涉及的设备有海底线路设备、网络保护设备、网络监控设备及供电设备等，海底光缆系统的维护和修复需要多种设备及多个负责人相互间默契的配合。当海缆发生故障时，动力安全执行官必须主动协助其他任务负责人进行故障定位，与其他站的 PSO 协调和控制上电、断电的步骤，如果有需要，PSO 应主动协助路由维护的测试及维修后系统的传输测试。

6.4 线路设备维护管理技术

无中继海底光缆通信系统光缆线路部分由海底光缆、海缆接头盒、海底分支器、岸滩接头盒和陆地光缆构成，系统中使用光放大器来延长无中继传输距离。有中继海底光缆通信系统光缆线路部分包括海底光中继器、海底光均衡器、海底光缆、海底光缆接头盒、海洋地、岸滩接头盒和陆地光电缆等。其中海底光中继器、海底光均衡器以及海底分支器等设备与海底光缆通信系统光缆线路中的其他功能部件相比更容易发生故障，影响系统的正常传输功能，需要探讨其维护管理技术。

6.4.1 海底光中继器的维护

1. 日常维护要求

海底光中继器放大海光缆传输线路中的光信号，在每个传输方向上，海底光中继器首先分离出光监控通道并进行光电转换，变成电信号，经过分析获取本地的监控信息。进行光功率放大，然后将放大后的光信号与处理后的光监控通道信息合并在一起发送到传输线路。海底光中继器的主要工作在海底环境，确认发生故障后，需要直接更换新的海底光中继器，具体操作步骤和注意事项参照海底光缆通信系统光缆线路维护技术部分的相关内容。

海底光中继器日常维护主要为工作状态监控，包括海光缆高压恒流电源工作状态监控，岸端海光缆下行光信号功率、光谱监控，海光缆上行输出端的光信号功率、光谱监控，COTDR海光缆健康监控等。其中，注入海光缆的光信号功率监控为监控光发射机经光功率放大器输出光信号的功率，用于确认海光缆下行信号的光功率是否足够；注入海光缆光信号的光谱监控为监控DWDM信号的信道数量和各信道功率的平坦度是否正常。海光缆上行输出端的光信号功率监控为监控岸端海光缆上行信号进入光前置放大器前的输入光信号的功率，用于确认海光缆上行信号的光功率是否正常；海光缆上行输出端光信号的光谱监控为监控DWDM信号的光信噪比（OSNR）和各信道功率的平坦度是否正常。

采用COTDR（见图6-8）进行海光缆健康监控，主要监控各段海光缆传输损耗是否正常、是否有断裂以及各级海底中继器工作是否正常。

2. 故障维护要求

海底光中继器故障类型分为海底中继器信号异常故障和海底中继器信号中断故障。其中，海底中继器信号异常故障表现为部分信道丢失或功率严重变小、岸端上行信号各信道平坦度劣化、上行信号光信噪比劣化等；海底中继器信号中断故障表现为岸端上行信号无DWDM信号，COTDR信号中断等。

图6-8　COTDR监控系统

海底中继器信号上行信号各信道平坦度劣化、上行信号光信噪比劣化可能会引起部分或全部DWDM信道系统误码率变大或无法解调。海底中继器信号中断故障则直接导致海光缆系统无法完成通信。

海底中继器信号异常故障可从岸端海光缆下行光信号功率、光谱监控，海光缆上行输出端的光信号功率、光谱监控，COTDR海光缆健康监控等方法进行判断定位。主要包括以下内容：

1）信道丢失或功率严重变小可从岸端海光缆下行光谱监控中发现，一般为进入DWDM波分复用器前的光发射机故障或光纤连接器损坏所致，可通过检查光发射机故障信道输出功率或故障信道光纤连接器的两个端面找到故障源。

2）岸端上行信号各信道平坦度劣化或上行信号光信噪比劣化可通过岸端上

行信号光谱监控发现，再检查海缆该光纤对应另一端的下行信号的信号平坦度和输出功率是否正常，一般是另一端的下行信号的光功率放大器输出功率不足或光功率放大器输出的光纤连接器端面烧坏所致，可进一步检查光功率放大器输出功率和连接器端面确认。

3）若无以上故障，则检查 COTDR 信号返回的各级海底中继器增益是否正常，若增益下降则说明海底中继器放大信号增益不足。

4）海底光中继器信号中断故障由岸端上行信号光谱无 DWDM 信号、读取 COTDR 信号部分中断进行判断和定位。若岸端上行信号光谱无 DWDM 信号、读取的 COTDR 信号从某中继器位置消失，可检查另一路由光纤是否正常，若正常，则判断为该中继放大模块失效，无法正常工作。

5）若岸端上行信号光谱无 DWDM 信号、读取的 COTDR 信号从某海光缆传输中间位置消失，则判断为是海光缆该点断裂。

针对以上 5 种故障情况，其应对方法如下：

1）光发射机故障，可以通过更换光发射机插板现场处理；光纤连接器端面故障，则可以通过更换故障的光纤连接头现场处理。

2）岸端光功率放大器输出功率不足、光纤端面烧坏、放大器其他故障可通过更换光功率放大器插板现场处理，再将故障放大器寄回厂家处理。

3）海底光中继器放大信号增益不足，可通过网管来更改备份海缆路由现场解决。若已无备份路由，则通知厂家维护。

4）中继放大模块失效，可通过网管来更改备份海缆路由现场解决。若已无备份路由，则通知厂商维护。海光缆断裂，需通知厂商维护。

6.4.2 海底光均衡器的维护

在长距离波分复用系统中，不同波长的光波在传输过程中经过多次放大后会具有不同的增益，增益均衡器能够均衡不同波长光信号的增益，以保证在高可靠性和高容量的网络中达到很高的传输质量。海底光均衡器采用海缆系统中的压力外壳设计技术实现高可靠性，其结构大致可分为防压的金属套壳和增益均衡器芯片单元。海底光均衡器的主要工作在海底环境，确认发生故障后，需要直接更换新的海底光均衡器，具体操作步骤和注意事项可参照海底光缆通信系统光缆线路维护技术部分的相关内容。

6.4.3 海底分支器的维护

海底分支器用于分出光纤对到分支站，形成分支传输路由，使用分支器是一种经济、实用的选择，尤其在多个登陆点的海缆通信网络中，可以充分利用容量。当前主流采用的海底分支器一般为 OADM 设备，实现的功能类似于 SDH 电分插复用器（ADM）在时域内实现的分插功能。但水下分支器工作在光波长域内，并且具有传输透明性，可以处理任何格式和速率的信号，有效克服了传统电子 ADM 设备的电子瓶颈限制，大大拓展了网络带宽。海底分支器的主要工作在海底环境，确认发生故障后，需要直接更换新的海底分支器，具体操作步骤和注意事项参照海底光缆通信系统光缆线路维护技术部分的相关内容。

线路监控设备能够完成对海底光缆通信系统传输线路中海底光中继器、海底光均衡器以及海底分支器的日常维护，报告各部件发生的变化并提供传输服务故障定位能力。在线路终端系统使用中继器反馈环耦合器组件，对海底中继器的每一级增益进行测量，监视其变化，通过增益变化情况很容易确定系统发生故障时性能变化的具体位置。

环路增益测量由线路监控设备承担，采用伪随机比特流调制 2MHz 的方波信号并将该信号送到终端传输设备调制激光器的输出光强，发射一个线路监视信号。该线路监视信号通过每个中继器的反馈环路再返回到线路终端设备，对于该信号产生的低电平固定返回延迟，利用数字信号处理技术将每个返回信号与已延迟的、发射出去的伪随机信号比较，测量出每个反馈环所在中继器的增益随时间变化的曲线。

6.5　光缆线路维护技术

6.5.1　光缆线路维护建议

海底光缆传输线路作为信息传输的数据通道是海底光缆通信系统重要、基础的组成部分，为保证海底光缆通信系统长期稳定工作，应认真执行相关维护管理制度，同时更要防止船只抛锚、捕捞作业等人为损坏。根据我国保护海底光缆的规定和国际公约，提出下列保护建议：

1）浅海光缆线路实行埋设化。这是保护海缆线路最经济有效的办法，海缆埋设后能有效地防止抛锚、渔捞的损坏，并能减轻电化学和生物对其外护层的侵蚀，延长海缆的使用寿命。

2）设立海底光缆线路保护禁区。禁区的划分应根据有关的规定，充分考虑海区的具体情况，并征求海洋主管部门的意见。在军用海底光缆的保护禁区内，禁止船舶抛锚、拖网、养殖、捕捞及其他一切危及海光缆安全的作业。

3）加强保护海底光缆通信线路法规的宣传教育，并使广大人民群众认识到通信海缆的重要性以及一旦遭到损坏后果的严重性和危害性，从而使保护海缆成为广大群众的自觉行动。

4）尽可能利用现有观测手段，维护禁区的权益。禁区一经公布就具有法律效力，观测站、信号台发现违禁情况及时通报，及时处理，不仅可以大大减少海缆故障次数，也便于查到肇事船只。

5）加强损坏海缆线路行为的查处，当线路中断后，要及时分析中断的原因，如人为所致，应尽快查找线索严肃追究肇事者法律责任和经济赔偿。查找过程就是向群众宣传教育的过程，处理过程也就是巩固海缆线路稳定的过程。

6.5.2　光缆线路的故障类型

海底光缆通信系统光缆线路的常见故障类型包括绝缘体故障、开路故障、光纤故障、短路故障以及中继器或分支器故障。

（1）绝缘体故障

绝缘体故障又称漏电故障，是最为常见的海底光缆故障，其主要原因是海底光缆的外护套和铠装受外力的影响导致破损，但位于海缆中心的光纤和供电导体并未受损断裂，导致海底光缆的供电导体和海水形成回路而直接接地。发生绝缘体故障时，由于供电回路和光纤线路未受损，如果两端保持继续供电，信号传输不受影响。两个端站供电设备因零电位的位置发生变化，导致靠近故障点的海底光缆站 PFE 设备输出电压降低，远离故障点的海底光缆站 PFE 设备输出电压升高，如果在同一个光缆段中继器的两侧都发生绝缘体故障，则系统将被迫中断。

（2）开路故障

开路故障是海底光缆的供电导体受损并断裂，因绝缘层（未损坏）的保护供电导体未接地，导致线路输出电流下降到 0mA。PFE 设备的输出电压将迅速上升，而 PFE 设备的保护功能又使输出电压在超出一定值时被自动关闭，信息传输因远供电源无法再继续供电而被迫中断。由于海底光缆自身构造的保护作用，此类故障在实际运行中极少发生。

（3）光纤故障

光纤故障是指海缆中光纤损坏但供电导体完好，供电系统能够正常工作但信息传输业务中断的故障。与开路故障类似，海底光缆自身构造的保护作用使得此类故障在实际运行中极少发生。

（4）短路故障

短路故障是海底光缆完全断裂，即海光缆中的光纤、供电导体和绝缘层全部被切断，供电导体与海水直接接地成短路性质，系统的信息传输中断。该故障在实际运行中发生的概率较高，如船只抛锚钩挂、附近工程施工等都可能导致该故障的发生。

（5）中继器或分支器故障

中继器或分支器故障是指海底光缆系统中的主要部件中继器或分支器发生故障，使整个系统的光传输无法延续而导致海底光缆通信业务的中断。

6.5.3　故障定位方法

海底光缆通信系统传输线路发生各类故障，在登陆站会表现出不同的数据特征。登陆站和负责修复工作的海缆船将使用不同的测试手段快速准确地确定故障位置。针对不同的故障类型，主要涉及以下故障定位技术和方法。

（1）绝缘体故障定位方法

1）电压降测试法。

当绝缘层损坏后，可以在登陆站使用 PFE 设备对海底光缆的供电内导体进行供电测试，其工作原理是供电电压在经过一定距离的光缆和几个中继器的传输后，通过计算供电电压的电压降值就可以得出传输段的电阻值，进而根据海底光缆技术规范中的每千米电阻值和中继器的电阻值，计算出海底光缆故障点的位置。由于电压值容易受测试时的海底温度、洋流变化、绝缘层损伤程度等影响，该测试方法精度有误差，其测试结果通常只是提供给海缆船作为参考。

2）脉冲回波测试法。

绝缘层损坏的海底光缆打捞回收上来并将损坏处清除后，需要验证海底光缆是否还存在其他的绝缘损坏点，可以使用脉冲回波测试仪进行测试。利用脉冲波在海底光缆供电内导体传输经过接头盒、中继器和断点时，其反射波形都会发生变化，在海底光缆绝缘体发生故障时，脉冲波形表现为"向下跳变峰"，如图6-9所示。

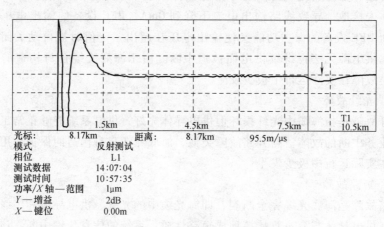

光标：	8.17km	距离：	8.17km	95.5m/μs	
模式		反射测试			
相位		L1			
测试数据		14:07:04			
测试时间		10:57:35			
功率/X 轴—范围		1μm			
Y—增益		2dB			
X—键位		0.00m			

图 6-9　脉冲回波测试故障波形图

测试前，根据事先已获得所测试海底光缆的脉冲传播速度对应的海底光缆长度系数，可获得准确的故障点位置。由于海底光缆中传输的脉冲波会有损耗，故脉冲回波测试距离最大为 200km。

3）音频测试法。

当海底光缆发生绝缘体损坏而光纤并未断裂的故障时，海缆船在得到登陆站提供的故障点大致位置后，可采用音频测试法对故障点进行比较精确的定位。采用音频测试法（见图6-10）需登陆站与海缆船相互配合进行，其工作原理是登陆站将音频电脉冲信号（一般为25Hz）持续从海底光缆一端的供电导体输入，海缆船施放专用探测仪器探测和追踪该音频信号。在故障点处，由于供电导体与海水接地，音频电脉冲信号消失，海缆船据此得到较为准确的故障点位置。该方法准确度高，一般能够在精度几十米的范围内发现故障点位置。

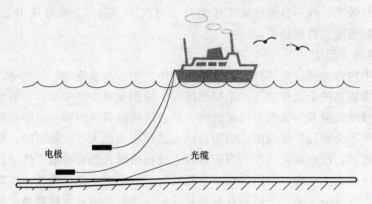

电极

光缆

图6-10　音频测试法作业图

4）交流磁场探测法。

交流磁场探测法的原理是在海缆中通以特定频率的交流电流，然后在海缆路由周围探测此特定频率下的交流磁场信号。根据电磁场原理，导体中通过交流电流时，会在导体周围产生电磁场，并向空间传播，只要在适当的距离内就可以用接收机把信号接收下来。

有中继海缆发生绝缘体故障后，故障点处出现断线接地，海缆与大地构成一个回路。在终端站通过海缆供电导体送出特定频率和功率的交流信号电流，使得在海缆周围产生电磁场，该电磁场经过海水衰减后穿出海面并向空中传播。利用特制的探头（在磁导率很高的棒形铁心上用铜线绕制成线圈，并配以合适的电容，使其在特定频率上谐振），可以探测到此电磁波，根据接收信号的强弱以及信号的变化情况，可以判断出海缆的路由位置。沿着海缆路由进行探测，在故障点位置，由于供电导体直接接地，探头中的线圈就没有电磁波通过，接收机收不到信号，由此精确定位故障点的位置。对于无中继海底光缆来说，可以利用其铠装或中心加强钢丝作为交流信号的导体进行海底光缆路由和故障点位置的探测。

5）绝对磁场探测法。

海缆常用钢丝作为抗拉元件，当海缆中通过一定的直流电流时，海缆周围的地磁场将会发生变化。采用磁场仪（又称为磁力仪或地磁仪）来测定各点的地磁及其变化，据此可以发现海缆的路由位置及故障点位置。本探测法采用一种所谓质子旋进磁力仪作为磁场传感器，传感器由一个装有氢化合物流体的圆柱容器组成，容器内装有一个导线线圈，用于通过电流产生磁场。磁场传感器是由一个简单的浸在烃（如煤油）中的线圈构成，具有很高的机械强度，很适合在深海中使用。同时，由于质子磁力仪的灵敏度很高，对于海缆的钢丝磁化有足够的探测灵敏度。其缺点是如果传感器通过路由的海床中有诸如铁砂等磁性物质，探测将会受到较大的干扰。由于每次测量均是先通以直流电流，然后去掉电流，再测量感应信号频率，故不具备连续工作能力（每次 1s 左右），使其使用受到限制，即要把拖航速度设置得很慢。

6）金属探测法。

海缆中包含大量的金属材料，如供电导体、中心加强钢丝、铠装等，因此可以利用较为成熟的金属探测技术来探测海缆。探测金属方法很多，在海缆探测中常用一个激励线圈及与其垂直固定的两个接收线圈组成探测器。由激励线圈所产生的磁力线不会穿过接收线圈，当附近既无磁性物质也无导电物质时，接收线圈上无磁场通过，没有电流产生。当附近有磁性物质时，就会有磁力线穿过接收线圈，接收线圈产生电流。当附近有导电物质时，就会感应导电物质而在其中产生涡流，该涡流会产生另一个磁场并被接收线圈探测到。因此可根据接收线圈收到的信号与否来确定附近有无金属，金属探测法的优点是不必给海缆提供任何电流。由于海水的衰减距离与感应电压成反比，使得金属探测法作用距离较小（40~70cm），因此，虽然原理上也可用于探测埋设的海缆，但实施起来比较困难。在海缆的故障探测中，由于容易受到附近其他海缆的干扰作用，使得对故障点的探测有较大的难度。所以一般的情况下不使用此法来进行海缆故障的探测定位。

（2）开路故障定位方法

1）电容测试。

发生开路故障时，供电导体断裂使得海缆系统无法进行供电，故无法采用对系统供电的方法进行测试。电容测试法采用单端测试，其工作原理是对海底光缆进行直流电容测试，获取绝缘体中的供电内导体和大地之间的电容数据，将测试得到的电容值与海底光缆出厂时的参数进行比较，从而推算出故障点的大致位置。

2）脉冲回波测试。

发生开路故障后，可使用脉冲回波测试仪进行故障点定位。其工作原理是利用脉冲波在海底光缆中的供电内导体传输，脉冲波在经过海底光缆中的接头盒、中继器和故障点时，其所显示的反射波形有变化。在海底光缆开路故障中，其波形表现为"向上跳变峰"，如图 6-11 中"箭头"指示的波形。由此可判断海底光缆的故障类型并获得较为准确的故障点位置。

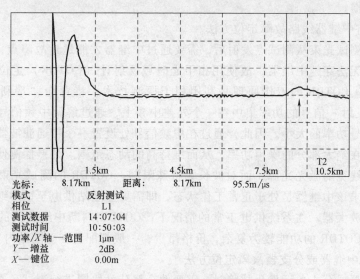

光标：	8.17km	距离：	8.17km	95.5m/μs
模式		反射测试		
相位		L1		
测试数据		14:07:04		
测试时间		10:50:03		
功率/X轴—范围		1μm		
Y—增益		2dB		
X—键位		0.00m		

图 6-11　开路故障脉冲回波测试波形图

（3）光纤故障定位方法

海底光缆通信系统传输线路发生光纤故障时，根据测试点与故障点之间是否存在中继器采用不同的测试方法进行故障点定位。

1）无中继器线路故障定位方法。

使用光时域反射仪（OTDR）判断故障点的位置，测试结果准确性高，能提供测试点与故障点间的精确光纤长度。光时域反射仪是利用光在光纤中传输时"瑞利散射"和"菲涅尔反射"所产生的背向散射而制成的光电一体化仪表，该仪表能够进行光纤长度、光纤传输衰减、接头衰减和故障定位等测试。其测试精度较高，根据光纤和光缆的长度系数，可准确地计算出海底光缆故障点的具体位置。海缆船在修理过程中，将故障区段的海底光缆回收后，也可采用该方法来确定光纤故障点的位置。常用的光时域反射仪如图 6-12 所示。这是一种高性能、高性价比的光网络分析寻障测试仪，具有轻便、易用、高度智能化、单键自动快速测试等显著特点。手持式 OTDR 体积小，重量轻，功能强大，可电池供电。TFT-LCD 防反射液晶显示，满足高照度环境与夜间工作需要。操作

图 6-12　光时域反射仪

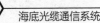

界面简单友好，触摸屏与按键面板均可实现对 OTDR 的操作，满足不同操作人员的操作习惯。

2）有中继器线路故障定位方法。

由于测试光束从测试点发射后，需要通过中继器才能送达故障点，而 OTDR 的测试光无法穿越中继器，故使用相干光时域反射计（COTDR）定位线路故障点的位置。COTDR 的工作原理是利用相干探测技术，将背向"瑞利散射"和"菲涅尔反射"信号的功率集中在一个外差中频上，通过解调中频信号的功率即可获得信号功率的大小。因此，通过在中频信号处设置一个带通滤波器，就可以滤除功率在绝大部分的噪声功率，从而维持高的动态范围。外差探测使用的光源为单频窄线宽的激光光源，而对波长无特殊限制。COTDR 的测试光束穿越中继器时，要求该中继器是处于正常工作状态，即需要登陆站供电至该中继器，激活其中的光放大器。在系统供电正常的情况下，COTDR 判断中继器间的光纤故障很准确。COTDR 的功能较为复杂，价格昂贵，一般都配置在登陆站内。

（4）中继器或分支器故障定位方法

中继器或分支单元发生故障时，需要两个登陆站协同进行测试，通过逐段排除法进行故障点定位。通过登陆站供电至中继器或分支器，判断工作状态，确认已供电的中继器或分支器工作是否正常，逐个进行排查。在海缆线路距离长、中继器或分支器数量多的情况下，可以从两端登陆站同时开始进行测试定位，缩短故障定位的时间。

6.5.4　故障修复程序

承担海底光缆通信系统传输线路故障维修工作的海缆船，通常都有一套成熟、规范的故障修复作业程序，以保证顺利地修复故障，尽快恢复通信业务。

（1）修理工作启动

海底光缆通信系统传输线路发生故障时，根据维护协议，负责该系统的维护部门会及时通知在维护区待命海缆船的船舶运营者以及其他维护部门，并要求立即启动海缆船实施修理工作。维护部门需要把发生故障的系统名称、时间、中继段、故障性质、光缆类型、电压降、距登陆站大致长度以及故障点附近水深等信息通报给船舶运营者和其他维护部门。然后根据维护协议中地区与海底光缆重要性的排序，确定派遣进行修理的海缆船，船舶营运者收到该系统维护当局要求修理的传真或电子邮件后，随即启动修理工作程序。

（2）修理前期准备

船舶营运者根据维护部门通报的故障情况，着手制订修复工作方案和计划，列出所需备品、备件的装载清单等并上报维护部门批谁。一旦获得批准，海缆船就开始装载备用海底光缆、接头盒和中继器等。如故障点所在海域在相关国家领海内，船舶运营者需要将修理方案、计划等上报给相关国家的海洋、海事主管部门审批并获得施工许可。在获得相关国家批准后，相应的主管部门会通过一定形式和方式公开发布"航行通告"，以保证海缆船在实施故障修理作业过程中的船舶与人员安全。海缆船获得相关国家的施工许可后，即可离开港口实施修理作业。负责修理工作的维护部门派出若干名随工代表，随船一同前往修理现场监督整个修理过程。系统的相关所有者和客户能及时得到海缆船每天提交的"修理日报"，了解和掌握修理工作进展情况。

（3）修理现场工作

海缆船在前往故障现场过程中，应通过权威气象预报机构获取相关海域天气预报，以掌握气象条件，控制整个修理作业过程。同时，维护部门的随工代表将与船长或施工经理等共同商定修理实施方案，并抄送给相关登陆站。海缆船抵达修理现场后，向各相关登陆站发出 PSM（Power Safety Message）传真，要求登陆站将修理系统的"电源控制权（Power Safety Control）"转交至海缆船，由海缆船负责管理和控制。

（4）后冲埋

在完成一系列的修复作业并最终将接头盒施放到海底后，海缆船通过 PSM 传真将"电源控制权"交还给登陆站。海底光缆原来采用埋设的，就需要对修复后的海底光缆进行后埋设作业，即采用冲埋工艺将海底光缆埋深至海床一定深度下，以达到保护海底光缆的目的。海缆船在实施后冲埋作业前，会要求登陆站在海底光缆上加送 25Hz 低频信号（通信业务不受影响），然后海缆船施放"水下机器人"进行后冲埋作业。"水下机器人"通过探测 25Hz 低频信号，找到修复后的海底光缆，用水枪进行来回多次的冲埋作业，直至该段海底光缆全部被埋设到海床下，并检测后冲埋深度是否达到要求。海缆船上的随工代表对后冲埋深度、现场修理作业结果等全部予以确认并同意海缆船返航的，修理作业结束。

（5）修理后期工作

海缆船回到港口后，除了在码头卸载修理作业中剩余的备品、备件等工作外，根据规定，船舶营运者要向维护当局提交海缆船修理作业工作小结，并在修理工作完成后的 1 个月内向该海底光缆系统相关的维护当局提交修理报告，按照"维护协议"的规定，结算发生的实际成本和费用。

6.5.5 故障修复方法

（1）确定故障点位置

修理作业首先需要定位故障点位置，根据不同的水深条件，采取不同的探测方法和设备。若故障发生在浅水海域，可采用 25Hz 的探音设备，水深小于 2500m，且海底有一定的能见度时，可采用"水下机器人"潜入海底直接寻找故障点位置，判断海底光缆的损坏情况；若水深大于 2500m，可根据登陆站提供的测试数据，直接推断出故障点位置。

（2）故障光缆修复

根据确定的故障点水深、埋深等数据，海缆船施放相应的打捞机具，在打捞到海底光缆后，海缆船先将故障点一侧的海底光缆打捞上船、切断，然后再打捞起海底光缆另一侧的端头。对打捞起的海底光缆一侧端头，切除有故障部分后，要进行水密、光纤和电气等性能指标的测试。测试合格后，要对该端头进行密封处理，根据水深条件、修理作业进程安排，可分别采用模压密封和铜帽密封的处理工艺。

若水深较深，且气象因素会影响到后续的修理作业，密封处理后的光缆末端可能会在海底放置一段时间，受到一定的海水压力，在这种情况下，对光缆末端采用模压密封工艺最为妥当。若在浅水海域，天气条件允许持续进行修理作业，就可采用成本低、效率高的铜帽密封工艺。在经过密封处理后，光缆末端可系上浮标放入海中。然后，海缆船再打捞另一侧海底光缆，按上述一样的方法进行处理。

海缆船将打捞起的海底光缆与船上备用的海底光缆进行第一次接续，整个接续工作，从光缆的末端处理、光纤熔接、绝缘体模压、X 光检测到恢复外部铠装，一般需要持续 24h。第一次接续完成后，海缆船按照所设定的路由开始布放接头盒和备用光缆至另一末端所系的浮标。

海缆船将另一末端打捞上船并回收一定长度的海底光缆，经过再次验证测试，确认没有故障后，进行接续。同时，将所预计的最终接续的完成时间通知相关登陆站，以使登陆站做好最终测试和安排恢复电路的工作计划。海缆船完成最终接续后，将修复的海底光缆放入海中，但此时需要用专门的绳索或者专用的"遥控释放接头装置"将接头盒拉住，等待登陆站的测试结果。海缆船在接到登陆站测试合格的通知后，方可将最终接续好的接头盒连同海底光缆一并施放到海底。

（3）故障光缆修复测试

在修复过程中以及修复作业完成后要进行测试，采用的测试方法主要有光时域反射仪测试法、绝缘电阻测试法、PFE 电压测试法以及 COTDR 测试法等。为了保证质量，作业过程中需要对每一操作进行是否达到指标要求的确认测试，达到指标要求后进行下一步的操作。重要操作确认测试的内容和分工如下：

1）正式接续前对海底光缆两个端头的测试，由海缆船负责。

2）当两个端头处理好后光纤接续前的测试，由海缆船负责。

3）光纤接续完成并盘整好光纤后的测试，由登陆站负责。

4）海底光缆绝缘体模压完成后的测试，由登陆站负责。

5）接头盒关闭合拢后的测试，由登陆站或海缆船负责。

6）接头盒放入海中或到达海底后的测试，由登陆站负责。

7）故障修复、海底光缆重新投入使用前的系统测试，由登陆站负责。

无论船上负责测试还是岸站负责测试都要遵循供电安全程序，即对于海缆的测试需要船岸间相互协同，以保证测试人员的安全，严格按照施工前约定的测试方案进行工作。船岸间海缆测试的通信联系目前主要以邮件确认为主、电话和传真确认为辅的方式。

此外，对光缆和其他备用设施的贮存十分必要，在购买光缆系统时，需同时购买合适的备用光缆、备用中继器和其他系统特需的物品。这些物品必须妥当贮存并定期测试，而贮存的位置应为海缆船较容易抵达的地方，并尽可能地靠近光缆系统。

参 考 文 献

[1]　李新平. DWDM 技术及其在工程中的应用研究 ［D］. 郑州：解放军信息工程大学，2002.

[2]　黄强. 浅谈 SDH 光传输系统维护和故障处理 ［J］. 北京电力高等专科学校学报：电子、通信与自动控制，2011（8）：196.

[3]　聂荣盛. 浅谈波分系统日常维护及故障处理 ［J］. 江西通信科技：建设维护，2013（3）：20-23.

[4]　黄欢，唐尧华. 基于 OTN 层次模型的维护管理方案分析 ［J］. 电信技术：光联世界，2011（10）：82-83.

[5]　郑庆丰. 浅谈亚欧海底光缆 S2 段远供电源（PFE）及其维护管理 ［J］. 通信电源技术：技术交流，2006，23（1）：61-64.

[6]　杜鹏. 海缆通信路由探测的研究 ［D］. 青岛：中国海洋大学，2007.

[7]　叶银灿，姜新民，潘国富，等. 海底光缆工程 ［M］. 北京：海洋出版社，2015.

第 **7** 章

海底光缆在其他领域的应用

随着新技术的发展，海底光缆通信系统的优越性逐渐体现出来。一些新的应用开始基于海底光缆通信系统平台实现，如海洋科学观测系统、区域科学观测站、近海油气通信系统、光纤水听器阵列系统等。这些都对海缆系统的供电方式、设备结构、可靠性等提出了新的要求。

7.1　概述及应用历史

7.1.1　概述

自模拟同轴电缆系统问世以来，海底电缆除了在通信中应用外，还在军事、科学和工业中得到广泛应用。20 世纪 50 年代，监听苏联潜艇活动的水下监听阵列是最早应用的例子。早在 20 世纪 60 年代，海底电缆就用于科学研究。从1978 年开始，日本就在海岸线安装了光缆海啸和地震探测网络。在 2000 年，许多重要的科学计划，如中微子望远镜和区域海洋观测就开始实施了。从 20 世纪90 年代开始，从岸上给近海油气平台安装了供电/通信复合电缆。21 世纪初，油气平台光缆通信线路取代了卫星和微波通信线路。现在光纤已用于近海油气工业，监视井口、管道和其他设施。不久将来，可以在常规使用的通信光缆中继器内或中继器旁边安装环保传感器，这种系统称为绿色系统（见 7.5.1 节）。

以上提到的每种应用都是为了满足远端海洋观察、海洋测量、与海中设备通信的需要。业已证明，通信光缆坚固耐用。使用海底光缆，既可以提供通信信道，实时传输数据；也可以供应电源，减少电池或其他电源的需要，比其他观测或通信手段优越。

海底光缆还可以用于海啸和地震预警系统、光缆海洋观测系统、近海油气平台通信系统、近海能源产品监视和传感系统、绿色系统和军用系统等。还有以上两种或两种以上应用的混合系统。

在使用通信系统基本功能的基础上，增加一些额外部件，还可以产生一些新的应用。每一种应用均共用通信系统的一些部件，如中继器、分支单元、供电设备和线路终端设备，以便减少光缆本身的使用。额外部件有水下可插拔连接器、海底构架和平台、承压房和科学传感器等。一些新的部件，如电源转换器、海底节点、光缆汇集器和光缆动态竖管光缆也已开发出来了。

其他应用系统同样分享电信系统的一些功能，但常常加入了一些附加能力。使用光纤路由器和光分插复用分支单元（OADM-BU）连接多个地点和节点。水下可插拔连接器提供另外一种系统扩展的能力。同时，海底设备也使用局域网开放系统互连（Open System Interconnection, OSI）以太网交换（L-2）设备和路由器（L-3）构成环形、星形和网状拓扑结构。

与电信系统设计不同，很少考虑最大带宽，却优先考虑其灵活性、扩展性、电功率分配能力。可靠性目标必须逐一考虑。一些系统被有意放置在危险地方，或者故意使用低可靠性器件，用来试验一种新的技术。另外一些应用，如地震和海啸预警系统，对可靠性的要求必须与商用光缆系统相同或更高。

7.1.2　海底电缆/光缆应用历史

1. 海军水听器阵列

海底电缆用于声波监视系统（Sound Surveillance System, SSS）是海底电缆最早和距离最长应用的例子。SSS 的历史与反潜战争（Anti-Submarine Warfare, ASW）紧密联系在一起。第二次世界大战后，美国和苏联都获得了德国的 XXI 型潜艇。苏联创建了使用与此类似潜艇的强大海军，美国意识到了可能受到的威胁，所以美国海军积极开发应对措施。他们发现，在海中传输的低频声波可用于声波定位和测距（Sound Fixing and Ranging, SFR），提供探测潜艇的手段。在海军研究机构的指导下，1951 年，在巴哈马伊柳塞拉岛，西部电子公司安装了第一个 SSS 阵列。该阵列成功演示后，沿美国和加拿大东西海岸安装了 SSS 系统。该系统使用了几十年，直到苏联 Walker 间谍团伙告密，开始部署寂静的核潜艇为止。20 世纪 80 年代结束前，SSS 最初的使命不再有效。从 1991 年开始，由 SSS 阵列收集的声波信号由美国国家海洋和大气当局（NOAA）和太平洋海事环境实验室（PMEL）使用，用于实时探测地震事件。

2. 地震监视

1978 年，在日本太平洋海岸静冈县安装了最早的电缆地震和海啸预警系统，使用了 120km 长的同轴电缆，在 3000m 水底安装了地震仪和海啸仪。

1996 年，日本国家地球科学和灾难预防研究所（NIED）在东京南部署了用光缆连接的海底地震仪。用 125km 长的光缆，连接距离互不相同的 6 个地震站和 3 个海啸压力传感器，建立了地震和海啸监视光缆系统。每个地震站使用两个传感器，一个用于短期地震仪，一个用于加速度传感仪。传感器深度范围 875～2125m。该系统设计安装、光缆铠装、拽埋方法和路由选择均与电信系统相同。

该系统使用 12 根光纤的光缆，每个传感器盒使用一根光纤传输数据到岸边，一根光纤提供综合控制信道。其余两根光纤用于故障定位。

2013 年，在日本海岸外有 20 个传感器节点的密集海床网络基础上，又增加 7 个本地系统，每个系统由两个或三个传感器阵列组成，用于地震和海啸监视。收集到的数据用于开发海啸特性模型，定位海啸源头。

3. 退役光缆的再利用

HAW-4 是 1989 年开通运行的 TPC-3 的一部分，TPC-3 退役前使用 280Mbit/s 再生中继器，传输 100Mbit/s 快速以太网数据。而 2011 年部署的阿罗哈（ALO-HA）电缆观测站（ACO）又使用了 HAW-4 光缆的一部分，敷设在靠近 ALOHA 观测站附近，放置在水深 4728m 的海底，已成功地了记录了地震事件、水温变化和迁徙的鲸鱼声音。

其他一些退役海底光缆经恢复，可用于遥远的实时地震监视，水下电话数据等。

4. 沿海观测站

1996 年，距新泽西塔克顿（Tuckerton）9km 安装的 LEO-5 长期生态观测站是用海底光缆连接的现代海洋观测站。1997 年，距夏威夷 30km 也安装了一个 Hugo 气象观测站。这两个观测系统均使用光缆和水下可插拔连接器，连接多个设备。但 Hugo 站只工作了 6 个月就发生了断裂故障，停止了使用，直到 2004 年才恢复。LEO-5 站一直在运行，2005 年还进行了升级。

5. 其他科学应用

海底光缆系统不只局限于海洋现象观测，也用于中微子探测。位于法国港口城市土伦海军基地水下 2500m 的 ANTARES 中微子探测器，包括 900 个光电倍增管模块，安排在 12 个高 350m 的垂线上。使用常规 32 根光纤 21mm 粗的光缆，连接海底接头盒到岸上。该接头盒提供 16 个输出，每个探测器占用 2 根光纤，1 个输出 1 个备用。为简单可靠起见，使用交流供电，用可调变压器控制供给电压。

6. 油气生产平台应用

1990 年，从光纤加在供电电缆取代电缆中的铜线对起，就使用光纤提供通信到海洋油气平台。通过海底光缆从陆上有人平台传送电力和控制信号到附近的海洋无人平台。当含纤电缆越来越多时，该网络功能就向各个方面演化。

2005 年，经北海平台建立了连接伦敦到挪威斯塔万格港的线路。北海网络的成功，鼓励了墨西哥湾、泰国湾和澳大利亚西北海湾光纤系统的开发。建立的油气平台到海岸的光缆系统已遍及全世界。位于纽芬兰岛外的埃克森公司爱尔兰项目就是一个有名的例子。使用供电光缆光纤已开发了一些其他网络，特别是在中东。

2014 年年底，我国中海油公司在国内近海的在生产油气田已突破 100 个，其中油田 93 个、气田 13 个，已有生产平台 200 座。2010 年该公司国内总产量达到 5000 万 t 后，中海油预计连续第五年实现稳产。不断增加的油气田数量需要辅以更多的海上生产设施，水下海底管线已增至 292 条，总长度达到 5926km。

7.2　海底光缆科学观测站

2005~2015 年，已建立了多个光缆海洋观测系统，比如位于日本东海岸外的 DONET 系统，位于加拿大不列颠哥伦比亚省的 NEPTUNE 系统和俄勒冈州和华盛顿州的海洋观测初期区域节点（OOI RSN）。

DONET-1 系统为整个日本东海岸提供海啸和地震预警。在这些系统中，尽管也有许多差别，但基本设计原理是类似的。虽然未来项目不一定采用相同的方法，但这些主要项目的成功经验表明，使用这些设计原理将有望获得成功。

海底光缆科学观测系统也已列入了中国科学院重大科技基础设施预先研究项目，2013 年，南海海洋研究所、沈阳自动化研究所和中国科学院声学研究所共同研制建成了三亚海底观测示范系统。沈阳自动化研究所承担了水下接驳盒（即一种水下设备平台）、岸基站监控系统和数据管理系统等的主要研制工作，为三亚海底观测示范系统提供了主体技术和关键设备。

7.2.1　科学目标

任何海洋观测站背后，追求科学目标是驱动力。通过合作研讨、多学科团队、同行和基金机构评估，确立了这些目标。科学目标有：海洋地壳结构和地震模式、海洋地壳及覆盖沉淀物的动态流动，气候变化及其对生物群体的影响，深海生态系统和生物多样性，工程和计算系统研究。

目标确立之后，观测站设计的下一步是辨认和选择感兴趣的科学地点。在这一步，可用的经费必须与项目范围匹配。综合考虑要达到的科学目标、选择的地点与设计原则，确定一套终端用户要求，该要求将指导进一步的设计和海洋观测站工程。

7.2.2　设计原则要求

1. 寿命设计 25 年

选择 25 年不仅与通常的海底光缆系统寿命一致，而且也可以支持科学目标几十年的观测期。

2. 减小生命循环费用

光缆连接的观测站前期费用往往很高，观测站的设计和施工不应总是选择一

种低费用方案，而应选择一种能平衡前期费用、无须不停维护和维修的方案。

3. 重构性

根据需要，光缆连接的观测站必须能够动态地直达资源地，提供动力电源和通信带宽。提供给系统的总功率或带宽可能限制系统规模，例如，一个陆上终端可以提供 50kW 电源和 10Gbit/s 带宽给水下的 8 个节点，每个节点根据需要，最多能够得到 10kW 电源和 10Gbit/s 带宽。

4. 扩展性

设计的光缆连接观测站必须允许增加新的节点、光缆段或其他器件。该要求强调，设计的干线光缆、分支光缆和初始节点要从两个方面考虑：一个是在项目开发期，根据可用资金设计；一个是未来也可有序地扩展，而无须重新设计。

5. 伸缩性

海底光缆连接的观测站在距节点一定距离内（典型值为 100km），允许放置设备或传感器。这就要求确保观测站可以覆盖宽阔的地理范围。该要求与扩展性不同，要求在短期（如 1 年）内就要实施。

6. 升级性

海底光缆连接的观测站允许使用未来的技术进行升级，简单的例子是在计划维修期间用 10Gbit/s 线路取代 1Gbit/s 线路。

7. 坚固性

海底光缆连接的观测站必须容忍故障发生。节点必须内部有备份。在发生故障后，可使用备用通道供电和通信。

8. 可靠性

海底光缆连接的观测站必须提供高的可靠性，可通过使用备份技术和选择低故障率器件实现。

9. 适应未来需要

海底光缆连接的观测站必须有能力提供额外的电力和带宽，以便适应未来的发展。

根据这些设计原则，应编写更详细的设计文件，如网络结构、供电子系统、通信子系统、时钟子系统、机械设计和安装计划等。分别使用这些设计文件，再编写各自的说明书、设计图、接口控制文件等。

7.2.3 近海观测站

近海观测站用来测量海浪、潮汐、洋流、生物生产率、营养物流动和海洋环境等。常使用照相机和摄影机观测海洋生物，拍摄公众感兴趣的图片和视频。海洋观测站通常安装在水深 20~200m 的海水中。在这个深度，对观测站要进行保护，以避免浪潮、海流的影响，捕捞和其他人类活动的破坏，必须使用机械装置应付生物污损，如刮磨、覆盖或化学剂的侵蚀。

近海观测站常常只有一个节点，但有一个或多个设备平台，先用光缆与节点连接，然后用光缆与岸上终端站连接。不过，也有两个或更多个节点的系统。也可选用光缆终结盒和水下可插拔连接器连接这些节点。也有可能无须卸掉光缆将整个观测站或它的一部分置于海面上。

使用商用 100Mbit/s、1Gbit/s 或 10Gbit/s 以太网收发机进行无中继传输，提供通信功能。使用支持串联接口设备的终端服务器。用单根光纤或粗波分复用（CWDM）系统传输高清视频。通过光纤以太网转发编码后的标清视频和静止图像。

通过光缆中心导体供电，用海水作为返回通道。直流供电电压为 275～1500V，取决于光缆长度和对电源的要求。使用 DC-DC 变换器提供所需的工作电压。供电能力为几百瓦到几千瓦。嵌入式控制处理器监控电源分发，并激活单个输出端口。可检测单个输出口上的绝缘电阻故障，并隔离受影响的端口。控制器也监视温度、内部湿度、颠簸、滚动和其他需要的参数。

岸上终端站设备包含馈电和数据线、数据收集服务器、时钟源、视频监视和视频编码设备。通常借助商用级数据电路回传信息。

7.3　区域科学观测站

区域观测站覆盖几百千米，位于最深 3500m 的海底。除收集海洋数据外，还常常要求区域观测站监视地震和海啸活动。传感器放置地点为甲烷水合物冒出区、化学合成物群落区、火山活动区。区域观测站比近海观测站更复杂，区域观测站不仅有初期的骨干光缆和中心节点基础设施，而且还有后来增加的连接盒和设备平台。

7.3.1　系统网络结构

区域范围的观测站包含多个光缆段和几个节点，节点用于传感器和设备连接的汇接点。节点可以直接与光缆或经分支单元和分支光缆段连接。每个节点支持几个二级节点或接头盒设备。网络结构描述如何把观测站器件组织在一起，以及描述这些器件间的电力和数据流动情况。本小节将介绍以下内容：节点和光缆段拓扑，光缆段内的光纤路由，节点和岸上终端间物理连接和逻辑连接安排，系统电功率的产生、供应、转换和消耗，命令和控制通道，时钟信号分配，以及系统的其他功能。

区域海洋观测站网络结构已经从简单的点对点系统发展到更复杂的结构。现有系统使用干线和分支结构，主光缆服务几个节点，提供从每个节点到岸上的直接传送通道，而无须通过中间节点。即使节点在光缆内，如果它具有分插复用功能，也可实现逻辑分支。图 7-1a 表示线性系统，干线终结在最远的分支点；图 7-1b 表示环形结构，干线两端在岸上的同一个终端站登陆；或者干线的两端在岸上两个不同地点的终端站登陆，图 7-1c 所示，这是一种分集系统。

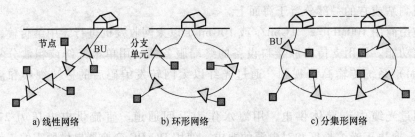

a) 线性网络   b) 环形网络   c) 分集形网络

图 7-1   干线和分支结构

干线和分支结构的优点是，可把干线光缆放置在安全区域，即使因科学研究需要必须把分支单元部署到更危险的区域也无妨。在图 7-1b 和图 7-1c 表示的环形和分集网络中，如果一个分支单元发生故障，可把故障分支单元隔离，而不会影响其他分支单元和节点的工作。

在 OADM 网络中，通过一个光纤对可以连接许多节点，每个节点或光通道可能包含几根光纤，如图 7-2 所示。这种无波长再使用的 OADM 很适合海底光缆连接的观测站，因为它简单而结实。在 BU 中，用光耦合器从干线光纤上取出整个波长（图中表示只取出λ_1）到节点 1，使用光滤波器选出所需的波长信道。BU 同样使用光耦合器，把节点要发送的信号耦合到干线光缆。波长没有再使用，通常限制线路长度小于 2000km。

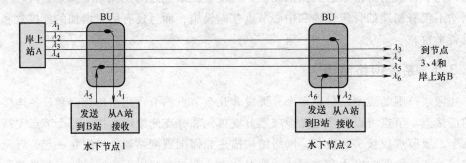

图 7-2   无波长再使用 OADM 结构

干线和分支结构很适合恒压供电，但是要求在分支单元/节点进行电压/电流（DV/DA）电源变换，以便恒流供电。每个 BU/节点接收 5~10kV 的线路电压，经电压/电流变换后，产生 50~400V 的输出，使用海水作为电源的返回通道，如图 7-3 所示。如果使用双导体光缆，则返回通道也用导体，这样就提供了全隔离通道。要求电压/电流变换器能够适应宽范围的输入电压输入，在所有可能情况下，系统要提供足够的电压给最远端的 BU 节点。如果恒流器件，如中继器在有供电导体的线路上的话，要保持最小电流通过供电负载或模拟负载。使用环形结构时，可以在光缆的两端都加电压源，以便增加供电能力。线路电流可达 8A，如果供电电压为 10kV，则系统提供 80kW 的功率给水下设备。考虑阻性负载吸收一定功率后，有 75%~80% 的功率提供给中继器和 BU 科学设备使用。

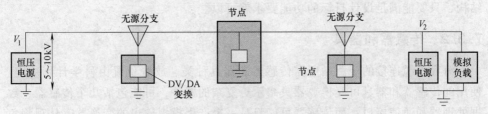

图 7-3　恒压供电，所有水下设备与恒压源并联

需要恒流供电时，必须使用有源分支单元，产生新的电流给分支设备，如图 7-4 所示。有源分支单元负载从干线上吸收供电电流，产生新的恒定电流给每个分支。这种供电方式与光中继海底光缆通信系统类似。

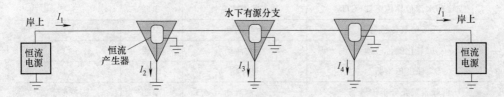

图 7-4　恒流供电

在区域观测站中，每个节点支持多个传感器平台，如图 7-5 所示，每个平台都类似于近海观测站。节点提供低压电源并终结点对点传输线路。在每个传感器平台上，接头盒放置另外的电源变换器，测试设备和传感器通过以太网交换连接在一起。使用延伸光缆可以将传感器平台放置在距节点几千米以外的地方。

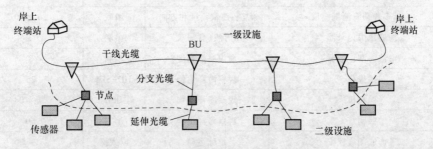

图 7-5　典型的海底光缆连接的区域观测站

在一些情况下，二级设施可能是低成本的、实验性的或临时性的设备，可将它扩展到危险区域，甚至所有期望的区域，如海底火山口。

上面介绍的网络结构已在工作的观测站进行了演示，它可能是未来设计的基础。当然，也可以使用新的网络结构和供电系统技术。在海洋观测站中，连接的地方和器件类似于中小型城域网。用于城域网、校园网和局域网的设计技术和经验，可用于未来的海底光缆连接的观测站设计中。不管选择何种技术和何种拓扑结构，只要能满足设计目标的功能要求就可以。

7.3.2 传感器和器具

海底光缆连接的观测站所需传感器和器具种类、放置位置由科学计划决定。使用的传感器和器具可互换。器具暗示更复杂的器件，可能包括几个传感器、数据处理器和通信接口；而传感器可能只是一个产生模拟输出的变换器。从观测角度看，任何器件都是一个器具，不管简单、复杂与否。表7-1给出常用的器具和传感器。

表 7-1 常用海洋观测器具和传感器

器具和传感器	测量项目	通信接口	典型的功率消耗/W
温度和水深传导传感器(CTD)	基本的海水特性	串联	3~5
溶解氧传感器	生物活动	串联	<1
二氧化碳传感器	生物活动	串联	5~15
浊度传感器	悬浮物	串联	<1
叶绿素荧光分析传感器	生物活动	串联	<1
有色可溶性有机物(CDOM)	对生物活动的影响	串联	<1
光合有效辐射(PAR)	对生物活动的影响	串联	<1
硝酸盐传感器	对生物活动的影响	串联	5~10
上升流辐射计	悬浮物	串联	3
下降流辐射计	悬浮物	串联	3
回声探测器	观察鱼和浮游生物	以太网	50~150
声学多普勒海流剖面仪	海流、海浪高度和方向	串联	20~500
海底压力记录器	压力波(含海啸)	串联	3
海浪海潮记录器	海浪海潮高度	串联	3
摄像机	观察海洋生物	HD-SDI	25
照相机	观察海洋生物	USB	1~10
照明灯	观察海洋生物	N/A	50
海底测震仪	地球运动	以太网	1~5
水中听音器	自然和人为声音	以太网	1~3

设计用于自主部署的大部分海洋学器具使用电池供电和本地存储。当连接到观测站时，供电电池被观测站提供的直流电源所取代。虽然增加的以太网提供主通信接口，但许多器具设计连接个人计算机，经过串联接口下载数据。在任何观测站设计中，都应适应这两种接口。在岸上终端站或在远端数据中心，使用器具支持的软件或自己惯用的软件进行数据采集。通过器具软件驱动程序与器具通信，把提取的数据存储在通用信息库。

照片和视频数据必须转换成通信网络可以携带的格式。高清视频摄像机产生一个没有压缩的 1.5Gbit/s 数据流，超高分辨率 4k 视频和立体摄像机要求的数据速率为原来的 2~8 倍。可能使用现有的视频编码压缩技术到以太网接口，然而，视频压缩可能减少了图像科学研究的价值。近海观测站可用单独光纤或 CWDM 将视频传输到岸上，从而避免视频转换或压缩。

7.3.3　电源子系统

供电子系统由分配电功率给器具和传感器的所有器件组成，即从供电设备开始到最后输出电压变换器和滤波器结束的所有器件。可使用恒流供电或恒压供电。恒流供电的主要优点是系统具有自动恢复业务的能力。恒压系统短路故障要求从系统中移除故障段，可能要关闭整个系统，故障修复后再重新启动系统。恒流供电类似常规电信系统，这里不再详细阐述。恒压供电使用一些熟悉的系统器件（如 BU），但也会使用常规通信系统中少见的其他器件。

恒压供电设备可以采用工业设备或现有的供电单元。这两种情况，必须增加在电信馈电设备中常用的安全联锁装置、光缆终端、极性反转等设备。最大供电电流可能高达 10A，工作电压为 400V、1500V 和 10kV。这些必须与湿设备中的电压变换器匹配。当使用 400V 供电时，只需要单极变换，就可以提供 12~48V 的工作电压。如果高压供电，则要求进行中间电压变换和二级电压变换（见图 7-7）。用海水作为电流返回通道，因此，系统接地也称为接海床，它必须能够支持系统寿命期内最大期望的电流。

由于引入电源切换分支单元（Power Swiching BU，PSBU）和旁路电路，恒压系统可以容忍故障的发生。干线和分子系统要求 PSBU 支持所有支路电源切换。当分支发生故障时，PSBU 切换到通过状态，从系统中移除分支 C，如图 7-6b 所示。当干线发生故障时，可采用两种方法移除故障干线段，如图 7-6c 和图 7-6d 所示。此时系统分成了两段，每段均从双端供电变成了单端供电，缺点是减少了可用的总功率。

中间电压变换器（MVC）从 1000~10000V 的线路电压产生 275~400V 的并联中间电压，提供 10kW 的输出功率，如图 7-7 所示。MVC 包含备份的支电压变换器，以便容忍故障发生。MVC 放置在水下机箱中，并加制冷液驱散电子器件

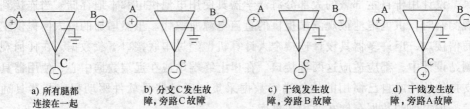

a) 所有腿都   b) 分支C发生故   c) 干线发生故   d) 干线发生故
连接在一起   障,旁路C故障   障,旁路B故障   障,旁路A故障

图 7-6　恒压供电引入电源切换分支单元（PSBU）和旁路电路容忍故障发生

产生的热量。MVC 允许宽的输入电压（60%~100%），其输出分成几个口，每个口对应一个与其连接的二级节点或连接盒。主要节点的控制电路可单独控制这些口的输出。

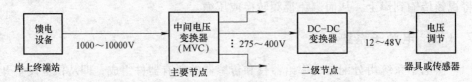

图 7-7　区域科学观测站各级 DC-DC 电源变换

　　最后一级电压变换器产生 12~48V 的工作电压，提供给器具和传感器，它使用现成的 DC-DC 变换模块。一些器具要求额外的电源滤波，以便减小开关电源变换中固有的电压波动。对输出电流的监视可提供一些故障信息，输出电流为零，通常表示器具故障；输出电流增大，可能是连接器或光缆故障；电流正常但通信不正常，可能是通信故障。

7.3.4　通信子系统及定时

　　通信子系统湿设备普遍使用局域网开放系统互连（OSI）参考模型的第 2 层器件，特别是以太网交换器件，而常规通信系统使用 OSI 的第 1 层（物理层）器件。在海洋观测站中，也使用第 3 层器件，如 IP 路由器，但耗电少可靠性高的最基本功能在第 2 层实现。

　　使用本地以太网接口或通过外部收发机，可为海洋观测站提供光传输功能。当系统使用 FEC 时，需要外部收发机，提供 DWDM 功能。

　　通常使用工业级以太网设备和 LAN 交换。主要节点配备 1 对交换接口用于备份。使用第 2 层协议，如 RSTP 协议和 LACP 协议，提供冗余和重选路由。由于以太网的自身特性，可构成复杂的拓扑结构，如环形、星形、树形，及其它们的混合，可实现主要节点到二级节点，甚至三级节点的连接。

　　现在许多传感器均有以太网接口，可以直接与以太网连接。其他没有以太网接口的器具，可通过串行接口（如 EIA-232、EIA-422 和 EIA-484）连接。

图 7-8 展示了通信子系统的构成。

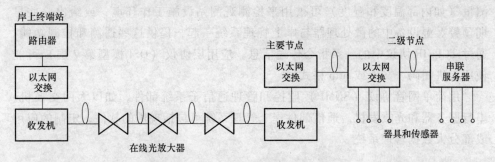

图 7-8 区域科学观测站通信子系统构成

通信子系统的网络管理可采用以太网器件带内管理和带外通道管理。带内管理避免使用单独的光传输通道，以节省费用；带外控制通道一般连接任意交换机或路由器的控制口，提供一种与交换和路由无关的控制手段，用来恢复故障业务。

对海洋观测站的一般要求是分配精确定时给传感器。这里，定时指的是跟踪世界协调时间（UTC）的时标，UTC 是格林尼治时间在互联网中的应用。IEEE-1588 精确定时协议（PTP）如使用不支持交换的以太网链路，可实现 $\pm10\mu s$ 精度的定时；如果使用支持以太网交换的 IEEE-1588 协议，可实现较高的精度。图 7-9 所示为各种 PTP 时钟间的关系。专用时间服务器扮演着主时钟的作用，所有以太网器件的时钟都要与此同步。该时钟服务器也支持几毫秒精度的网络时间协议（NTP）。

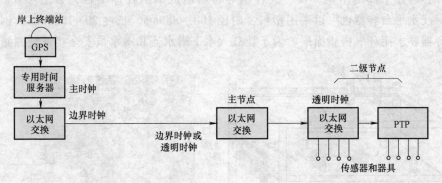

图 7-9 区域科学观测站通信子系统时钟分配

7.3.5 遥测和控制

运行的海洋观测站必须提供控制和遥测功能，至少也要控制输出口的通断。

也需要对电流和电压进行测量，以便管理电功率分配，协助故障诊断。其他一些测量（如内部温度和湿度）可被用来检测观测站设施工作环境，或给出一些早期预警。湿设备中的微处理器与岸上管理系统一起，提供这些遥测和控制功能。通过 TCP/IP 协议中的一条指令传送信息。应用层协议（OSI 模型第 7 层）可能使用二进制码、文本或 http 格式。

用简单网管协议（SNMP）监控和管理通信子系统部件，如以太网交换机、串行服务器和光收发机。通信部件岸上管理系统可包括现用的软件、定制的应用或部分大数据管理系统。

7.3.6　传感器平台机械设计

海洋观测站机械设计主要是容器、平台、构架、停泊、浮板、吊舱及其装配。在机械设计中，关键考虑是在更换、维修过程中，如何回收或整修平台部件。许多观测站器件要求定期收回，要求每几个月就要清除浅水器具平台上的污垢，或者每 1~5 年就要清扫深水传感器平台。器具及其连接光缆和观察设施本身最终也要发生故障。观测台工作者常常使用研究船，例行地带上备用传感器和科学平台，对观测站进行维修，而不租用光缆船。用遥控工作车（Remotely Operated Vehicles，ROV）（见图 7-10）机械手从水下平台或器具上把光缆连接头拔出，回收平台或器具，而无须把与此连接的光缆捞起。使用 ROV 也可以布放光缆和回收光缆。只有那些体积太大、重量太重、光缆不能被拔出的设备才租用海底光缆维修船回收。

容器几乎都是用钢、钛、铍青铜等材料制成的圆柱体结构，如图 7-10a 所示，浅水平台容器也可以采用塑料，内径 100~600mm，长度 20~1200mm。钢结构容器要求用环氧树脂涂层。为了让载人水下潜水器和潜水员安全接近观测站平

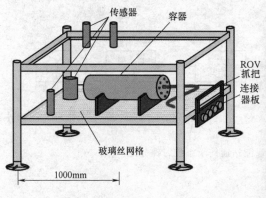

a) 传感器平台

b) 正在装船的科学节点

图 7-10　传感器平台和科学节点

台容器，水下压力容器必须设计成防爆设备。

已使用的平台和构架，有的很简单，有的很复杂，如可拆装对接的分离舱。平台设计应考虑许多因素，如海床状况、外部入侵保护措施、容器尺寸、布放/回收吊装能力、器具安装点、光缆存放位置、敷设光缆和用 ROV 插入/拔出连接器使用的水龙带等。海床状况将决定是否使用有腿的平台或垫子，有腿平台用于岩石区域，垫子平台用于软质海床。平台通常用抗腐蚀环氧树脂涂敷软钢构成。增加牺牲阳极提供划伤和其他对涂层损坏的额外保护。提供全保护的阳极要求定期更换，这就是为什么频繁地回收平台的道理。把注塑玻璃丝和树脂格栅插入架构中，可以为器具和缆绳提供常规的安装地方。靠近连接器装配板提供一个把手，为 ROV 或潜水员安装和取出连接器时依附使用。

已设计了防渔网构架，保护观测站节点免遭外部入侵，它由内部构架和覆盖它的梯形板组成，提供一个平缓的有角度侧面，允许海底渔网跨过节点，从而为更贵重和易损的观测站器件提供保护。它不仅保护了节点自己、连接光缆、软管和二级设施，而且也保护渔网免遭平台架构损坏。

7.3.7 连接器及其光缆终结盒

海洋观测站与水下节点、接头盒和传感器等器具平台的互联密切相关。所用连接光缆短至几米，长至几百米。通信光缆和供电导体在同一根光缆内，通常使用聚氨基甲酸酯双护套光缆，选用抗压充油容器。海洋观测站下水前，就把连接器座和连接器头装配在相应设备上。充油容器内的连接器用钢管内光缆或护套光纤光缆制成。光缆携带与 IEEE802.3 标准兼容的以太网信号。

1. 连接器

水下匹配连接器可在水深 6000m 连接和拔出。湿连接器只在 1 个大气压下使用，但不要求连接前清洗和离开水面。水下可插拔连接器起初为油气工业制造，用于控制模块间和脐带设备间的互联。后来，被早期设计的水下观测站使用。从用途上分，水下匹配连接器可分为水下供电线路连接器和水下光缆光纤连接器；从结构上，可分为穿板式（bulkhead）连接器和飞线式（flying lead）连接器。水下可插拔连接器端面暴露在周围水压下，所以使用充油腔体，并放置在抗压充油管中。连接器设计寿命为 25 年。使用几个周期后，需要对其维修。没有使用的端口必须用盖帽保护。连接到 1 个大气压的容器要求一个适合的舱板式适配器或贯穿接头（penetrator）。

海洋观测站的设计和布放，使用水下可插拔连接器具有很大的灵活性。在终端盒（CTB）中，使用可插拔连接器，待安装主光缆可从观测站一个或多个节点分离，与节点上的连接盒或延伸光缆连接。设计的观测站已提供 4 个、6 个或 8 个水下可插拔连接器连接口。许多传感器需要定期重对准，或清理污垢，水下可插拔连接器允许对一个一个传感器或平台进行拔出、清理、对准恢复。如需要，使用可插拔连接器，可将实验设备与观测站连接和拔出，而不会影响整个观测站工作。

在海洋观测站系统中，使用 ROV 操作连接器几乎是独有的。虽然在一些浅水区，也可以用潜水员操作连接器。有只连接电导体的连接器，也有既连接电导体（电线），也连接光导体（光纤）的综合连接器。电连接器便宜，适合传感器和连接盒的连接。综合连接器用于节点到干线光缆连接。使用哪种类型的延伸光缆，取决于距离、带宽和其他一些设计考虑。一种新的连接器可支持 1000BASE-T 以太网信号（工作速率为 1Gbit/s），可减少对光连接器的需要。光连接器有端面抛光连接器（PC）和斜面抛光连接器（APC）。通常使用 APC，因为它回波损耗性能好。而 PC 与早期连接器兼容。综合连接器工作电压为直流 3.3kV 或交流 2kV。更高电压必须使用专用的电连接器。对用于 5kV 以上的连接器，应考虑其绝缘材料和质量。严格训练 ROV 操作者，使其正确掌握对准机理，确保连接器能可靠工作。

2. 光缆终结盒（CTB）

光缆终结盒（CTB）提供一个常规通信光缆与其他类型光缆连接、充油管装配的工具。CTB 提供光缆终结到光缆导体的供电通道和到光缆光纤的通信通道，同时也提供供电电流到海床的接到通道。耦合接头通常用于终结电信光缆。连接耦合留下的尾纤被送入其他光缆或软管已安装其上的 CTB 中。CTB 也要提供光缆荷载传递到 CTB 外壳和构架或其他设施上的工具。CTB 充油后保持 1 个大气压。为便于其他光缆或软管终结，CTB 安装有终结设备和隔舱式贯穿接头。为了使 ROV 操作连接器，应置 CTB 在海床之上，如图 7-11 所示。假如 CTB 要与充油管或飞线式连接器连接，在安装期间，必须提供存放该飞线式连接器的方法。最后由 ROV 实现充油管或飞线式连接器与 CTB 的连接，并用缆绳把 CTB 放置在海床上，同时海面上的施工船向前移动，敷设延伸光缆，如图 7-11 所示，图中也给出了这种光缆的横截面图。声波应答器提供 CTB 和安置点的正确位置。ROV 进行接触监控或检查，确保 CTB 放置在预定位置。

3. 延伸光缆

延伸光缆指的是用于连接新器件到观测站的光缆。通常，延伸光缆是主节点和器具平台之间的光缆，或用于连接单个传感器的长光缆，长度为几百米到 100km，最常用的是几千米，如图 7-12 所示。多种光缆已成功用于延伸光缆，简单的聚氨基甲酸乙酯护套光缆可用于海床状况较好的地方，铠装光缆用于海床条件较差或有外部侵害风险的地方。大部分延伸光缆提供电源返回通道，这就意味着，使用双导体光缆（DCC）或包含多个导体的光缆。后者，使用 4 个或 6 个导体，允许对称光缆扭绞。4 根光纤提供备份保护发送和接收光通道，或者使用双

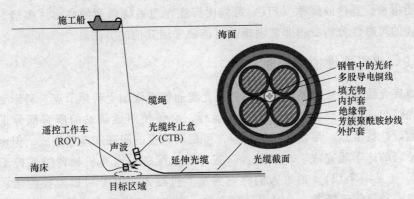

图 7-11　海底光缆施工船用遥控工作车（ROV）将光缆终结盒（CTB）放置在指定区域

绞铜线提供电通道通信。小直径光缆被缠绕在鼓上，然后放线/收线把 ROV 从船上放下/收回。敷设大直径或长光缆必须使用海底光缆船。选择光缆必须考虑在敷设过程中所承载的负荷。延伸光缆很少被收回维修，因为敷设一根替换光缆比回收更经济。使用何种敷设方法，要视情况而定。如要把光缆末端连接头插入传感器平台上的连接器座上，则选用 ROV 施工。一些延伸光缆可直接使用电光转换光纤线路，而以免使用光连接器。使用标准的 1000BASE-T 和 1000BASE-LX 以太网接口可确保其兼容性。

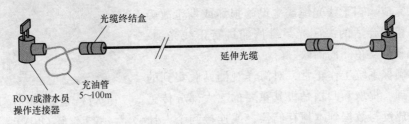

图 7-12　ROV、充油管、光缆终结盒和延伸光缆连接示意图

7.3.8　设计和可靠性考虑

从项目一开始，就要进行海底光缆观测站的设计评估和可靠性分析，需要进行初步设计审核和关键设计审核。除进行系统级设计审核外，还要进行子系统级和器件级审核。设计审核通过后，要进行样机开发、测试，对暴露出的问题进行设计修改。对干、湿设备部件也需要进行质量认证和试验。推荐使用接口控制文件，对供应商和分包商的责任做出明确的规定。

海洋观测站可靠性分析通常比常规电信系统的要复杂得多。供电和通信子系统相互关联。如果容忍功能减少，可不必回收节点维修，例如，一个节点上的一个接口失效，可拔出该口连接头，插到另一个接口上恢复工作。节点回收维修时间可能很长，器件故障率（FIT）可能比海底光缆系统遇到的高出许多倍。因此用常规的可靠性分析变得非常困难，可能要采用其他的方法。

7.3.9　运行、维护和管理

　　海底光缆海洋观测站由常规的海底光缆通信系统加上科学节点、科学平台和延伸光缆组成。无疑，要使该站正常运行，必须使组成该站的所有部分正常运行。敷设这些节点、平台和延伸光缆，可租用昂贵的海底光缆船完成，但也常用相对便宜的施工船完成。对于后者，施工船上配备一台有机械臂的遥控工作车（ROV）（见图7-13），通常人们称它为水下机器人。ROV可以监控着床、释放起重光缆和操作连接器；也可以用来连接一个飞线式试验连接器（lead）到节点口上。如把一个卷轴固定到ROV上敷设光缆，可节省时间和费用。低成本的敷设方法特别有用，因为二级设备是试验性的或是无足轻重的，此时，工作寿命和可靠性的要求已经放宽。

　　不停地对海底光缆观测站进行维修是必要的。每年都要对观测站科学设施进行回收和替换。需要定期对老化节点和科学平台进行维护和整修，包括科学平台的敷设和回收、ROV对可插拔连接器的安装和单个科学传感器的替换。许多活动可用科学研究船来完成。当干线光缆或主设施损坏或发生故障时，要租用合适的海底光缆维修船进行干线光缆、中继器和分支单元的回收。

图7-13　准备下海的遥控工作车（ROV）

　　为确保系统工作正常，对海洋观测站收集到的数据管理、提取和归档是极其重要的。大部分传感器设计成读写数据到本地存储器，或连接到个人计算机下载数据。供货商提供的软件包，允许对单个传感器进行数据收集、存储和分析。对于具有较少传感器的观测站，可能已足够了；但对于支持几十个或几百个传感器的区域观测站，则要求更可靠和更复杂的数据管理系统。

　　数据管理系统的功能是，建立并保持与每个传感器和观测站控制处理器的连接，从每个传感器定期提取数据，转换数据到标准格式，给取回数据贴时间标签（如果传感器没有贴时标的话），将数据存储到数据库，对数据处理和缩减，长期存储数据（含数据备份），控制数据质量（对传感器校准），遥控和配置传感器，进行数据检索设定（通常公众通过互联网接口检索）。

　　实验表明，建立和运行一个数据管理系统比部署和运行该观测站本身要付出更多的努力，这里的努力用人工小时、费用和监管来度量。一些情况下，数据被送到信誉卓著的信息库，如把地震数据直接发送到国家数据中心。然而，大多数数据还是需要观测站工作人员进行处理。因此，规划和实施一套数据管理办法，是任何海洋观测站系统运行必不可少的一部分。

7.4　近海油气通信系统

7.4.1　光纤通信用于油气生产平台

　　传统上，近海油气生产平台依赖卫星或微波通信进行声音传输和遥测，因为相对便宜，不要求海底设施，并能提供足够的带宽。目前，近海安装的油气生产平台规模越来越大，对通信网络带宽、延迟和可靠性要求也越来越高，进一步促进了向光纤通信过渡进程。图7-14表示施工船正在把光缆连接到油气生产平台上。

　　光纤通信与微波通信相比，传输距离长；与卫星通信相比，延迟短，不受天气影响，可靠性高；光纤通信带宽与微波通信和卫星通信相比，都大得多。所以，使用光缆光纤对生产平台、水下生产设备进行监视和控制。

　　未来油气生产平台的发展趋向是，对平台舱储监视、把工作人员从近海平台转移到岸上设

图7-14　施工船正在把光缆连接到近海油气平台上

施、对平台遥控操作。自动化将减少平台管理人员数量，降低运行费用，为工作人员提供可靠的内部联系，改善平台工作人员的生活质量。

　　近海油气生产平台海底光缆通信系统可以是简单的点对点（或点对多点）结构、复杂的花边形/干线分支形结构或者更复杂的格状形网络结构，如图7-15所示。近海平台有一个典型的通信机房，提供适当的环境，放置常规的终端设备。湿设备大部分是常规设备，如中继器和分支器等，唯一不同的是通信光缆最后连接到油气平台上。可使用中继网络，也可以使用无中继网络。对于中继系统，平台上没有中继器，一个平台的供电中断或其他故障对其他平台的影响最小。可使用7.3.1节中介绍的无波长再利用OADM制式到油气平台系统。当距离有限，所有平台可直接通过光缆发送光信号到岸上时，可使用价格较低的无中继光缆系统。当使用平台作为信号再生站时，一个平台的损耗可能影响到更远距

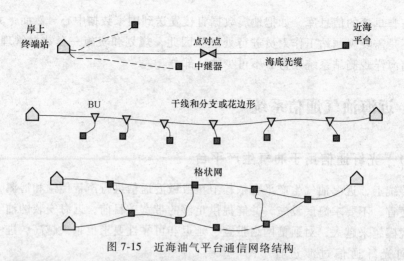

图 7-15 近海油气平台通信网络结构

离平台的通信。使用环形或其他备用路由可提高系统的可靠性。

7.4.2 供电设计考虑

对于近海油气平台，供电安全是至关重要的问题，即使最小的放电，也会产生灾难性的后果。因此，海底光缆供电导体的连接和接地要特别小心。即使采用没有携带正常供电电流的分支光缆连接到平台，也要通过海底接地单元将供电导体接地，如图 7-16a 所示。

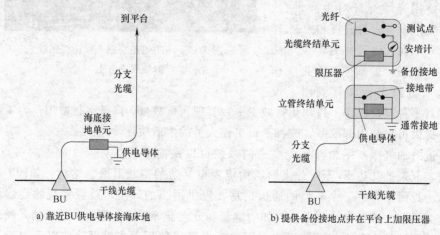

a) 靠近BU供电导体接海床地

b) 提供备份接地点并在平台上加限压器

图 7-16 分支光缆供电安全措施

除用 OTDR 进行故障定位测试外，还可利用供电导体携带低频电信号，利用电极判断海底光缆故障点的位置（见 6.3.4 节）。

图 7-16b 表示光缆终结单元提供备份接地的电路。不过，这种接地方式很少

使用。通常，湿设备光缆中心导体在到达平台前，就已经接地，如图 7-16a 所示。大多数情况下，平台通过无中继分支连接，用不影响系统设计的海床接地单元接地。当中继段连接平台时，光缆段必须单端供电，有中继分支段将要求供电分支单元（PFBU）（见 2.2.2 节）。

7.4.3 平台与分支单元连接

连接近海油气平台的光纤通信系统与传统系统不同，通常有 3 种与平台连接方式，即静态竖管式、动态竖管光缆式和平台脐带连接式。静态竖管式，顾名思义，光缆在浸水柱中是固定不变的，即使在海浪或潮汐中也不动。静态竖管式用于平台腿固定平台、码头和其他固定设施。动态竖管光缆式适用于吃水深立柱式平台（见图 7-17a）、浮动产品存储和卸载，以及其他整体不固定的平台。平台脐带连接式，如图 7-17b 所示，用飞线式连接器将脐带终结盒和已安装的光缆终结盒连接在一起。脐带终结盒是已敷设在海床上的油气生产平台设备的一部分。

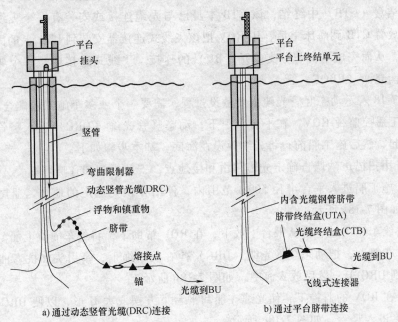

a) 通过动态竖管光缆(DRC)连接   b) 通过平台脐带连接

图 7-17　油气平台与分支单元（BU）光缆连接

静态竖管式，通常使用海床上敷设的常规通信海底光缆。可以是单铠装光缆或双铠装光缆。使光缆穿入聚氨基甲酸乙酯管，进行适当的磨损和冲撞保护，然后一端系上缆绳，把穿入管中的光缆吊装到平台上。

动态竖管光缆式，使用特别的动态竖管光缆（Dynamic Riser Cable，DRC）连接平台与分支单元，如图7-17a所示。该光缆自支撑海深3000m时，设计寿命25年或以上。能支撑海底光缆重量的挂头终结海底光缆的上端。海底光缆通过竖管，从与该管底部固定的弯曲限制器离开平台。接着，将浮物和镇重物捆绑在光缆上，构成柔性好的S形或懒波（lazy wave）状光缆，确保光缆触地点不会移动，即使平台上下移动也不受影响。一堆锚和熔接光纤线路用于终结动态竖管光缆。该熔接光纤线路是一段光缆或光纤接头，当迁移分支光缆和平台时，用于断开光缆。动态竖管光缆和弯曲限制器可经受不断的运动，用于光缆、竖管、脐带的疲劳和碰撞研究，进行设计验证、器件质量考核。

　　平台脐带连接式，使用已敷设的海底光缆实现从海床到平台的连接，如图7-17b所示。油气产品脐带包含水管、油气管、液体注入管、供电导体和联络媒质，也可以增加一根内有光缆的钢管到这些脐带中，终结遥控工作船（ROV）可插拔连接器光纤，作为脐带终结盒（UTA）的一部分。这是连接近海平台的一种最简单方法，因为它常常避免用船进行与平台连接。连接平台的分支光缆在光缆终结盒（CTB）中终结，该CTB本身已与光缆连接或安装有一个飞线式连接器。放置CTB到海床上后，用ROV把该飞线式连接器安装到UTA上的固定连接器上，从而完成平台与分支单元（BU）的连接。飞线式连接器是一个典型的压力平衡充油（PBOF）管。

　　图7-18表示动态竖管光缆主要敷设过程，需要一个或多个施工船配合工作，船上员工遥控监视ROV，在平台牵引下，动态竖管光缆（DRC）进入竖管，用挂头吊起，然后施工船前行将光缆敷设在海底。基本步骤如下：

　　1）用扫描声呐调查确定光缆路由和接地点，安放标记和音响灯标。

　　2）施工船进入平台半径500m范围内，停泊在预先选定的地方，船尾面向平台，如图7-18a所示；

　　3）绞车绳通过竖管从平台上放下，在ROV帮助下，将绞车绳拉上船。

　　4）在船上，把动态竖管光缆（DRC）拴在绞车绳上，牵引头和抗弯曲连接器连接到DRC上，然后放入海中，如图7-18b所示。

　　5）在ROV的监控下，使光缆在船和平台下方摆成大U形，以便DRC以正确的角度进入竖管，如图7-18c所示。

　　6）平台绞车牵引光缆，同时施工船释放光缆，直到牵引头和抗弯曲连接器到达竖管的入口，固定牵引头和支撑竖管光缆的凸缘，对光缆进行测试。

　　7）如光缆完好无损，沿光缆在预先确定的位置捆绑浮物和重物。

　　8）敷设光缆，用ROV监视DRC的触地点，继续敷设直到分支单元处，如图7-18c和图7-18d所示。

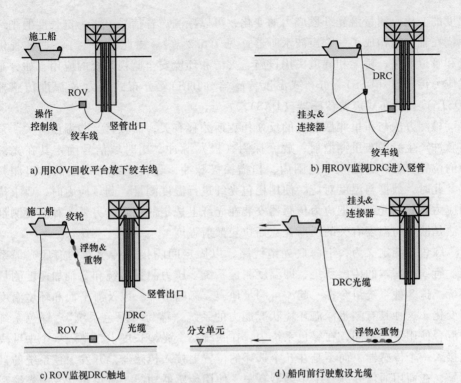

a) 用ROV回收平台放下绞车线　　　　　b) 用ROV监视DRC进入竖管

c) ROV监视DRC触地　　　　　d) 船向前行驶敷设光缆

图7-18　平台动态竖管光缆（DRC）敷设过程

7.4.4　运行和维修

　　对服务于近海油气平台通信海底光缆的运行和维修要求与常规通信系统类似。使用常规海底光缆船，对正在进行生产的位于油气产品区域以外的系统段进行维修。对维修工作的要求与敷设工作的相同。虽然光缆维修概率很小，但维修准备工作很长，可能要几个月到1年时间，因此，必须考虑该区域对关键设备进行双倍备份。在系统规划阶段，必须评估油气系统对竖管及其牵引头、光缆终结盒和其他浸水设备备份的需求。对部署在平台上的终端设备故障定位和维修，可由平台上经培训过的工作人员进行，或者用直升机把有资质技术人员接到平台上维修。

7.5　其他应用

7.5.1　海底光缆在光纤传感器系统中的应用

　　除通信系统外，光纤还可以用于传感介质。使用反射仪可测量沿光纤应力或温度的变化。测量沿光纤段应力的变化，可以探测声音信号。将一定长度的光纤缠绕在轴上就构成了一个声波水听器（见 7.5.2 节）。由此就产生了一些监视供电和管道线路、桥梁和隧道民用设施、火情和环境安全监视系统的应用，如分布式应力传感器（DSS）、分布式温度传感器（DTS）、分布式应力 & 温度传感器（DSTS）和分布式声波传感器（DAS）。

　　检测方法与布里渊散射光的反斯托克斯频移有关，而频移又与温度有关。泵浦脉冲产生受激布里渊散射，放大探测（极）脉冲，用时域信号确定其在光纤中的位置。在一定的频率范围内，扫描探极脉冲，寻找光纤每一点的布里渊频移。此时，数据与温度对应。使用松包光纤进行温度测量。测量应力时，要求待测应力转移到光纤，把应力传感器安装在光纤上选定的位置。另外一种温度测量方法是测量与温度有关的反斯托克斯拉曼散射强度。

　　绿色系统定义为，沿海底光缆线路，以固定间隔接入传感器的海底光缆系统。有 3 种基本的传感系统，即温度测量系统、压力测量系统和 3 轴加速度测量系统。这 3 种系统组合在一起，可测量地震、海啸事件，以及海平面和环境温度的变化。这种具有测量深海环境状况能力的系统，称为"绿色系统"。绿色系统与混合使用系统不同，在绿色系统中，在系统整个光缆长度上，每隔一个中继段就接入一个传感器，而不是在几个选择的位置上接入传感器。开发绿色系统的目标是，在商用通信光缆每个中继器盒中，使用传感器功能，避免建立专门光缆观测站的费用。

　　近海油气领域使用分布式传感器，如分布式温度传感器（DTS）和分布式声波传感器（DAS），监视油井或油管的状况。用光缆连接加速计、地震检波器和水听器等传感器。一直以来，使用由 4 个器件（4C）组成的传感器阵列，该阵列由一个水听器和 3 个位于海床上 x、y、z 坐标轴上的地震检波器组成，采集油气田附近的地震波和声波数据。该阵列监视钻孔和注水活动（被动式），也可检测气枪产生的地震信号（主动式）。此外，使用光纤以太网交换和通信线路监视和控制水下设备，如提升泵、汇流阀、多相流动监视器。

　　无论是分布式传感器阵列，还是常规传感器阵列，都要求在水下安装连接传感器的光纤线路，光缆可能是脐带光缆、常规光缆或含供电导体的通信光缆。

7.5.2　光纤水听器阵列在军事上的应用

1. 光纤水听器应用史

　　水声传感器简称水听器，是在水中侦听声波信号的仪器，作为反潜声纳的核心部件，在军事领域有着重要的应用。

　　早在 1853 年，克里米亚半岛战争期间，世界军事力量就已经依赖于海底电缆电报通信，而且也把电缆用于其他各种目的，例如在位于太平洋西部的夸贾林环礁（Kwajalein）就建立了专门军用电缆系统。本质上，电缆电报电话的发明就是用于军事目的。现在，光纤水听器阵列已用于海岸和港口监视系统。美国国防部高级研究规划局（DARPA）已经研究大范围海军网络。

光纤水听器是一种建立在光纤、光电子技术基础上的水下声波信号传感器。它通过高灵敏度的光相干检测技术，将水声振动转换成光信号，通过光纤传至信号处理系统提取声信号信息，如图 7-19 所示。与压电陶瓷（PZT）声呐相比，它具有灵敏度高，频响特性好等特点。由于采用光纤作信息载体，适宜远距离大范围监测。

光纤水听器及其阵列已成为被动声呐水下部分的发展方向，是海洋探测、微弱声场信号监听最有发展潜力的技术。早在 1976 年，美国海军研究实验室 Bucaro 等人发表了第一篇有关光纤水听器的论文，演示了光纤水声传感系统，进行了探索性研究。

自 21 世纪起，光纤水听器系统开始应用于油气勘探，光纤水听器阵列声呐系统开始陆续应用于军事装备上。

我国光纤水听器的研究工作始于 20 世纪 80 年代，在国内技术人员的共同努力下取得了很大的进展。2002 年，我国进行了首次光纤水听器阵列海上试验；2012 年，建成了岸基光纤阵列水声综合探测系统；2013 年，我国已开始在南海建设新一代反潜光纤水听器阵列；2014 年，我国建成了首个水下监视系统和海底观测系统。

2. 干涉型光纤水听器原理介绍

光纤水听器根据工作原理，可分为强度型、干涉型和光纤光栅型。干涉型光纤水听器技术最为成熟，且适于大规模组阵。其基本原理是，激光器发出的相干光经光纤耦合器分为两路，进入马赫-曾德尔干涉仪，一路构成光纤干涉仪的传感臂，受声波调制产生应力变化，与参考臂相比，产生相位差$\Delta\phi$；另一路构成光纤干涉仪的参考臂，不受声波调制，或者接受与传感臂声波调制相反的调制。两路光信号在第 2 个光纤耦合器处，发生干涉、干涉光信号经光电探测器转换为电信号，经信号处理后就可以获取声波信息，相干检测马赫-曾德尔干涉型光纤水听器系统如图 7-19 所示。

光纤水听器用小直径大数值孔径光纤，缠绕在用作传感臂的充气卷筒上，该卷筒在声压作用下，直径发生形变，带动光纤产生轴向应变。光纤在声波作用下，产生与其强弱对应的应力，与参考臂相比，应力产生相位差$\Delta\phi$，两路光在耦合器会合时，发生干涉。这种利用干涉原理进行的测量，灵敏度较高。水听器传感器是无源的，可以组成阵列，每个光纤传感器可使用不同的波长。为了方便，可使用 ITU-T 规范的 WDM 光栅波长信号，也可以使用远泵光纤放大器，扩展系统测量范围。其商用产品已投入使用。

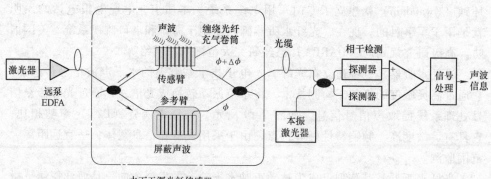

水下无源光纤传感器

图 7-19　马赫-曾德尔干涉型光纤水听器系统基本结构

3. TDM+DWDM 96 个水听器阵列系统

美国海军研究办公室（ONR）下属的海军国际计划办公室（NIPO）和英国国防部资助的课题组 2003 年报道，他们演示了远泵大规模光纤水听器阵列系统，该系统设计用于监听水下几十千米范围内的声波活动。系统有 96 个传感器（可扩展到 500 个），用 6 波长 DWDM 和 16 时分复用（TDM）光纤传感器阵列组成，如图 7-20 所示。16 个光纤迈克尔逊干涉仪传感器以时分复用并联方式复用在一起，占用 1 个波长，其余 80 个相同的传感器分成 5 组，每组以同样方式复用后各占用 1 个波长，用密集波分复用将这 6 个波长间距 1.6nm 的波长复用在一起。每个水听传感器由 80m 长的大数值孔径 1500nm 标准单模光纤（SM 1500 6.4/80）缠绕在充气卷筒上构成。

在发送端，DWDM 采用掺铒光纤分布反馈光纤激光器。复用后的光信号送入一个等效 160m 光纤延迟的补偿干涉仪，两臂分别接入一个光纤耦合的声光调制器（AOM），分别施加 100MHz 和 110MHz 电信号，该干涉仪输出一个 10MHz 差频电信号调制的光信号。

DWDM 信号经过 40km（30km SMF，10km 色散移位光纤）海底光缆（损耗 11.8dB），进入水听器阵列。16 个传感器组成一组，每个并联（或串联）传感器之后，接入一个光纤延迟线，这样就使这 16 个传感器以时分复用的方式复用在一起。水听器阵列输出信号经 40km 光纤传输后，进入接收机，首先进行波分解复用，然后再时分解复用、判决和数字解调，恢复出声波信号。

美国国防部高级研究规划局（DARPA）主动倡议，开发海军运行网络，提供水下、水面和水上无所不在的、可生存的、持久的通信网络。只有光缆才能构建这样一个网络，支持这样一个网络的标准、结构、设施和器件的开发和集成，必须凭借工业界、海底光缆通信界的共同努力，以有效的手段，应对无处不在的威胁。

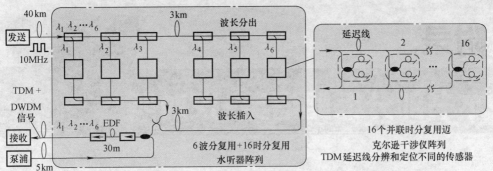

图 7-20　时分复用（TDM）+波分复用（DWDM）96 个水听器阵列实现原理图

7.5.3　水下综合信息网

可以把油气系统、常规电信系统和科学观察海底光缆通信系统，使用 SDH 网络技术、DWDM 技术或光传输网（OTN）技术综合在一起，构成水下综合信息网。我们假定，油气平台附近有一个科学观测系统，在平台上使用 WDM 设备将科学观测系统信号、常规电信通信信号和油气监视控制等信号综合在一起，通过海底光缆发送到岸上终端站，然后解复用为各自的信号，传输到相应的设备，如图 7-21 所示。

科学节点可能使用单独的供电导体供电。

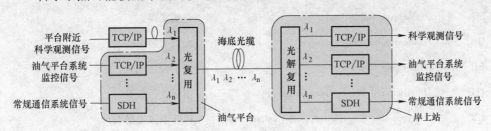

图 7-21　使用 WDM 技术将油气系统、常规电信系统和科学观察海底光
缆通信系统综合在一起

参 考 文 献

[1]　Jose Chesnoy. Undersea Fiber Communication Systems（Second Edition）[M]. Elsevier Science（USA）：Academic Press，2016.

附录

本书部分缩略语英–汉对照

SDH	Synchronous Digital Hierarchy	同步光传输系统
DWDM	Dense Wavelength Division Multiplexing	密集波分复用系统
ASON	Automatically Switched Optical Network	自动交换光网络
OTN	Optical Transport Network	光传送网
LTE	Line Terminal Equipment	线路终端设备
PFE	Power Feed Equipment	远供电源设备
LME	Line Monitor Equipment	线路监测设备
NME	Network Management Equipment	网络光缆设备
OGD	Ocean Grounding Device	海洋接地装置
SC	Submarine Cable	海底光缆
OA	Optical Amplifier	光放大器
BU	Branching Unit	水下分支单元
ITU	International Telecommunication Union	国际电信联盟
IEC	International Electro-technical Commission	国际电工委员会
SAC	Standardization Administration of China	中国国家标准委员会
CCSA	China Communications Standards Association	中国通信标准化协会
CESA	Chinese Electronics Standardization Association	中国电子工业标准化技术协会
FEC	Forward Error Correction	前向纠错
PB	Passive Branching	无源分支
AB	Active Branching	有源分支
TM	Termination Multiplexer	终端复用器
ADM	Add/Drop Multiplexer	分插复用器

DXC	Digital Cross Connect Equipment	数字交叉连接设备
SBS	Stimulated Brillouin Scattering	受激布里渊散射
SPM	Self Phase Modulation	自相位调制
XPM	Cross Phase Modulation	交叉相位调制
FWM	Four Wavelength Mixing	四波混频
RFA	Raman Fiber Amplifier	拉曼光纤放大器
BA	Booster Amplifier	功率放大器
OSC	Optical Supervisory Channel	光监控信道
OTU	Optical Transponder Unit	光波长转换单元
OLT	Optical Line Terminal	光线路终端
OTM	Optical Termination Multiplexer	光终端复用器
AWG	Arrayed Waveguide Grating	阵列波导光栅
OADM	Optical Add-Drop Multiplexer	光分插复用器
LA	Line Amplifier	光在线放大器
PA	Pre Amplifier	光前置放大器
RBA	Remotely Optically Pumped Booster Amplifiers	远泵光功率放大器
RPA	Remotely Optically Pumped Pre-Amplifiers	远泵光前置放大器
DRA	Distributed Raman Amplifier	分布式拉曼光放大器
SSS	Sound Surveillance System	声波监视系统
ASW	Anti-Submarine Warfare	反潜战争
SFR	Sound Fixing and Ranging	声波定位和测距
NOAA	National Oceanic and Atmospheric Administration	美国国家海洋和大气局
PMEL	Pacific Marine Environmental Laboratory	太平洋海事环境实验室
PSBU	Power Swiching Branch Unit	电源切换分支单元
ROV	Remotely Operated Vehicles	遥控工作车
DRC	Dynamic Riser Cable	动态竖管光缆
MVC	Medium Voltage Converters	中间电压变换器